테스트 주도 개발 시작하기

TEST-DRIVEN DEVELOPMENT

작동하는 깔끔한 코드를 만드는 데 필요한 습관

최범균 저

KIM - 좋은 책 · 알찬 내용 -
가메출판사

테스트 주도 개발 시작하기

지은이 최범균
펴낸이 이병렬
펴낸곳 도서출판 가메 https://www.kame.co.kr
주소 서울시 마포구 성지 5길 5-15 206호(벤처빌딩)
전화 02-322-8317
팩스 02-323-8311
이메일 km@kame.co.kr

등록 제313-2009-264호
발행 2024년 6월 5일 초판 4쇄 발행
정가 20,000원

ISBN 978-89-8078-305-2

편집 김은지
표지 김은지

서 문

이 책은 TDD(Test-Driven Development), 즉 테스트 주도 개발을 소개하는 입문 책으로 필자가 처음 TDD를 접하고 경력을 쌓는 과정에서 배웠던 내용을 정리한 것이다. TDD가 무엇인지 소개하고 TDD를 하는 데 필요하다고 생각한 기초 지식을 넣었다.

대상 독자

이 책은 TDD에 대한 입문 책이다. 하지만 개발에 대한 경험이 없는 독자를 위한 책은 아니다. 코드를 작성하고 실행한 경험이 있어야 이 책을 읽을 수 있다. 경력에 따라 얻는 효과는 다음과 같다.

- **TDD 경험 없는 초보 개발자**: TDD가 무엇인지 알 수 있다. 또한, TDD를 잘하기 위해 필요한 지식을 배울 수 있다.
- **TDD 경험은 있으나 실패한 개발자**: 좋은 테스트를 만들기 위해 필요한 지식을 배울 수 있으며 다시 한 번 TDD를 시도해 볼 수 있다.
- **TDD를 경험했고 동료에게 알려주고 싶은 개발자**: TDD를 체계적으로 전파하기 위한 학습 자료로 사용할 수 있다.

책의 예제는 자바를 이용해서 작성했다. TDD가 특정 언어에 국한된 것은 아니므로 다른 언어를 알고 있다면 내용 자체를 이해하는 것은 어렵지 않을 것이다.

주요 내용

각 장에서 다루는 내용은 다음과 같다.

- 2장, 3장: 예를 이용해서 TDD를 이용한 개발 과정을 살펴보고 테스트 코드의 작성 순서를 설명한다.
- 4장: 테스트 코드가 기능 명세와 어떤 관계가 있는지 살펴본다.
- 5장, 부록 A, B:JUnit의 사용 방법을 소개한다.

- 6장: 테스트 코드의 전형적인 구조인 상황-실행-결과 확인에 대해 설명한다.
- 7장: 대역(double)의 필요성과 대역의 종류와 구현 방법을 설명한다.
- 8장: 테스트가 가능하게 설계하는 방법을 소개한다.
- 9장: 테스트의 범위를 살펴보고 몇 가지 통합 테스트 코드를 보여준다.
- 10장: 유지보수 가능한 테스트 코드 작성 방법을 설명한다.

이 책은 가능하면 순서대로 읽어야 한다. 특히 2장, 3장, 6장, 7장을 다 읽기 전에는 8장, 9장, 10장을 읽지 말자. 경력이 많지 않다면 2장, 3장을 읽은 뒤에 4장도 생략하지 말고 꼭 읽도록 하자.

코드 및 문의

책에서 사용한 코드 중 일부는 아래 사이트에서 구할 수 있다.

- https://github.com/madvirus/tddb

책에 대한 문의는 아래 이메일이나 카페를 이용하면 된다.

- 이메일: madvirus@madvirus.net
- 질문답변 카페: cafe.daum.net/javacan

감사의 글

이 책을 리뷰해주신 김성렬 님, 이경원 님, 이제연 님, 함기훈 님 고맙습니다. 책이 나올 수 있도록 도와주신 가메출판사 이병렬 대표님 고맙습니다. 좋은 선배로 자리를 지켜주시는 김선회 선배님, 백명석 선배님 고맙습니다. 마지막으로 사랑하는 아내 은선과 딸 지설에게 이 책을 나눕니다.

필자 최범균

CONTENTS

부 록 C Mockito 기초 사용법

부 록 D AssertJ 소개

CHAPTER

1

TDD 개발 준비

JUnit 개발 환경

CHAPTER

1 TDD 개발 준비

- JUnit 개발 환경

TDD는 Test-driven Development의 약자로 우리 말로는 '테스트 주도 개발'이라고 표현한다. 자바로 프로그래밍하려면 JDK가 필요하듯 TDD를 하려면 지정한 방식으로 코드를 작성하고 실행할 수 있는 도구가 필요하다. TDD를 위한 다양한 도구가 존재하는데 자바에서는 주로 JUnit을 사용한다. JUnit과 TDD에 대한 내용은 2장부터 살펴보기로 하고, 일단 이 장에서는 JUnit을 실행할 수 있는 개발 환경을 만들어보자.

NOTE

이 책에서는 JUnit 5 버전을 사용한다. JUnit 4 버전에 대한 소개는 부록B를 참고한다.

이클립스 프로젝트에서 JUnit 설정

이 절에서는 이클립스 프로젝트에서 JUnit을 설정하는 방법을 살펴본다. 먼저 이클립스에서 자바 프로젝트를 생성한다. JUnit 5는 자바 8 버전 이상을 지원하므로 자바 프로젝트를 생성할 때 프로젝트 런타임으로 자바 8이나 그 이상 버전을 사용해야 한다.

1. [File] → [New] → [Java Project] 메뉴를 실행한다.
2. New Java Project 대화창에서 Project name에 'chap01-eclipse'를 입력한다.
3. [Finish] 버튼을 클릭해서 프로젝트를 생성한다.

프로젝트를 생성했다면 자바 빌드 경로에 JUnit 라이브러리를 추가하자. 추가 순서는 다음과 같다.

1. [Project] → [Properties] 메뉴를 실행한다.

2. Properties 대화창의 좌측 메뉴에서 'Java Build Path'를 선택한다.

3. Java Build Path 설정 화면에서 'Libraries' 탭을 선택한다([그림 1.1] 참고).

4. [Add Library…] 버튼을 클릭한다.

5. Add Library 대화창에서 JUnit 선택 후 [Next >] 버튼을 클릭한다.

6. 'JUnit library version'으로 'JUnit 5'를 선택한 후 [Finish] 버튼을 클릭한다([그림 1.2] 참고).

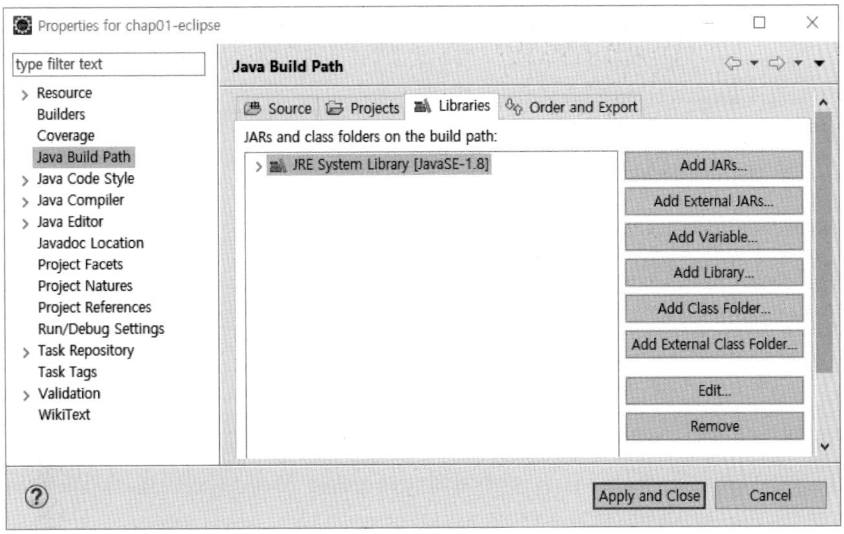

[그림 1.1] JUnit 5 라이브러리 등록 전 Java Build Path 메뉴의 Libraries 탭

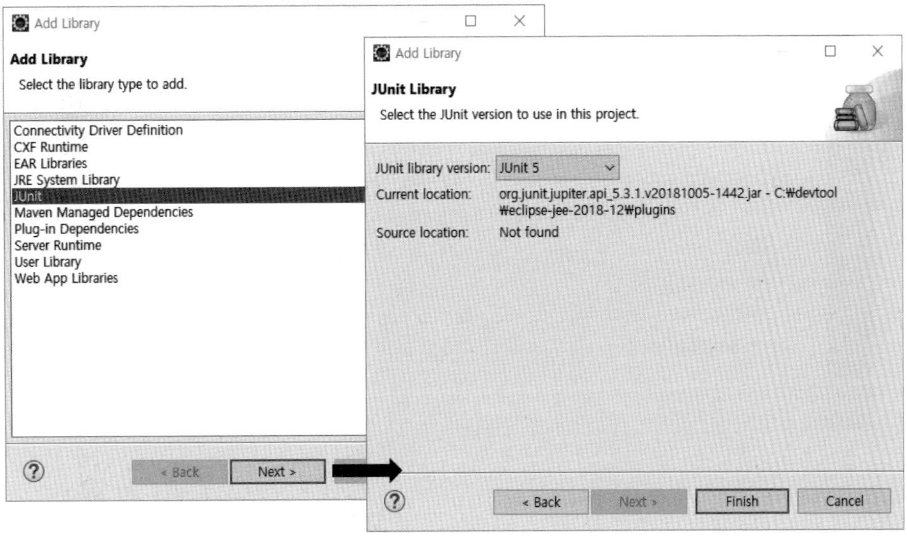

[그림 1.2] JUnit 5 라이브러리 추가

이 과정을 마치면 [그림 1.3]과 같이 자바 빌드 경로에 JUnit 5가 추가된 것을 확인할 수 있다. [Apply and Close] 버튼을 눌러서 변경한 자바 빌드 경로를 프로젝트에 반영하자.

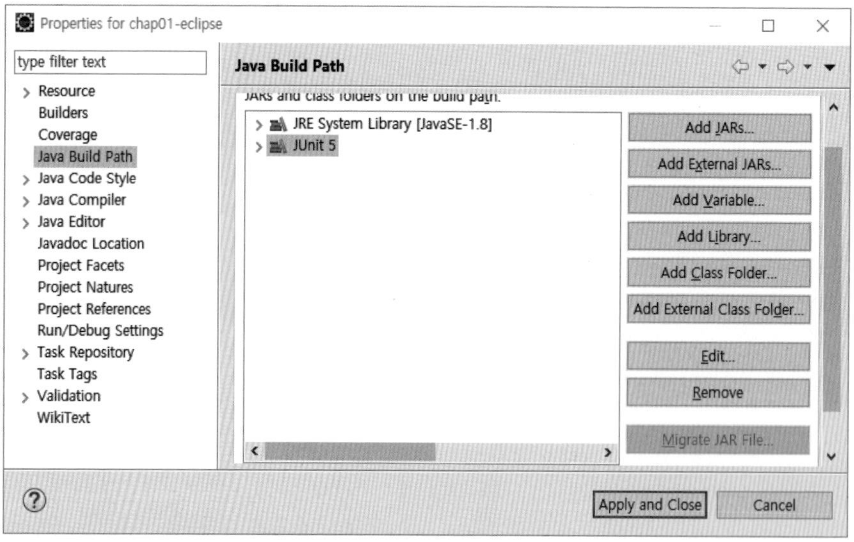

[그림 1.3] JUnit 5 라이브러리를 자바 빌드 경로에 추가한 결과

자바 프로젝트에 JUnit 5 라이브러리를 추가했으니 JUnit을 이용한 코드를 작성하고 실행해 보자. chap01 패키지를 생성하고 그 패키지에 StringTest 클래스([리스트 1.1])를 추가하자.

[리스트 1.1] chap01-eclipse/src/chap01/StringTest.java

```java
package chap01;

import static org.junit.jupiter.api.Assertions.*;

import org.junit.jupiter.api.Test;

public class StringTest {

    @Test
    void substring() {
        String str = "abcde";
        assertEquals("cd", str.substring(2, 4));
    }
}
```

이제 테스트 코드를 실행하자. [Run] → [Run As] → [JUnit Test] 메뉴를 이용해서 실행할 수 있다. 또는 StringTest 클래스에서 마우스 오른쪽 버튼을 클릭한 뒤에 [Run As] → [JUnit Test] 메뉴를 이용해서 실행할 수도 있다. JUnit 테스트를 실행하면 [그림 1.4]와 같은 테스트 실행 결과를 볼 수 있다. 녹색 바가 표시되면 올바르게 테스트를 실행한 것이다.

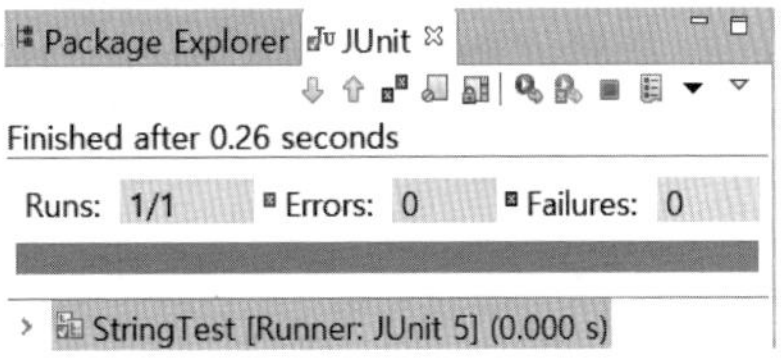

[그림 1.4] StringTest를 실행한 결과

인텔리J에서 JUnit 설정

이 절에서는 인텔리J에서 JUnit을 설정하는 방법을 살펴본다. 먼저 인텔리J에서 다음 순서대로 자바 프로젝트를 생성한다.

1. 인텔리J의 첫 화면이면 Create New Project 메뉴를 실행한다. 이미 다른 프로젝트를 열고 있다면 [File] → [New] → [Project…] 메뉴를 실행한다.
2. New Project 대화창에서 왼쪽 프로젝트 종류를 Java로 선택하고 [Next] 버튼을 클릭한다. 이때 Project SDK에서 사용할 JDK의 버전은 자바 8 이상이어야 한다.
3. 템플릿 선택에서는 아무것도 선택하지 않고 [Next] 버튼을 눌러 넘어간다.
4. 마지막 화면에서 Project name에 chap01-idea를 입력하고 [Finish] 버튼을 눌러 프로젝트를 생성한다.

이제 JUnit 5 라이브러리를 추가할 차례다. 다음 순서대로 진행한다.

1. [File] → [Project Structure…] 메뉴를 실행해서 Project Structure 대화창을 연다.
2. 좌측에서 Module을 선택한 뒤 우측에서 Dependencies 탭을 선택한다.
3. [+] 버튼을 누른 뒤 [Library…] → [From Maven…] 메뉴를 실행한다([그림 1.5] 참고).
4. 검색창에 "org.junit.jupiter:junit-jupiter:5.5.0"을 입력하고 [OK] 버튼을 클릭한다([그림 1.6] 참고).
5. Configure Library 대화창에서 [OK] 버튼을 눌러 JUnit 5 라이브러리를 프로젝트에 추가한다([그림 1.7]).
6. 마지막으로 Project Structure 대화창에서 [OK] 버튼을 눌러 변경 내역을 적용한다.

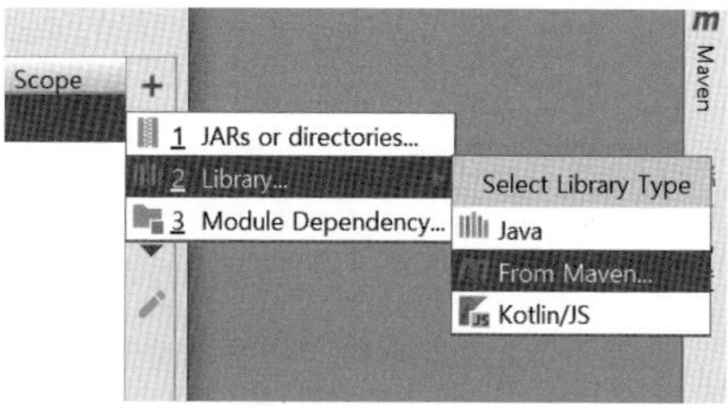

[그림 1.5] 라이브러리 추가 메뉴

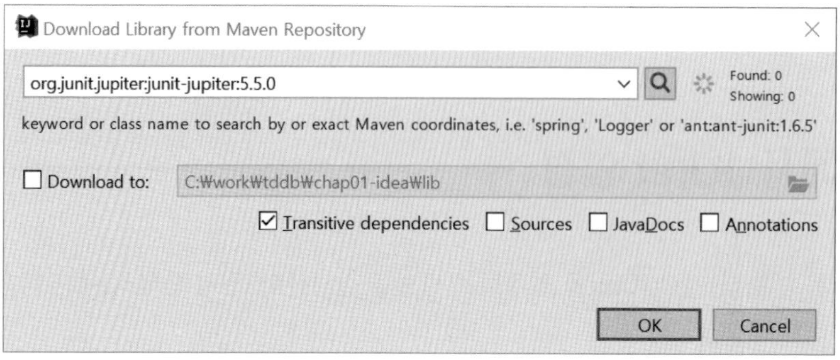

[그림 1.6] JUnit 5를 위한 메이븐 의존 추가

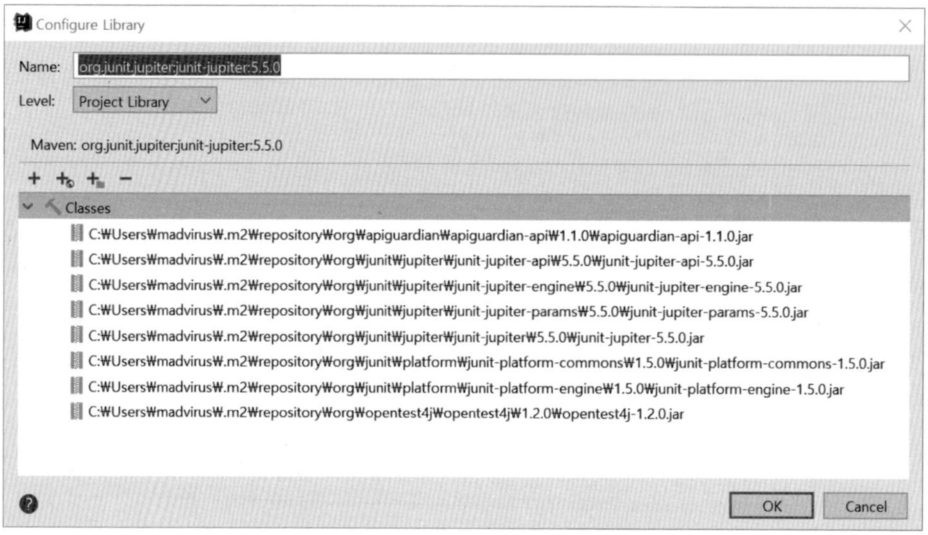

[그림 1.7] 추가할 JUnit 5 라이브러리 목록

이클립스와 마찬가지로 chap01 패키지를 추가하고 [리스트 1.1]의 StringTest 클래스를 추가한다. StringTest 코드를 작성했다면, StringTest 클래스를 선택하고 마우스 오른쪽 버튼을 클릭한 뒤에 [Run StringTest] 메뉴를 실행한다. 또는 [Run] 메뉴를 선택한 뒤에 [Run StringTest] 메뉴를 실행해도 된다. 알맞게 설정했다면 [그림 1.8]과 같은 테스트 실행 결과를 볼 수 있다.

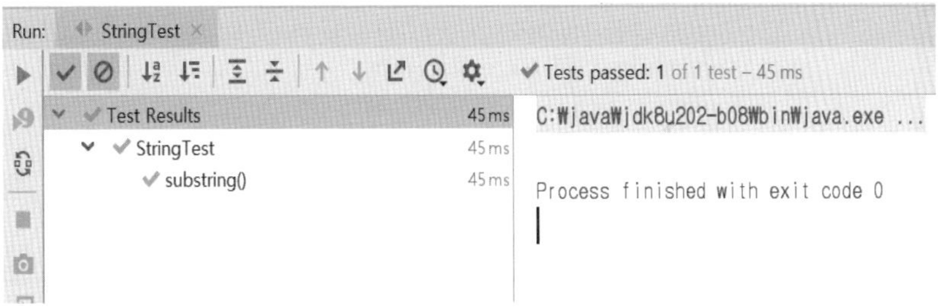

[그림 1.8] 인텔리J에서 테스트를 실행한 결과 화면

메이븐 프로젝트에서 JUnit 설정

메이븐 프로젝트에서 JUnit을 사용하려면 pom.xml 파일에 JUnit 5를 위한 의존을 추가해주면 된다. 작성 예는 [리스트 1.2]와 같다.

[리스트 1.2] JUnit 5를 위한 pom.xml 설정

```
<?xml version="1.0" encoding="UTF-8"?>
<project xmlns="http://maven.apache.org/POM/4.0.0"
        xmlns:xsi="http://www.w3.org/2001/XMLSchema-instance"
        xsi:schemaLocation="http://maven.apache.org/POM/4.0.0
          http://maven.apache.org/xsd/maven-4.0.0.xsd">
    <modelVersion>4.0.0</modelVersion>

    <groupId>tddb</groupId>
    <artifactId>chap01</artifactId>
    <version>1.0-SNAPSHOT</version>

    <dependencies>
        <dependency>
            <groupId>org.junit.jupiter</groupId>
            <artifactId>junit-jupiter</artifactId>
            <version>5.5.0</version>
            <scope>test</scope>
        </dependency>
    </dependencies>

    <build>
        <plugins>
            <plugin>
                <artifactId>maven-compiler-plugin</artifactId>
                <configuration>
                    <source>1.8</source>
```

```
27                 <target>1.8</target>
28                 <encoding>UTF-8</encoding>
29             </configuration>
30         </plugin>
31         <plugin>
32             <artifactId>maven-surefire-plugin</artifactId>
33             <version>2.22.1</version>
34         </plugin>
35     </plugins>
36 
37 </project>
```

13~18행과 같이 junit-jupiter 의존을 test 범위로 추가한다.

> **NOTE**
>
> maven-surefire-plugin은 2.22.0 버전부터 JUnit 5를 지원한다. 사용하는 메이븐 프로젝트가 2.19.x 버전을 사용한다면 2.22.0 또는 그 이상 버전을 사용하도록 변경한다.

src/test/java 폴더에 chap01 패키지를 생성한 뒤에 [리스트 1.1]의 StringTest.java 코드를 작성했다면 명령행 프롬프트에서 mvn test 명령어로 테스트를 실행할 수 있다.

```
C:/work/tddb/chap01-maven>mvn test
[INFO] Scanning for projects...
…생략
[INFO] --- maven-surefire-plugin:2.22.1:test (default-test) @ chap01-maven ---
[INFO]
[INFO] -------------------------------------------------------
[INFO]  T E S T S
[INFO] -------------------------------------------------------
[INFO] Running chap01.StringTest
[INFO] Tests run: 1, Failures: 0, Errors: 0, Skipped: 0, Time elapsed: 0.062 s -
in chap01.StringTest
[INFO]
[INFO] Results:
[INFO]
[INFO] Tests run: 1, Failures: 0, Errors: 0, Skipped: 0
[INFO]
[INFO] ------------------------------------------------------------------------
[INFO] BUILD SUCCESS
[INFO] ------------------------------------------------------------------------
[INFO] Total time: 5.135 s
[INFO] Finished at: 2019-07-23T06:03:49+09:00
[INFO] ------------------------------------------------------------------------
```

이클립스나 인텔리J에 메이븐 프로젝트를 임포트했다면 앞서 설명할 것과 동일한 방법으로 테스트를 실행해본다.

> **NOTE**
>
> 책에서 제공하는 예제 코드는 메이븐 래퍼 파일인 mvnw를 포함하고 있으므로 'mvnw test' 명령어로 테스트를 실행할 수도 있다.

그레이들 프로젝트에서 JUnit 설정

그레이들 프로젝트에서 JUnit을 사용하기 위한 설정은 [리스트 1.3]과 같다.

[리스트 1.3] JUnit 5 사용을 위한 그레이들 설정

```
01 plugins {
02     id 'java'
03 }
04
05 sourceCompatibility = '1.8'
06 targetCompatibility = '1.8'
07 compileJava.options.encoding = 'UTF-8'
08 compileTestJava.options.encoding = 'UTF-8'
09
10 repositories {
11     mavenCentral()
12 }
13
14 dependencies {
15     testImplementation('org.junit.jupiter:junit-jupiter:5.5.0')
16 }
17
18 test {
19     useJUnitPlatform()
20     testLogging {
21         events "passed", "skipped", "failed"
22     }
23 }
```

15행과 같이 junit-jupiter 의존을 테스트 목적으로 추가한다. JUnit 5로 작성된 테스트 코드를 실행하기 위해 19행에서 useJUnitPlatform()을 설정한다.

메이븐 프로젝트와 동일하게 src/test/java 폴더에 chap01 패키지를 생성하고 StringTest.java 파일을 작성한 뒤에 'gradle test' 명령어로 테스트를 실행한다.

```
C:\work\tddb\chap01-gradle>gradle test
Starting a Gradle Daemon (subsequent builds will be faster)

> Task :test

chap01.StringTest > substring() PASSED

BUILD SUCCESSFUL in 31s
2 actionable tasks: 2 executed
```

NOTE

책에서 제공하는 예제 코드는 그레이들 래퍼 파일인 gradlew를 포함하고 있으므로 'gradlew test' 명령어로 테스트를 실행할 수도 있다.

시작에 앞서

TDD를 하기 위한 개발 환경을 준비했으니 2장부터 본격적으로 TDD에 대해서 알아보자. 미리 당부하자면 TDD는 쉽지 않다. TDD의 정의는 매우 간단하지만, TDD를 실전에서 구사하려면 많은 연습이 필요하다. 책을 학습하는 동안 눈으로만 읽지 말고 최대한 코드를 작성하고 실행해보길 권한다.

CHAPTER

2

TDD 시작

TDD란

TDD 예: 암호 검사기

CHAPTER

2 TDD 시작

- TDD란
- TDD 예: 암호 검사기

TDD 이전의 개발

필자가 TDD, 즉 테스트 주도 개발(Test-driven Development)을 배우기 전에 개발했던 방식은 대략 다음과 같았다.

1. 만들 기능에 대해 설계를 고민한다. 어떤 클래스와 인터페이스를 도출할지 고민하고 각 타입에 어떤 메서드를 넣을지 시간을 들여 생각한다.
2. 과정1을 수행하면서 구현에 대해서도 고민한다. 대략 어떻게 구현하면 될지 머릿속에 그려지면 코드를 쓰기 시작한다.
3. 기능에 대한 구현을 완료한 것 같으면 기능을 테스트한다. 이 과정에서 원하는 대로 동작하지 않거나 문제가 발생하면 과정2에서 작성한 코드를 디버깅하면서 원인을 찾는다.

과정2에서 한 번에 작성한 코드가 많은 경우에는 디버깅하는 시간도 길어졌다. 원인을 찾기 위해 많은 코드를 탐색해야 했다. 디버깅을 위한 로그 메시지를 추가하고 개발 도구가 제공하는 디버거를 이용해서 코드를 한 줄씩 따라가면서 원인을 찾았다. 최초에 코드를 작성한 시간보다 버그를 찾는 시간이 더 오래 걸리는 경우도 있었다.

코드를 작성하는 개발자와 그 코드를 테스트하는 개발자가 다를 때도 있다. 첫 번째 직장에서 그런 경험이 있다. 개발자 A가 문자열을 조작하는 라이브러리를 만들면 개발자 B가 라이브러리를 사용하면서 테스트를 하고 문제가 있으면 A에게 알려주는 식이었다. 지금 생각하면 테스트도 완료하지 않고 코드를 배포한다는 게 말이 안 되지만 초보 개발자가 많았던 회사여서 이런 일이 비일비재했다.

테스트 과정도 쉽지 않았다. 필자는 주로 웹 어플리케이션을 개발했는데 기능을 테스트하기 위해 톰캣 서버를 구동해야 했다. 클래스 파일을 변경하면 톰캣 서버를 재시작하느라 시간을 보냈다. 데이터가 올바른지 확인하려고 DB에 접속해 SELECT 쿼리를 실행했고, 아이디 중복 기능을 테스트하기 위해 INSERT 쿼리로 데이터를 미리 넣어야 했다.

몇 년 경력을 쌓은 뒤에는 숙련도가 높아져서 뻔한 버그를 찾는 시간은 줄었으나 여전히 코드에 생각하지 못한 오류가 있으면 원인을 찾느라 많은 코드를 탐색해야 했다.

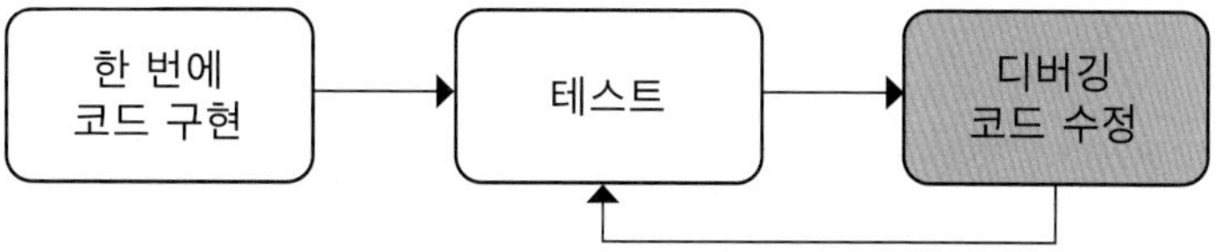

[그림 2.1] 한 번에 구현하는 코드가 많을수록 디버깅할 때 스트레스가 높아진다.

이 와중에 켄트 백이 쓴 '테스트 주도 개발'을 접했다. 비슷한 시기에 국내 컨퍼런스에서 TDD를 소개하는 발표도 들었다. 발표와 책에서 접한 내용을 따라 해 보니 TDD를 활용하면 그동안 정체되어 있던 개발 속도가 빨라질 것 같았다. 그 뒤로 TDD를 연습하기 시작했다. 처음부터 잘 된 건 아니지만, 지금은 TDD 덕분에 예전보다 더 나은 코드를 더 짧은 시간에 만들 수 있게 되었다고 생각한다. 물론 100% TDD 때문만은 아니겠지만. 개발 시간을 줄이는 데 TDD가 도움을 준 것은 분명하다.

TDD란?

TDD는 테스트부터 시작한다. 구현을 먼저 하고 나중에 테스트하는 것이 아니라 먼저 테스트를 하고 그다음에 구현한다. 구현 코드가 없는데 어떻게 테스트할 수 있을까? 여기서 테스트를 먼저 한다는 것은 기능이 올바르게 동작하는지 검증하는 테스트 코드를 작성한다는 것을 의미한다. 기능을 검증하는 테스트 코드를 먼저 작성하고 테스트를 통과시키기 위해 개발을 진행한다.

이해를 돕기 위해 간단한 덧셈 기능을 TDD로 구현해보자. 개발 환경은 무엇을 사용해도 상관없지만, 이왕이면 편리한 테스트 코드 실행 기능을 제공하는 인텔리J나 이클립스를 사용하자. 참고로 이 장에서 사용한 이미지는 메이븐 프로젝트를 인텔리J에 임포트해서 실행한 결과이다 (완전한 pom.xml 파일은 깃헙에 제공한 소스 코드를 참고한다).

NOTE

메이븐에 대한 기초 내용이 궁금한 독자는 아래 두 문서를 참고한다.

메이븐 기초 사용법: https://javacan.tistory.com/entry/MavenBasic
메이븐 프로젝트 임포트하기: https://javacan.tistory.com/entry/import-maven-project

TDD로 개발할 때 먼저 해야 할 것은 기능을 검증하는 테스트 코드를 작성하는 것이다. 덧셈 기능을 검증하기 위한 테스트 코드를 [리스트 2.1]과 같이 작성하자.

[리스트 2.1] chap02/src/test/java/chap02/CalculatorTest.java

```
01 package chap02;
02 
03 import org.junit.jupiter.api.Test;
04 
05 import static org.junit.jupiter.api.Assertions.assertEquals;
06 
07 public class CalculatorTest {
08 
09     @Test
10     void plus() {
11         int result = Calculator.plus(1, 2);
12         assertEquals(3, result);
13     }
14 }
```

NOTE

메이븐 프로젝트나 그레이들 프로젝트는 src/test/java 소스 폴더가 존재한다. 테스트 코드는 이 폴더에 위치한다. [리스트 2.1]도 src/test/java 소스 폴더의 chap02 패키지에 테스트 코드를 작성했다.

이 코드를 작성하면 11행에서 Calculator 클래스가 없다는 컴파일 에러가 발생한다. 아직 Calculator 클래스를 작성하지 않았으니 당연히 컴파일 에러가 발생해야 한다. 컴파일 에러를 없애기 전에 코드를 살펴보자.

- 09행 : JUnit은 @Test 애노테이션을 붙인 plus() 메서드를 테스트 메서드로 인식한다. 테스트 메서드는 기능을 검증하는 코드를 담고 있는 메서드이다.
- 11행 : 계산 기능을 실행하는 코드를 작성한다.
- 12행 : 계산 기능을 실행한 결과가 기대한 값인지 검증한다. assertEquals() 메서드는 인자로 받은 두 값이 동일한지 비교한다. 이때 첫 번째 인자는 기대한 값이고 두 번째

인자는 실제 값이다. 즉, assertEquals() 메서드는 기대한 값과 실제 값이 동일한지 비교한다. 비교한 결과 두 값이 동일하지 않으면 AssertionFailedError가 발생한다.

눈여겨볼 코드는 11행이다. 11행은 아직 존재하지 않는 Calculator 클래스와 plus 메서드를 사용해서 작성했다. 덧셈 기능을 제공하는 클래스와 메서드는 어떤 이름을 가지면 좋을까 고민해서 Calculator와 plus라는 이름을 정했다. 이 이름을 포함해 11행의 코드를 만들기 위해 몇 가지 고민을 했다.

- 메서드 이름은 plus가 좋을까? 아니면 sum이 좋을까?
- 덧셈 기능을 제공하는 메서드는 파라미터가 몇 개여야 할까? 파라미터의 타입은? 반환할 값은?
- 메서드를 정적 메서드로 구현할까 인스턴스 메서드로 구현할까?
- 메서드를 제공할 클래스 이름은 뭐가 좋을까?

처음에는 메서드 이름으로 sum을 생각했다. 엑셀 문서를 작성할 때 사용하는 sum() 함수가 떠올랐기 때문이다. 하지만 수학에서 더하기 부호를 의미하는 이름이 더 어울리는 것 같아 plus를 메서드 이름으로 정했다.

두 값을 더하는 기능이므로 파라미터는 두 개로 정했다. 두 파라미터의 타입은 일단 int로 정했다. 반환할 값은 두 파라미터의 덧셈 결과로 정했다.

세 번째 고민의 답을 정하기까지는 조금 시간이 걸렸다. 현재는 덧셈 기능을 구현하기 위해 새로운 객체를 만들 필요가 없다. 나중에 어떤 기능이 추가될지 모르지만 지금 당장은 정적 메서드로도 충분할 것 같아 plus를 정적 메서드로 정했다.

마지막으로 plus 메서드를 제공할 클래스 이름은 단순히 계산기를 의미하는 Calculator로 정했다.

잠시 덧셈 기능을 제공할 클래스, 메서드, 반환 타입 등에 대해 고민하고 그 결과에 맞게 11행의 코드를 작성했다. 그리고 12행의 assertEquals() 메서드를 이용해서 실행 결과가 올바른지 검증하는 코드를 추가했다.

덧셈 기능이 올바르게 동작하는지 검증하는 테스트 코드를 작성했지만, 아직 실행할 수는 없다. 컴파일 에러가 나기 때문이다. 컴파일 에러를 없애기 위해 일단 Calculator 클래스 생성하고 0을 리턴하는 plus() 메서드를 추가하자. 코드는 [리스트 2.2]와 같다.

[리스트 2.2] chap02/src/test/java/chap02/Calculator.java

```
package chap02;

public class Calculator {
    public static int plus(int a1, int a2) {
        return 0;
    }
}
```

plus() 메서드를 당장 구현하고 싶겠지만 잠시만 참고 CalculatorTest 클래스를 실행하자. 실행 결과는 [그림 2.2]와 같다.

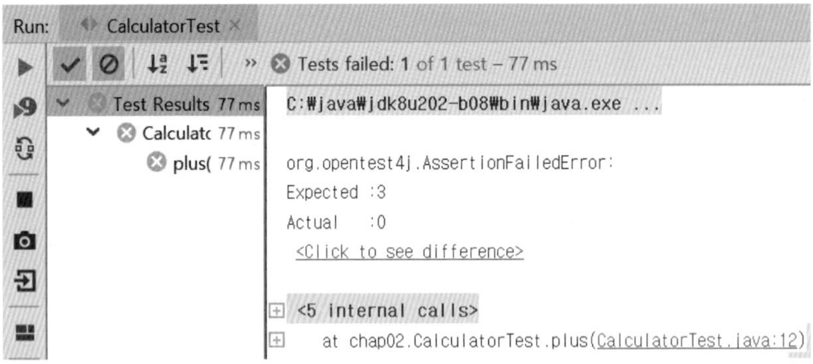

[그림 2.2] 테스트를 통과하지 못하고 실패한 결과

결과를 보면 12행에서 에러가 발생했다. 에러 메시지로 "Expected :3"과 "Actual : 0"을 볼 수 있다. 이는 12행에서 발생한 에러가 기대한 값(Expected)은 3인데 실제 값(Actual)은 0이어서 에러가 발생했음을 의미한다.

이 테스트를 통과시키는 가장 쉬운 방법은 무엇일까? 그것은 바로 plus() 메서드를 [리스트 2.3]과 같이 구현하는 것이다.

[리스트 2.3] 테스트를 통과시킬 만큼 plus() 메서드를 구현

```
public class Calculator {
    public static int plus(int a1, int a2) {
        return 3;
    }
}
```

그냥 a1과 a2를 더하는 코드를 바로 작성하면 될 것을 쓸데없이 3을 리턴하는 코드를 작성한다고 생각하는 독자가 있다는 것을 안다. 하지만 일단 참고 넘어가자. 뒤에서 설명하겠지만,

처음에 TDD를 접할 때는 이런 작은 단계를 차근차근 밟아 나가야 한다. 그렇지 않으면 TDD를 몸에 익히는데 어려움을 겪을 수 있다.

코드를 수정했으니 다시 테스트 코드를 실행하자. 이번엔 [그림 2.3]과 같이 테스트에 통과한 결과를 볼 수 있을 것이다.

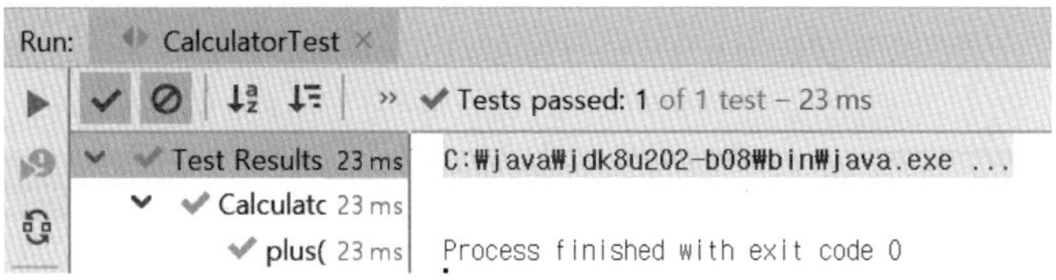

[그림 2.3] 테스트에 통과한 결과

테스트에 통과했으니 덧셈 검증 코드를 하나 더 추가하자.

[리스트 2.4] CalculatorTest 클래스에 검증 코드 추가

```
@Test
void plus() {
    int sum = Calculator.plus(1, 2);
    assertEquals(3, sum);
    assertEquals(5, Calculator.plus(4, 1));
}
```

경우의 수를 하나 더 추가했다. 테스트를 실행해보고 통과되는지 확인하자. [그림 2.4]와 같이 새로 추가한 코드 때문에 테스트를 통과하지 못한다.

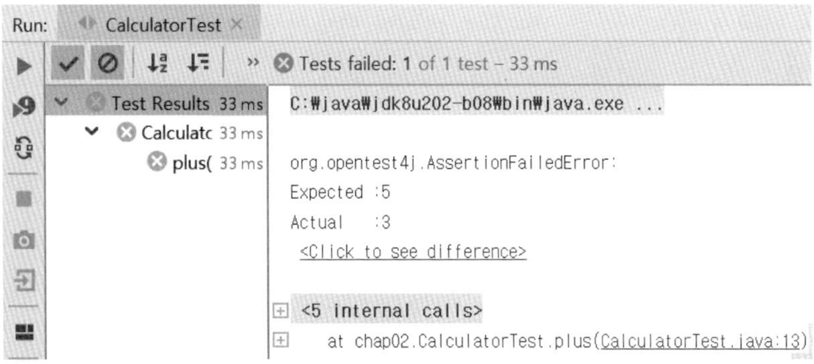

[그림 2.4] 새로 추가한 코드에서 테스트에 실패

테스트를 통과시켜보자. 처음에는 Calculator.plus() 메서드가 단순히 3을 리턴해서 테스트를 통과시켰는데 지금은 그럴 수 없다. 1+2와 4+1을 모두 통과시키도록 코드를 수정해야 한다. 다음과 같이 테스트를 통과할 만큼 코드를 수정해 볼 수 있다.

```
public static int plus(int a1, int a2) {
  if (a1 == 4 && a2 == 1) return 5;
  else return 3;
}
```

구현 로직이 단순하지 않을 때는 이렇게 점진적으로 구현을 완성해 나가는데 덧셈 예는 단순하므로 [리스트 2.5]와 같이 plus() 메서드 구현을 수정한다.

[리스트 2.5] 1+2와 4+1을 통과시키기 위해 수정한 코드

```
public class Calculator {
    public static int plus(int a1, int a2) {
        return a1 + a2; // ⬅ return 3; 코드를 수정함
    }
}
```

다시 CalculatorTest를 실행하면 [그림 2.5]와 같이 테스트에 통과하는 것을 확인할 수 있다.

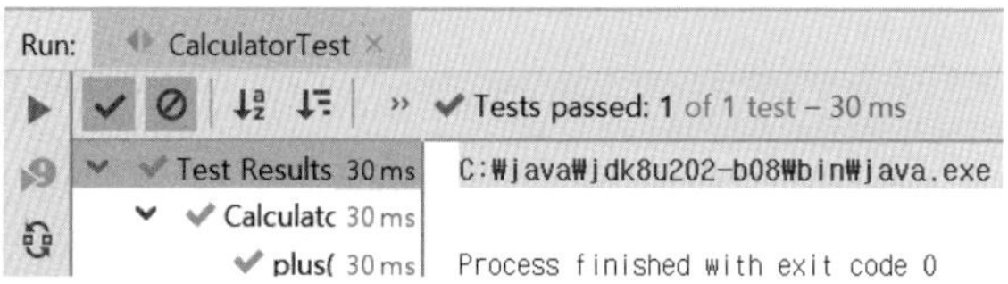

[그림 2.5] 코드 수정 후 다시 테스트에 통과한 결과

덧셈 기능을 완료했는데 아직 하나가 남았다. 코드 경로를 유심히 보면 Calculator.java 파일이 src/test/java 소스 폴더에 위치한 것을 알 수 있다. Calculator 클래스를 src/main/java 소스 폴더에 만들어도 되지만 아직 완성된 기능이 아니어서 src/test/java 소스 폴더에 넣었다. 덧셈 기능을 완료했으므로 Calculator 클래스를 src/test/java 소스 폴더에서 src/main/java 소스 폴더로 이동시켜서 배포 대상에 포함시킨다.

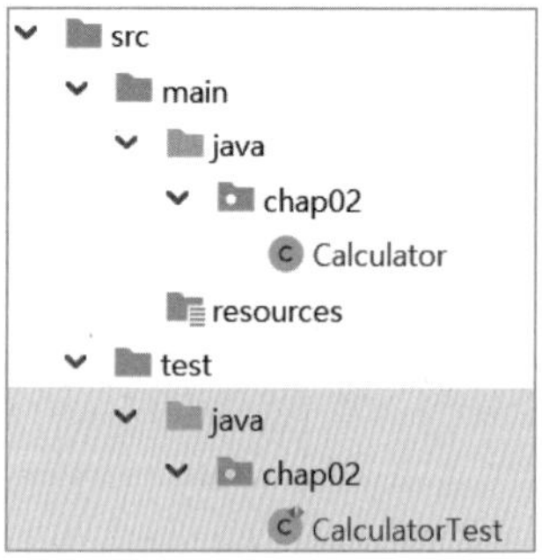

[그림 2.6] 완성한 코드는 src/test/java에서 src/main/java로 옮긴다.

코드 위치를 이동한 뒤에는 CalculatorTest 클래스를 실행해서 테스트에 통과하는지 다시 한번 확인한다.

NOTE

src/test/java 소스 폴더는 배포 대상이 아니므로 src/test/java 폴더에 코드를 만들면 완성되지 않은 코드가 배포되는 것을 방지하는 효과가 있다.

지금까지 간단한 덧셈 기능을 TDD로 구현해 봤다. 너무 간단한 기능이라 왜 이렇게까지 해야 하는지 의구심이 들겠지만 처음 TDD를 배울 때는 복잡한 기능보다는 단순한 기능이 TDD의 기본 흐름을 느끼기에 적당하다고 생각해 덧셈 기능을 예로 들었다.

앞서 TDD는 기능을 검증하는 테스트 코드를 먼저 만든다고 했다. 덧셈 예제에서는 덧셈 기능을 검증하는 테스트 코드를 먼저 작성했다. 이 과정에서 테스트 대상이 될 클래스 이름, 메서드 이름, 파라미터 개수, 리턴 타입을 고민했다. 또한, 새로운 객체를 생성할지 아니면 정적 메서드로 구현할지 등을 함께 고민했다. 이런 고민 과정은 실제 코드를 설계하는 과정과 유사하다.

테스트 코드를 작성한 뒤에는 컴파일 오류를 없애는 데 필요한 클래스와 메서드를 작성했다. 그런 뒤 바로 테스트를 실행했고 테스트에 실패했다. 실패한 이유를 확인([그림 2.2] 참고)하고 [리스트 2.3]과 같이 단순히 3을 리턴해서 테스트를 통과할 만큼만 코드를 구현했다. 실패한 테스트를 통과시킨 뒤에 새로운 테스트를 추가했고 다시 그 테스트를 통과시키기 위한 코드를 작성했다. 이런 식으로 TDD는 테스트를 먼저 작성하고 테스트에 실패하면 테스트를 통과시킬 만큼 코드를 추가하는 과정을 반복하면서 점진적으로 기능을 완성해 나간다.

TDD 예: 암호 검사기

조금 더 현실적인 기능을 TDD로 구현해보자. 이번에 TDD로 구현할 기능은 암호 검사기이다. 암호 검사기는 문자열을 검사해서 규칙을 준수하는지에 따라 암호를 '약함', '보통', '강함'으로 구분한다. 살펴볼 예제는 다음 규칙을 이용해서 암호를 검사할 것이다.

- 검사할 규칙은 다음 세 가지이다.
    - 길이가 8글자 이상
    - 0부터 9 사이의 숫자를 포함
    - 대문자 포함

- 세 규칙을 모두 충족하면 암호는 강함이다.
- 2개의 규칙을 충족하면 암호는 보통이다.
- 1개 이하의 규칙을 충족하면 암호는 약함이다

먼저 테스트할 기능의 이름을 정해보자. '약함', '보통', '강함'은 암호 등급이라고 생각할 수 있으므로 PasswordLevel이라는 단어를 사용할 수 있다. 등급 대신에 강도라는 의미를 사용할 수도 있다. 이 경우 PasswordStrength라는 단어를 사용할 수 있다. 암호 등급과 암호 강도 중에서 이 책에서는 PasswordStrength를 선택했다.

이제 검사를 한다는 의미를 표현할 단어를 찾자. 적당한 단어를 찾기 위해 구글과 사전을 검색해보니 Checker보다는 Meter를 더 많이 사용하는 것을 알게 되었다. 그래서 테스트할 기능을 제공할 클래스의 이름으로 암호 강도 측정기를 뜻하는 'PasswordStrengthMeter'를 선택했다.

이제 첫 번째 테스트 코드를 작성할 차례이다. 코드는 [리스트 2.6]과 같다.

[리스트 2.6] chap02/src/test/java/chap02/PasswordStrengthMeterTest.java

```
package chap02;

import org.junit.jupiter.api.Test;

public class PasswordStrengthMeterTest {
    @Test
    void name() {
    }
}
```

아무 검증도 하지 않는 의미 없는 테스트 메서드를 하나 만들었다. 이 상태에서 테스트를 실행한다. 당연히 통과할 것이다. 이렇게 빈 테스트 메서드를 실행하는 것이 불필요한 행위 같지만, 테스트를 실행할 수 있는 환경을 갖추었는지 확인할 수 있으므로 나름대로 의미가 있다.

NOTE

이번 예제는 다소 길지만 가능하면 눈으로만 보지 말고 한 단계씩 예제를 꼭 따라 해 보자. 눈으로만 보면 TDD 과정을 제대로 느낄 수 없다.

첫 번째 테스트: 모든 규칙을 충족하는 경우

이제 진짜 첫 번째 테스트를 만들어보자. 여기가 중요하다! 첫 번째 테스트를 잘 선택하지 않으면 이후 진행 과정이 순탄하게 흘러가지 않는다. 첫 번째 테스트를 선택할 때에는 가장 쉽거나 가장 예외적인 상황을 선택해야 한다. 암호 검사 기능에서 가장 쉽거나 가장 예외적인 것은 무엇일까? 필자는 다음 두 가지 상황이 떠올랐다.

- 모든 규칙을 충족하는 경우
- 모든 조건을 충족하지 않는 경우

이 중에서 어떤 경우가 시작하기에 좋을까? 먼저 모든 조건을 충족하지 않는 경우를 생각해 보자. 모든 조건을 충족하지 않는 테스트를 통과시키려면 각 조건을 검사하는 코드를 모두 구현해야 한다. 한 번에 만들어야 할 코드가 많아지므로 첫 번째 테스트 코드를 통과하는 시간도 길어진다. 이는 사실상 구현을 다 하고 테스트를 하는 방식과 다르지 않다.

모든 규칙을 충족하는 경우는 어떨까? 테스트를 쉽게 통과시킬 수 있다. 각 조건을 검사하는 코드를 만들지 않고 '강함'에 해당하는 값을 리턴하면 테스트에 통과할 수 있다. 그래서 모든 조건을 충족하는 경우를 먼저 테스트 코드로 작성해 보자.

'암호가 모든 조건을 충족하면 암호 강도는 강함이어야 함'을 의미하는 문장을 테스트 메서드의 이름으로 사용하고 싶다. 영어를 잘하면 바로 생각나겠지만 아쉽게도 필자는 영어에 능숙하지 않다. 그래서 번역기와 영어 사전을 이용해서 'If the password meets all the criteria then the strength should be strong'이라는 문장을 찾았다. 그런데 메서드 이름으로 사용하기에는 문장이 너무 길다. 또한, 자바는 메서드 이름에 공백을 포함할 수 없으므로 밑줄을 사용해야 한다. 그래서 다음과 같이 간단한 이름을 사용하기로 했다.

```
public class PasswordStrengthMeterTest {
    @Test
    void meetsAllCriteria_Then_Strong() {
        // 코드 작성해야 함
    }
}
```

테스트 코드를 작성할 차례이다. 테스트 코드는 다음과 같은 형태를 갖게 될 것이다.

```
PasswordStrengthMeter meter = new PasswordStrenghMeter();
```

```
값타입 결과 = meter.meter("ab12!@AB");
assertEquals(기댓값, 결과);
```

이 코드를 완성하려면 PasswordStrengthMeter#meter() 메서드의 리턴 타입을 결정해야 한다. 결과값은 암호의 강도이므로 int 타입을 사용할 수 있다. 예를 들어 0이면 약함, 1이면 보통, 2이면 강함이라고 할 수 있다. 또는 PasswordStrength.STRONG 형태의 열거 타입을 사용할 수도 있다. 2와 같은 값보다는 PasswordStrength.STRONG과 같은 열거 타입 값이 암호 강도를 더 잘 표현하므로 이 예제에서는 테스트 코드를 [리스트 2.7]과 같이 작성했다.

[리스트 2.7] PasswordStrengthMeterTest의 첫 번째 테스트 코드 작성

```
package chap02;

import org.junit.jupiter.api.Test;

import static org.junit.jupiter.api.Assertions.assertEquals;

public class PasswordStrengthMeterTest {
    @Test
    void meetsAllCriteria_Then_Strong() {
        PasswordStrengthMeter meter = new PasswordStrengthMeter();
        PasswordStrength result = meter.meter("ab12!@AB");
        assertEquals(PasswordStrength.STRONG, result);
    }
}
```

NOTE

Assertions.assertEquals() 메서드는 두 값이 같은지 비교하는 단언(assertion)이다. 단언은 값이 특정 조건을 충족하는지 확인하고 충족하지 않는 경우 익셉션을 발생시킨다. JUnit 테스트 코드는 Assertions가 제공하는 여러 메서드를 이용해서 단언을 실행한다. 단언을 통과하지 못하고 익셉션이 발생하면 이를 테스트에 실패했다고 한다.

PasswordStrengthMeter 타입과 PasswordStrength 타입이 존재하지 않으므로 컴파일 에러가 발생한다. 먼저 할 일은 컴파일 에러를 없애는 것이다. 그래야 테스트를 실행할 수 있다. PasswordStrength는 열거 타입으로 [리스트 2.8]과 같이 작성한다.

[리스트 2.8] chap02/src/test/java/chap02/PasswordStrength.java

```
package chap02;

public enum PasswordStrength {
    STRONG
```

```
}
```

STRONG 외에 WEAK나 NORMAL을 미리 추가할 수도 있지만, TDD는 테스트를 통과시킬 만큼의 코드를 작성한다. [리스트 2.8]도 [리스트 2.7]의 테스트 메서드를 통과시킬 만큼의 코드만 작성한 것이다.

PasswordStrengthMeter 클래스를 작성해서 컴파일 에러를 마저 없앤다. 작성한 코드는 [리스트 2.9]와 같다.

[리스트 2.9] chap02/src/test/java/chap02/PasswordStrengthMeter.java

```
package chap02;

public class PasswordStrengthMeter {
    public PasswordStrength meter(String s) {
        return null;
    }
}
```

컴파일 에러를 없앴으니 테스트를 실행할 수 있다. 실행 결과는 다음과 같다. 기대한 값이 STRONG인데 실제 값은 null이어서 테스트에 실패했음을 알 수 있다.

```
org.opentest4j.AssertionFailedError:
Expected :STRONG
Actual   :null
 <Click to see difference>
        at …생략
            at chap02.PasswordStrengthMeterTest.meetsAllCriteria_Then_Strong(Pass-
wordStrengthMeterTest.java:12)
```

이 테스트를 통과시키는 방법은 간단하다. PasswordStrengthMeter#meter 메서드가 STRONG을 리턴하도록 수정하면 된다.

```
public class PasswordStrengthMeter {
    public PasswordStrength meter(String s) {
        return PasswordStrength.STRONG;
    }
}
```

코드를 수정한 뒤 다시 테스트를 실행하면 통과하는 것을 알 수 있다.

meetsAllCriteria_Then_Strong() 테스트 메서드에 모든 규칙을 충족하는 예를 하나 더 추가하자. 다음은 추가한 결과이다.

```
@Test
void meetsAllCriteria_Then_Strong() {
    PasswordStrengthMeter meter = new PasswordStrengthMeter();
    PasswordStrength result = meter.meter("ab12!@AB");
    assertEquals(PasswordStrength.STRONG, result);
    PasswordStrength result2 = meter.meter("abc1!Add");
    assertEquals(PasswordStrength.STRONG, result2);
}
```

코드를 추가했으니 다시 테스트를 실행한다. 테스트에 통과할 것이다.

콩글리쉬 vs 한글 메서드

필자는 영어 구사 능력이 떨어져서 메서드 작명에 어려움을 느낄 때가 많다. 요즘은 번역기가 좋아져서 예전보다 작명 시간이 줄었지만, 여전히 알맞은 영어 이름을 찾는 과정은 필자를 힘들게 한다. 특히 테스트 메서드의 이름은 길어질 때가 많아 더 힘들다. 영어 문장이 길어지면 나중에 다시 메서드 이름을 봤을 때 해석하는 과정이 길어지므로 메서드의 의미를 파악하는 데 시간이 걸린다. 그래서 필자는 테스트 메서드 이름을 한글로 작성해서 가독성을 높이곤 한다. 물론 동료 개발자 중에 한글을 모르는 사람이 없으면 할 수 없다.

JUnit 5에는 @DisplayName 애노테이션이 추가되었는데 이 애노테이션을 사용하면 메서드 이름을 한글로 작성하지 않아도 테스트 메서드를 원하는 이름으로 쉽게 표시할 수 있다. 이 애노테이션은 5장에서 설명한다.

두 번째 테스트: 길이만 8글자 미만이고 나머지 조건은 충족하는 경우

두 번째 테스트 메서드를 추가하자. 이번에 테스트할 대상은 패스워드 문자열의 길이가 8글자 미만이고 나머지 조건은 충족하는 암호이다. 이 암호의 강도는 보통이어야 한다. 이 경우를 테스트할 코드를 [리스트 2.10]과 같이 추가한다.

[리스트 2.10] 길이가 8 미만이고 나머지 조건은 충족하는 암호에 대한 테스트 추가

```
public class PasswordStrengthMeterTest {
```

```
02     @Test
03     void meetsAllCriteria_Then_Strong() {
04         …생략
05     }
06
07     @Test
08     void meetsOtherCriteria_except_for_Length_Then_Normal() {
09         PasswordStrengthMeter meter = new PasswordStrengthMeter();
10         PasswordStrength result = meter.meter("ab12!@A");
11         assertEquals(PasswordStrength.NORMAL, result);
12     }
13 }
```

PasswordStrength 열거 타입에 NORMAL이 없으므로 11행에서 컴파일 에러가 발생한다. NORMAL을 추가해서 컴파일 에러를 없앤다.

```
public enum PasswordStrength {
    NORMAL, STRONG
}
```

컴파일 에러를 없앤 뒤 PasswordStrengthMeterTest를 실행한다. 테스트 실행 결과는 [그림 2.7]과 같다.

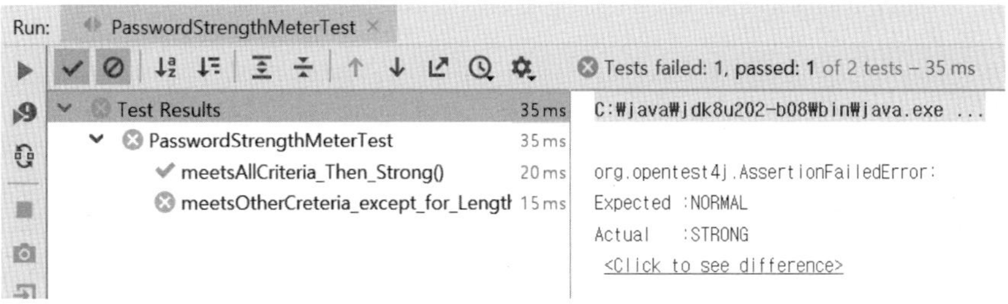

[그림 2.7] 새로 추가한 테스트에 실패한 화면

새로 추가한 테스트가 실패했다. 새로 추가한 테스트를 통과시키는 가장 쉬운 방법은 다음과 같이 meter() 메서드가 NORMAL을 리턴하도록 수정하는 것이다.

```
public class PasswordStrengthMeter {
    public PasswordStrength meter(String s) {
        return PasswordStrength.NORMAL; // 두 번째 테스트만 통과하게 됨
    }
}
```

그런데 이렇게 수정하면 앞서 만든 테스트를 통과하지 못한다. 두 테스트를 모두 통과시킬 수 있는 만큼 코드를 작성해 보자. 쉬운 방법은 길이가 8보다 작으면 NORMAL을 리턴하는 코드를 추가하는 것이다.

[리스트 2.11] 테스트를 통과시키기 위한 코드 추가

```
public class PasswordStrengthMeter {
    public PasswordStrength meter(String s) {
        if (s.length() < 8) {
            return PasswordStrength.NORMAL;
        }
        return PasswordStrength.STRONG;
    }
}
```

코드를 수정했으니 테스트를 실행하자. 통과다! 앞서 예와 동일하게 길이가 8 미만이고 나머지 조건은 충족하는 암호에 대한 검증 코드를 추가하고 테스트를 실행해보자.

```
@Test
void meetsOtherCriteria_except_for_Length_Then_Normal() {
    PasswordStrengthMeter meter = new PasswordStrengthMeter();
    PasswordStrength result = meter.meter("ab12!@A");
    assertEquals(PasswordStrength.NORMAL, result);
    PasswordStrength result2 = meter.meter("Ab12!c");
    assertEquals(PasswordStrength.NORMAL, result2);
}
```

세 번째 테스트: 숫자를 포함하지 않고 나머지 조건은 충족하는 경우

세 번째 테스트 메서드를 추가하자. 이번 테스트 대상은 숫자를 포함하지 않고 나머지 조건은 충족하는 암호이다. 이 암호도 보통 강도를 가져야 한다. 이를 위한 테스트 코드를 추가하자.

[리스트 2.12] PasswordStrengthMeterTest 클래스에 숫자를 포함하지 않고 나머지 조건은 충족하는 암호에 대한 테스트 추가

```
@Test
void meetsOtherCriteria_except_for_number_Then_Normal() {
    PasswordStrengthMeter meter = new PasswordStrengthMeter();
    PasswordStrength result = meter.meter("ab!@ABqwer");
    assertEquals(PasswordStrength.NORMAL, result);
}
```

테스트를 실행하면 [그림 2.8]과 같이 새로 추가한 테스트가 실패한 것을 알 수 있다.

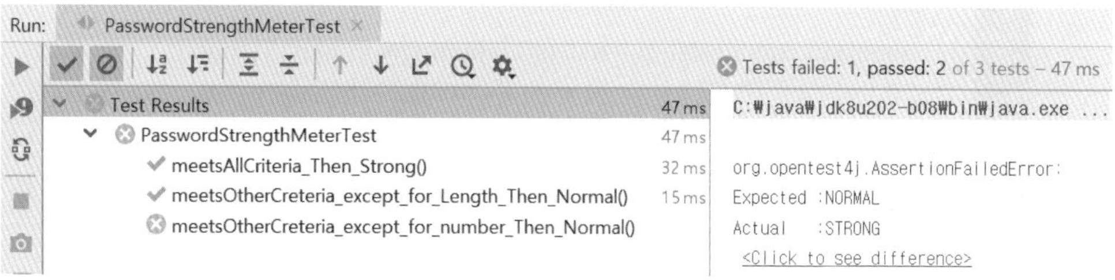

[그림 2.8] 새로 추가한 테스트에 실패

이 테스트를 통과하는 방법은 어렵지 않다. 암호가 숫자를 포함했는지를 판단해서 포함하지 않은 경우 NORMAL을 리턴하게 구현하면 된다. 구현 코드는 [리스트 2.13]과 같다.

[리스트 2.13] 테스트를 통과시키기 위한 코드 추가

```
01 public class PasswordStrengthMeter {
02     public PasswordStrength meter(String s) {
03         if (s.length() < 8) {
04             return PasswordStrength.NORMAL;
05         }
06         boolean containsNum = false;
07         for (char ch : s.toCharArray()) {
08             if (ch >= '0' && ch <= '9') {
09                 containsNum = true;
10                 break;
11             }
12         }
13         if (!containsNum) return PasswordStrength.NORMAL;
14         return PasswordStrength.STRONG;
15     }
16 }
```

각 문자를 비교해서 0~9 사이의 값을 갖는 문자가 없으면 NORMAL을 리턴하도록 했다. 구현을 추가했다면 테스트를 다시 실행하자. 맞게 구현했다면 모든 테스트가 통과할 것이다.

코드를 조금 리팩토링하자. [리스트 2.13]에서 06~12행은 숫자 포함 여부를 확인하는 코드이다. 코드가 다소 길어지므로 해당 코드를 메서드로 추출해서 가독성을 개선하고 메서드 길이도 줄여보자. 리팩토링한 결과는 [리스트 2.14]와 같다.

[리스트 2.14] 코드 가독성을 위해 숫자 포함 여부를 확인하는 코드를 리팩토링

```
public class PasswordStrengthMeter {
    public PasswordStrength meter(String s) {
```

```
        if (s.length() < 8) {
            return PasswordStrength.NORMAL;
        }
        boolean containsNum = meetsContainingNumberCriteria(s);
        if (!containsNum) return PasswordStrength.NORMAL;
        return PasswordStrength.STRONG;
    }

    private boolean meetsContainingNumberCriteria(String s) {
        for (char ch : s.toCharArray()) {
            if (ch >= '0' && ch <= '9') {
                return true;
            }
        }
        return false;
    }
}
```

코드를 수정했으니 테스트를 실행한다. 올바르게 리팩토링했다면 테스트에 통과할 것이다.

코드 정리: 테스트 코드 정리

세 개의 테스트 메서드를 추가했다. 각 테스트 메서드를 보면 다음과 같은 형태를 갖는다.

```
@Test
void 메서드이름() {
    PasswordStrengthMeter meter = new PasswordStrengthMeter();
    PasswordStrength result = meter.meter(암호);
    assertEquals(PasswordStrength.값, result);
}
```

테스트 코드도 코드이기 때문에 유지보수 대상이다. 즉 테스트 메서드에서 발생하는 중복을 알맞게 제거하거나 의미가 잘 드러나게 코드를 수정할 필요가 있다. 먼저 PasswordStrength Meter 객체를 생성하는 코드의 중복을 없애 보자. 지금은 각 메서드에서 생성하고 있는데 다음 코드처럼 필드에서 생성하도록 수정할 수 있다.

```
public class PasswordStrengthMeterTest {
    private PasswordStrengthMeter meter = new PasswordStrengthMeter();

    @Test
```

```
    void meetsAllCriteria_Then_Strong() {
        PasswordStrength result = meter.meter("ab12!@AB");
        assertEquals(PasswordStrength.STRONG, result);
        …생략
    }

    @Test
    void meetsOtherCriteria_except_for_Length_Then_Normal() {
        PasswordStrength result = meter.meter("ab12!@A");
        assertEquals(PasswordStrength.NORMAL, result);
        …생략
    }

    @Test
    void meetsOtherCriteria_except_for_number_Then_Normal() {
        PasswordStrength result = meter.meter("ab!@ABqwer");
        assertEquals(PasswordStrength.NORMAL, result);
    }
}
```

코드를 수정했으니 테스트를 다시 실행한다. 이는 코드 수정으로 인해 테스트가 깨지지 않았는지 확인하기 위함이다. 코드를 수정한 뒤에 테스트에 통과하는지 확인함으로써 안전하게 코드를 수정할 수 있다. 만약 코드를 수정한 뒤에 실패하는 테스트가 생기면 코드를 수정하기 전으로 되돌리면 된다.

없앨 수 있는 코드 중복이 하나 더 있다. 바로 암호 강도 측정 기능을 실행하고 이를 확인하는 코드이다. 이 코드의 형식은 다음과 같다.

```
PasswordStrength result = meter.meter(암호);
assertEquals(기댓값, result);
```

이런 부류의 중복은 메서드를 이용해서 제거할 수 있다. 먼저 assertStrength 메서드를 다음과 같이 추가한다. 이 메서드는 password 파라미터의 강도를 구하고 그 값이 expStr 파라미터와 같은지 비교한다.

```
public class PasswordStrengthMeterTest {

    private PasswordStrengthMeter meter = new PasswordStrengthMeter();

    private void assertStrength(String password, PasswordStrength expStr) {
```

```
        PasswordStrength result = meter.meter(password);
        assertEquals(expStr, result);
    }
```

이제 테스트 메서드의 코드가 assertStrength 메서드를 사용하도록 바꾼다.

```
public class PasswordStrengthMeterTest {

    private PasswordStrengthMeter meter = new PasswordStrengthMeter();

    private void assertStrength(String password, PasswordStrength expStr) {
        PasswordStrength result = meter.meter(password);
        assertEquals(expStr, result);
    }

    @Test
    void meetsAllCriteria_Then_Strong() {
        assertStrength("ab12!@AB", PasswordStrength.STRONG);
        assertStrength("abc1!Add", PasswordStrength.STRONG);
    }

    …다른 두 테스트 메서드도 동일하게 변경
}
```

테스트 메서드를 수정했다면 테스트를 실행해서 깨지는 테스트가 없는지 확인한다.

NOTE

테스트 코드의 중복을 무턱대고 제거하면 안 된다. 중복을 제거한 뒤에도 테스트 코드의 가독성이 떨어지지 않고 수정이 용이한 경우에만 중복을 제거해야 한다. 중복을 제거한 뒤에 오히려 테스트 코드 관리가 어려워진다면 제거했던 중복을 되돌려야 한다.

네 번째 테스트: 값이 없는 경우

테스트 코드를 작성하는 과정에서 아주 중요한 테스트를 놓친 것을 발견했다. 바로 값이 없는 경우를 테스트하지 않은 것이다. 이런 예외 상황을 고려하지 않으면 우리가 만드는 소프트웨어는 비정상적으로 동작하게 된다. 예를 들어 meter() 메서드에 null을 전달하면 NPE(NullPointerException)이 발생하게 된다. NPE가 발생하는 것은 원하는 상황이 아니다. 우리가 만들고 있는 암호 강도 측정기는 null에 대해서도 알맞게 동작해야 한다.

테스트를 추가해보자. null을 입력할 경우 암호 강도 측정기는 어떻게 반응해야 할까? 필자는 두 가지 안이 떠올랐다.

- IllegalArgumentException을 발생한다.
- 유효하지 않은 암호를 의미하는 PasswordStrength.INVALID를 리턴한다.

이 책에서는 이 중에서 두 번째 방법을 선택해보자. 코드를 구현하기에 앞서 검증하는 테스트 코드를 먼저 추가한다. 추가한 테스트 코드는 [리스트 2.15]와 같다.

[리스트 2.15] 입력이 null인 경우에 대한 테스트 추가

```
public class PasswordStrengthMeterTest {
    …생략

    @Test
    void nullInput_Then_Invalid() {
        assertStrength(null, PasswordStrength.INVALID);
    }
}
```

코드를 추가했다면 PasswordStrength.INVALID에서 컴파일 에러가 발생할 것이다. INVALID를 추가해서 컴파일 에러를 없앤다.

```
public enum PasswordStrength {
    INVALID, NORMAL, STRONG
}
```

이제 테스트를 실행한다. 당연하지만 테스트에 실패할 것이다. [그림 2.9]와 같이 NPE가 발생해서 테스트에 실패했다.

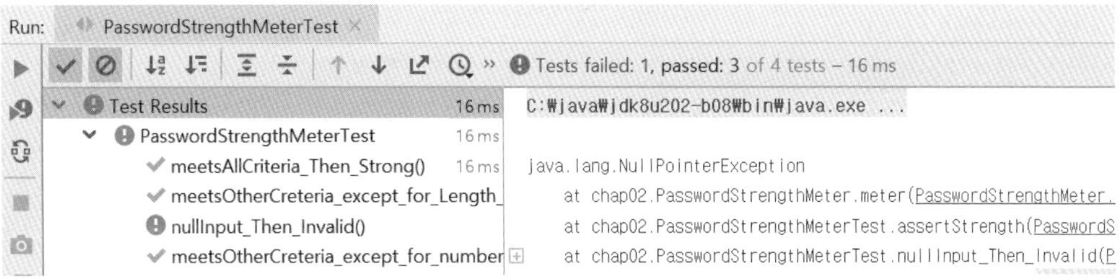

[그림 2.9] 새로 추가한 테스트에 실패한 결과

테스트를 통과시킬 차례다. [리스트 2.16]과 같이 03행의 코드를 추가하면 된다.

[리스트 2.16] PasswordStrengthMeter에 null 처리 구현 추가

```
public class PasswordStrengthMeter {
    public PasswordStrength meter(String s) {
        if (s == null) return PasswordStrength.INVALID;
        if (s.length() < 8) {
            return PasswordStrength.NORMAL;
        }
        boolean containsNum = meetsContainingNumberCriteria(s);
        if (!containsNum) return PasswordStrength.NORMAL;
        return PasswordStrength.STRONG;
    }

    …생략
}
```

구현을 추가했으니 테스트를 실행하자. 테스트에 통과할 것이다.

예외 상황이 null만 있는 것은 아니다. 빈 문자열도 예외 상황이다. 빈 문자열에 대한 테스트도 추가한다.

[리스트 2.17] 입력이 빈 문자열인 경우에 대한 테스트 추가

```
public class PasswordStrengthMeterTest {
    …생략

    @Test
    void emptyInput_Then_Invalid() {
        assertStrength("", PasswordStrength.INVALID);
    }
}
```

테스트를 추가했으니 테스트를 실행한다. 테스트에 실패할 것이다. 실패 결과를 보면 [그림 2.10]과 같이 기대한 값은 INVALID인데 실제 결과는 NORMAL인 것을 알 수 있다.

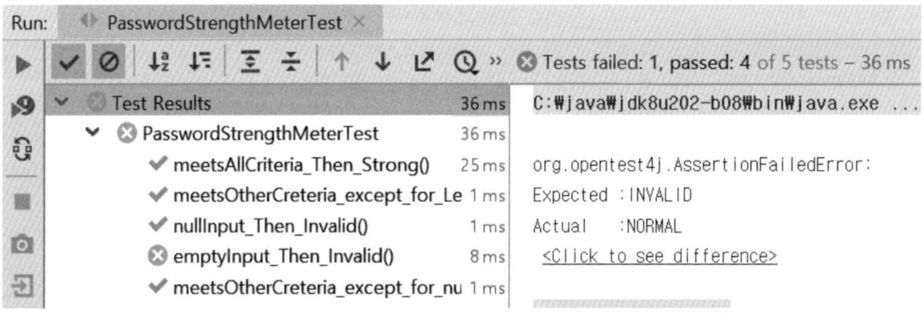

[그림 2.10] 빈 문자열에 대해 테스트에 실패한 결과

이 테스트를 통과시키기 위해 PasswordStrengthMeter 클래스의 코드를 [리스트 2.18]과 같이 수정한다.

[리스트 2.18] 빈 문자열에 대한 구현 추가

```
public class PasswordStrengthMeter {
    public PasswordStrength meter(String s) {
        if (s == null || s.isEmpty()) return PasswordStrength.INVALID;
        if (s.length() < 8) {
            return PasswordStrength.NORMAL;
        }
        boolean containsNum = meetsContainingNumberCriteria(s);
        if (!containsNum) return PasswordStrength.NORMAL;
        return PasswordStrength.STRONG;
    }

    …생략
}
```

테스트를 실행해서 통과하는지 확인한다. 맞게 구현했다면 지금까지 작성한 테스트가 모두 통과할 것이다.

다섯 번째 테스트: 대문자를 포함하지 않고 나머지 조건을 충족하는 경우

다음 추가할 테스트는 대문자를 포함하지 않고 나머지 조건은 충족하는 경우이다. 먼저 테스트 코드를 [리스트 2.19]와 같이 추가한다.

[리스트 2.19] 대문자를 포함하지 않고 나머지 조건은 충족하는 경우에 대한 테스트 추가

```
public class PasswordStrengthMeterTest {
    …생략

    @Test
    void meetsOtherCriteria_except_for_Uppercase_Then_Normal() {
        assertStrength("ab12!@df", PasswordStrength.NORMAL);
    }
}
```

테스트를 실행하면 새로 추가한 검증 코드에서 실패할 것이다. 실패한 코드를 통과시킬 차례다. 추가한 코드는 [리스트 2.20]과 같다.

[리스트 2.20] 대문자를 포함하지 않은 경우에 대한 테스트를 통과시키기 위한 코드

```
public class PasswordStrengthMeter {
    public PasswordStrength meter(String s) {
        if (s == null || s.isEmpty()) return PasswordStrength.INVALID;
        if (s.length() < 8) {
            return PasswordStrength.NORMAL;
        }
        boolean containsNum = meetsContainingNumberCriteria(s);
        if (!containsNum) return PasswordStrength.NORMAL;
        boolean containsUpp = false;
        for (char ch : s.toCharArray()) {
            if (Character.isUpperCase(ch)) {
                containsUpp = true;
                break;
            }
        }
        if (!containsUpp) return PasswordStrength.NORMAL;
        return PasswordStrength.STRONG;
    }

    …생략
```

테스트를 실행하자. 모든 테스트에 통과할 것이다!

meter() 메서드가 다시 복잡해졌다. 메서드 추출을 이용해서 코드를 정리하자. 정리한 결과는 [리스트 2.21]과 같다.

[리스트 2.21] 코드 가독성을 위해 대문자 포함 여부를 확인하는 코드를 리팩토링

```
public class PasswordStrengthMeter {
    public PasswordStrength meter(String s) {
        if (s == null || s.isEmpty()) return PasswordStrength.INVALID;
        if (s.length() < 8) {
            return PasswordStrength.NORMAL;
        }
        boolean containsNum = meetsContainingNumberCriteria(s);
        if (!containsNum) return PasswordStrength.NORMAL;
        boolean containsUpp = meetsContainingUppercaseCriteria(s);
        if (!containsUpp) return PasswordStrength.NORMAL;
        return PasswordStrength.STRONG;
    }

    private boolean meetsContainingNumberCriteria(String s) {
        …생략
    }

```

```
    private boolean meetsContainingUppercaseCriteria(String s) {
        for (char ch : s.toCharArray()) {
            if (Character.isUpperCase(ch)) {
                return true;
            }
        }
        return false;
    }
}
```

코드를 수정했으니 테스트를 실행하자. 코드를 수정한 뒤에도 기능이 정상 동작하는 것을 확인할 수 있을 것이다.

여섯 번째 테스트: 길이가 8글자 이상인 조건만 충족하는 경우

이제 어떤 경우를 테스트해야 하나? 이제 남은 것은 한 가지 조건만 충족하거나 모든 조건을 충족하지 않는 경우이다. 이 중에서 먼저 길이가 8글자 이상인 조건만 충족하는 경우를 진행해 보자. 이 경우 암호 강도는 약함이다. 이를 위한 테스트 코드를 [리스트 2.22]와 같이 추가한다.

[리스트 2.22] 길이가 8글자 이상인 조건만 충족하는 경우를 검증하기 위한 테스트 코드

```
public class PasswordStrengthMeterTest {
    …생략

    @Test
    void meetsOnlyLengthCriteria_Then_Weak() {
        assertStrength("abdefghi", PasswordStrength.WEAK);
    }
}
```

이 코드는 컴파일 에러가 난다. PasswordStrength 열거 타입에 아직 WEAK가 없기 때문이다. WEAK 값을 추가해서 컴파일 에러를 없애자.

```
public enum PasswordStrength {
    INVALID, WEAK, NORMAL, STRONG
}
```

컴파일 에러를 없앴다면 테스트를 실행한다. 테스트에 실패한다.

```
org.opentest4j.AssertionFailedError:
Expected :WEAK
Actual   :NORMAL
```

테스트 결과를 보면 WEAK가 아니라 NORMAL이어서 테스트에 실패했음을 알 수 있다. 어떻게 하면 테스트에 통과할 수 있을까? 이 테스트를 통과시키려면 세 조건 중에서 길이 조건은 충족하고 나머지 두 조건은 충족하지 않았을 때 WEAK를 리턴하도록 구현해야 한다. 이를 구현하려면 먼저 길이가 8 이상인지 여부를 뒤에서 확인할 수 있어야 한다. 이를 위해 길이가 8 이상인지 여부를 담는 로컬 변수를 추가하자. 이전 코드는 취소선을 이용해서 함께 표시했다.

```
public class PasswordStrengthMeter {
    public PasswordStrength meter(String s) {
        if (s == null || s.isEmpty()) return PasswordStrength.INVALID;
        boolean lengthEnough = s.length() >= 8;
        if (!lengthEnough) {
            return PasswordStrength.NORMAL;
        }
        /* 이전 코드
        if (s.length() < 8) {
            return PasswordStrength.NORMAL;
        }
        */
        …생략
    }
}
```

코드를 수정한 뒤에 테스트를 다시 실행한다. 앞서 새로 추가한 테스트를 제외한 나머지 테스트가 깨지지 않고 통과하는 것을 확인할 수 있다.

이제 각 조건을 확인해서 강도를 리턴하는 코드의 위치를 다음과 같이 변경하자.

```
public class PasswordStrengthMeter {
    public PasswordStrength meter(String s) {
        if (s == null || s.isEmpty()) return PasswordStrength.INVALID;
        boolean lengthEnough = s.length() >= 8;
        boolean containsNum = meetsContainingNumberCriteria(s);
        boolean containsUpp = meetsContainingUppercaseCriteria(s);
        // if 절을 아래로 이동
        if (!lengthEnough) {
            return PasswordStrength.NORMAL;
```

```
        }
        if (!containsNum) return PasswordStrength.NORMAL;
        if (!containsUpp) return PasswordStrength.NORMAL;
        return PasswordStrength.STRONG;
    }

    …생략
```

if 절의 위치를 이동한 이유는 다음 두 로직을 구분해서 모으기 위함이다.

- 개별 규칙을 검사하는 로직
- 규칙을 검사한 결과에 따라 암호 강도를 계산하는 로직

다시 테스트를 실행해보자. 새로 추가한 테스트는 여전히 실패하나 기존에 작성한 테스트는 깨지지 않고 통과한다. 이제 새로 추가한 테스트도 통과시킬 차례이다. 테스트를 통과시키기 위해 추가한 코드는 [리스트 2.23]과 같다.

[리스트 2.23] 길이가 8 이상인 조건만 충족하는 경우를 통과시키기 위한 코드 추가

```
public class PasswordStrengthMeter {
    public PasswordStrength meter(String s) {
        if (s == null || s.isEmpty()) return PasswordStrength.INVALID;
        boolean lengthEnough = s.length() >= 8;
        boolean containsNum = meetsContainingNumberCriteria(s);
        boolean containsUpp = meetsContainingUppercaseCriteria(s);

        if (lengthEnough && !containsNum && !containsUpp)
            return PasswordStrength.WEAK;

        if (!lengthEnough) {
            return PasswordStrength.NORMAL;
        }
        if (!containsNum) return PasswordStrength.NORMAL;
        if (!containsUpp) return PasswordStrength.NORMAL;
        return PasswordStrength.STRONG;
    }

    …생략
```

테스트를 실행해보자. 테스트에 통과할 것이다.

일곱 번째 테스트: 숫자 포함 조건만 충족하는 경우

다음 테스트는 숫자 포함 조건만 충족하는 경우이다. 이를 검증하기 위한 테스트 코드를 [리스트 2.24]와 같이 추가한다.

[리스트 2.24] 숫자 포함 조건만 충족하는 경우를 검증하기 위한 테스트

```
public class PasswordStrengthMeterTest {
    …생략

    @Test
    void meetsOnlyNumCriteria_Then_Weak() {
        assertStrength("12345", PasswordStrength.WEAK);
    }
}
```

테스트를 실행하자. 새로 추가한 테스트가 실패한다. 이 테스트를 통과시키는 작업은 간단하다. [리스트 2.25]의 10~11행 코드를 추가하면 된다.

[리스트 2.25] 숫자 조건만 충족하는 경우를 통과시키기 위한 코드 추가

```
01 public class PasswordStrengthMeter {
02     public PasswordStrength meter(String s) {
03         if (s == null || s.isEmpty()) return PasswordStrength.INVALID;
04         boolean lengthEnough = s.length() >= 8;
05         boolean containsNum = meetsContainingNumberCriteria(s);
06         boolean containsUpp = meetsContainingUppercaseCriteria(s);
07 
08         if (lengthEnough && !containsNum && !containsUpp)
09             return PasswordStrength.WEAK;
10         if (!lengthEnough && containsNum && !containsUpp)
11             return PasswordStrength.WEAK;
12 
13         if (!lengthEnough) {
14             return PasswordStrength.NORMAL;
15         }
16         if (!containsNum) return PasswordStrength.NORMAL;
17         if (!containsUpp) return PasswordStrength.NORMAL;
18         return PasswordStrength.STRONG;
19     }
20 
21     …생략
```

구현을 추가했으니 테스트를 실행하자. 모든 테스트가 통과할 것이다.

정리할 코드가 있는지 보자. 08~17행의 코드가 전반적으로 복잡해 보인다. 코드를 정리하고 싶지만, 아직 아이디어가 떠오르지 않는다. 일단 다음 테스트로 넘어가자.

여덟 번째 테스트: 대문자 포함 조건만 충족하는 경우

이번에는 대문자 포함 조건만 충족하는 경우를 검증하는 테스트를 추가할 차례다. 추가한 코드는 [리스트 2.26]과 같다.

[리스트 2.26] 대문자 포함 조건만 충족하는 경우를 검증하기 위한 테스트 코드

```
public class PasswordStrengthMeterTest {
    …생략

    @Test
    void meetsOnlyUpperCriteria_Then_Weak() {
        assertStrength("ABZEF", PasswordStrength.WEAK);
    }
}
```

테스트를 실행하면 실패할 것이다. 실패한 테스트를 통과시키기 위한 코드를 작성하자. 추가한 코드는 [리스트 2.27]의 09~10행과 같다.

[리스트 2.27] 대문자 포함 조건만 충족하는 경우를 통과시키기 위한 코드 추가

```
01 public class PasswordStrengthMeter {
02     public PasswordStrength meter(String s) {
03         if (s == null || s.isEmpty()) return PasswordStrength.INVALID;
04         ...생략
05         if (lengthEnough && !containsNum && !containsUpp)
06             return PasswordStrength.WEAK;
07         if (!lengthEnough && containsNum && !containsUpp)
08             return PasswordStrength.WEAK;
09         if (!lengthEnough && !containsNum && containsUpp)
10             return PasswordStrength.WEAK;
11 
12         if (!lengthEnough) {
13             return PasswordStrength.NORMAL;
14         }
15         if (!containsNum) return PasswordStrength.NORMAL;
16         if (!containsUpp) return PasswordStrength.NORMAL;
17         return PasswordStrength.STRONG;
18     }
19 }
```

지금까지 그랬던 것처럼 코드를 추가했으면 테스트를 실행해서 테스트에 통과하는지 확인한다. 모든 테스트에 통과할 것이다.

코드 정리: meter() 메서드 리팩토링

지금까지 작성한 구현 코드를 보자.

[리스트 2.28] PasswordStrengthMeter 구현

```
public class PasswordStrengthMeter {
    public PasswordStrength meter(String s) {
        if (s == null || s.isEmpty()) return PasswordStrength.INVALID;
        boolean lengthEnough = s.length() >= 8;
        boolean containsNum = meetsContainingNumberCriteria(s);
        boolean containsUpp = meetsContainingUppercaseCriteria(s);

        if (lengthEnough && !containsNum && !containsUpp)
            return PasswordStrength.WEAK;
        if (!lengthEnough && containsNum && !containsUpp)
            return PasswordStrength.WEAK;
        if (!lengthEnough && !containsNum && containsUpp)
            return PasswordStrength.WEAK;

        if (!lengthEnough) {
            return PasswordStrength.NORMAL;
        }
        if (!containsNum) return PasswordStrength.NORMAL;
        if (!containsUpp) return PasswordStrength.NORMAL;
        return PasswordStrength.STRONG;
    }

    private boolean meetsContainingNumberCriteria(String s) {
        for (char ch : s.toCharArray()) {
            if (ch >= '0' && ch <= '9') {
                return true;
            }
        }
        return false;
    }

    private boolean meetsContainingUppercaseCriteria(String s) {
        for (char ch : s.toCharArray()) {
            if (Character.isUpperCase(ch)) {
                return true;
            }
        }
```

```
38            return false;
39        }
40    }
```

메서드로 추출해서 meter() 메서드의 길이를 줄이긴 했지만, 여전히 08~20행의 코드가 복잡하게 느껴진다. 이 코드를 어떻게 바꾸면 좋을까? 코드의 의미를 잠시 생각해봤다. 필자는 왜 아래 코드를 작성했을까?

```
if (lengthEnough && !containsNum && !containsUpp)
    return PasswordStrength.WEAK;
if (!lengthEnough && containsNum && !containsUpp)
    return PasswordStrength.WEAK;
if (!lengthEnough && !containsNum && containsUpp)
    return PasswordStrength.WEAK;
```

이 코드는 세 조건 중에서 한 조건만 충족하는 경우 암호 강도가 약하다는 것을 구현한 것이다. 그렇다! 여기서 if 절은 세 조건 중에서 한 조건만 충족한다는 것을 확인하는 것이다. 그렇다면 다음과 같이 충족하는 조건 개수를 사용하면 어떨까?

```
public class PasswordStrengthMeter {
    public PasswordStrength meter(String s) {
        if (s == null || s.isEmpty()) return PasswordStrength.INVALID;
        int metCounts = 0;
        boolean lengthEnough = s.length() >= 8;
        if (lengthEnough) metCounts++;
        boolean containsNum = meetsContainingNumberCriteria(s);
        if (containsNum) metCounts++;
        boolean containsUpp = meetsContainingUppercaseCriteria(s);
        if (containsUpp) metCounts++;

        if (metCounts == 1) return PasswordStrength.WEAK;
        /* 아래 코드 삭제
        if (lengthEnough && !containsNum && !containsUpp)
            return PasswordStrength.WEAK;
        if (!lengthEnough && containsNum && !containsUpp)
            return PasswordStrength.WEAK;
        if (!lengthEnough && !containsNum && containsUpp)
            return PasswordStrength.WEAK;
        */
        if (!lengthEnough) {
            return PasswordStrength.NORMAL;
        }
```

```
        if (!containsNum) return PasswordStrength.NORMAL;
        if (!containsUpp) return PasswordStrength.NORMAL;
        return PasswordStrength.STRONG;
    }
    …생략
```

위와 같이 코드를 수정한 뒤에 테스트를 실행하자. 다행히 모든 테스트에 통과한다. metCounts를 증가시키는 코드를 추가했지만 대신 세 개의 변수를 이용하는 if 절을 지웠다. 게다가 다음 코드는 1개의 조건을 충족하면 강도가 약함이라는 규칙을 더 잘 표현하고 있다.

```
if (metCounts == 1) return PasswordStrength.WEAK;
```

이제 다음 코드를 리팩토링해보자. 아래 코드는 어떤 의미일까?

```
        if (!lengthEnough) {
            return PasswordStrength.NORMAL;
        }
        if (!containsNum) return PasswordStrength.NORMAL;
        if (!containsUpp) return PasswordStrength.NORMAL;
```

이 코드를 작성한 시점에 이 코드의 의도는 충족하는 조건이 두 개인 경우 암호 강도가 보통이라는 규칙을 표현한 것이다. 즉, 위 코드를 다음과 같이 변경할 수 있다.

```
public class PasswordStrengthMeter {
    public PasswordStrength meter(String s) {
        if (s == null || s.isEmpty()) return PasswordStrength.INVALID;
        int metCounts = 0;
        …생략
        if (metCounts == 1) return PasswordStrength.WEAK;
        if (metCounts == 2) return PasswordStrength.NORMAL;
        /* 아래 코드 삭제
        if (!lengthEnough) {
            return PasswordStrength.NORMAL;
        }
        if (!containsNum) return PasswordStrength.NORMAL;
        if (!containsUpp) return PasswordStrength.NORMAL;
        */
        return PasswordStrength.STRONG;
    }
```

코드를 수정했으니 테스트를 실행해서 깨지는 테스트가 없는지 확인한다.

암호 강도는 이제 metCounts 값을 이용해서 계산한다. 이제 lengthEnough, containsNum, containsUpp 변수는 metCounts 값을 증가시킬 때만 사용된다. 따라서 다음과 같이 코드를 바꾸면 이 세 변수도 제거할 수 있다.

```
public class PasswordStrengthMeter {
    public PasswordStrength meter(String s) {
        if (s == null || s.isEmpty()) return PasswordStrength.INVALID;
        int metCounts = 0;
        if (s.length() >= 8) metCounts++;
        if (meetsContainingNumberCriteria(s)) metCounts++;
        if (meetsContainingUppercaseCriteria(s)) metCounts++;

        /* 아래 코드 삭제
        boolean lengthEnough = s.length() >= 8;
        if (lengthEnough) metCounts++;
        boolean containsNum = meetsContainingNumberCriteria(s);
        if (containsNum) metCounts++;
        boolean containsUpp = meetsContainingUppercaseCriteria(s);
        if (containsUpp) metCounts++;
        */

        if (metCounts == 1) return PasswordStrength.WEAK;
        if (metCounts == 2) return PasswordStrength.NORMAL;

        return PasswordStrength.STRONG;
    }
```

코드를 수정했으니 다시 테스트를 실행한다. 모든 테스트가 통과한다. 이를 통해 코드를 올바르게 수정했다는 것을 확신할 수 있다.

meter() 메서드를 리팩토링한 결과 코드는 [리스트 2.29]와 같다. [리스트 2.28]의 구현과 비교해보면 코드가 훨씬 간결해지고 가독성도 높아졌다. 개인적으로 이렇게 코드를 리팩토링하고 나면 기분이 한결 좋아진다.

[리스트 2.29] meter() 메서드를 리팩토링한 결과

```
public class PasswordStrengthMeter {
    public PasswordStrength meter(String s) {
        if (s == null || s.isEmpty()) return PasswordStrength.INVALID;
        int metCounts = 0;
```

```
        if (s.length() >= 8) metCounts++;
        if (meetsContainingNumberCriteria(s)) metCounts++;
        if (meetsContainingUppercaseCriteria(s)) metCounts++;

        if (metCounts == 1) return PasswordStrength.WEAK;
        if (metCounts == 2) return PasswordStrength.NORMAL;

        return PasswordStrength.STRONG;
    }

    …생략
```

아홉 번째 테스트: 아무 조건도 충족하지 않은 경우

아직 테스트하지 않은 상황이 있다. 바로 아무 조건도 충족하지 않는 암호이다. 이를 검증하기 위한 테스트를 [리스트 2.30]과 같이 추가한다.

[리스트 2.30] 아무 조건도 충족하지 않은 경우를 검증하는 테스트 코드 추가

```
public class PasswordStrengthMeterTest {
    ...생략

    @Test
    void meetsNoCriteria_Then_Weak() {
        assertStrength("abc", PasswordStrength.WEAK);
    }
}
```

테스트를 실행해보자. 테스트에 실패할 것이다. 실패 메시지는 다음과 같다. 원하는 결과는 WEAK인데 실제 결과는 STRONG이다.

```
org.opentest4j.AssertionFailedError:
Expected :WEAK
Actual   :STRONG
 …생략
```

이 테스트를 통과시키려면 다음 중 한 가지 방법을 사용하면 된다.

- 충족 개수가 1개 이하인 경우 WEAK를 리턴하도록 수정
- 충족 개수가 0개인 경우 WEAK를 리턴하는 코드 수정

- 충족 개수가 3개인 경우 STRONG을 리턴하는 코드를 추가하고 마지막에 WEAK를 리턴하도록 코드 수정

이 책에서는 첫 번째 방법을 사용하자. [리스트 2.31]과 같이 09행의 비교 조건을 수정하면 된다.

[리스트 2.31] 아무 조건도 충족하지 않는 암호를 위한 코드 구현

```
01 public class PasswordStrengthMeter {
02     public PasswordStrength meter(String s) {
03         if (s == null || s.isEmpty()) return PasswordStrength.INVALID;
04         int metCounts = 0;
05         if (s.length() >= 8) metCounts++;
06         if (meetsContainingNumberCriteria(s)) metCounts++;
07         if (meetsContainingUppercaseCriteria(s)) metCounts++;
08 
09         if (metCounts <= 1) return PasswordStrength.WEAK;
10         if (metCounts == 2) return PasswordStrength.NORMAL;
11 
12         return PasswordStrength.STRONG;
13     }
14 
15     …생략
```

코드를 수정했다. 이제 테스트를 실행하는 자신을 발견했을 것이다. 지금까지 새로운 테스트를 추가하거나 기존 코드를 수정하면 습관처럼 테스트를 실행했다. 그리고 실패한 테스트가 있다면 그 테스트를 통과시키기 위한 코드를 추가했다. 지금까지 예제를 따라 했음에도 불구하고 코드를 수정한 뒤에 테스트를 실행하지 않고 있다면 다음 내용을 읽기 전에 처음부터 다시 시작해야 한다. 테스트를 실행하는 것이 어색하지 않을 때까지 반복하자!

코드 정리: 코드 가독성 개선

코드 정리를 좀 더 하자. 이번 변경 대상은 metCounts 변수를 계산하는 부분이다. 이 부분을 메서드로 빼면 meter() 메서드의 가독성을 조금 더 높일 수 있을 것 같다. 리팩토링을 시도한 결과는 [리스트 2.32]와 같다.

[리스트 2.32] meter() 메서드에서 metCounts를 계산하는 코드를 정리한 결과

```
public class PasswordStrengthMeter {
    public PasswordStrength meter(String s) {
        if (s == null || s.isEmpty()) return PasswordStrength.INVALID;
        int metCounts = getMetCriteriaCounts(s);

```

```
        if (metCounts <= 1) return PasswordStrength.WEAK;
        if (metCounts == 2) return PasswordStrength.NORMAL;

        return PasswordStrength.STRONG;
    }

    private int getMetCriteriaCounts(String s) {
        int metCounts = 0;
        if (s.length() >= 8) metCounts++;
        if (meetsContainingNumberCriteria(s)) metCounts++;
        if (meetsContainingUppercaseCriteria(s)) metCounts++;
        return metCounts;
    }
    …생략
```

meter() 메서드의 가독성이 좋아졌다. meter() 메서드를 처음보는 개발자도 다음과 같이 코드를 읽을 수 있다.

- 암호가 null이거나 빈 문자열이면 암호 강도는 INVALID이다
- 충족하는 규칙 개수를 구한다.
- 충족하는 규칙 개수가 1개 이하면 암호 강도는 WEAK이다.
- 충족하는 규칙 개수가 2개면 암호 강도는 NORMAL이다.
- 이 외 경우(즉 충족하는 규칙 개수가 2개보다 크면) 암호 강도는 STRONG이다.

전반적인 로직이 들어온다. 암호 규칙이 궁금하면 getMetCriteriaCounts() 메서드를 보면 된다. 이 메서드를 보면 길이, 숫자 포함 여부, 대문자 포함 여부가 규칙임을 확인할 수 있다.

테스트에서 메인으로 코드 이동

아직 한 가지가 남았다. PasswordStrength.java 파일과 PasswordStrengthMeter.java 파일은 src/test/java 소스 폴더에 위치한다. src/test/java 소스 폴더는 배포 대상이 아니므로 이 두 소스 파일을 src/main/java로 이동해야 비로서 구현이 끝난다.

TDD 흐름

지금까지 암호 강도 검사 기능을 TDD로 구현했다. 그 과정은 [그림 2.11]과 같다.

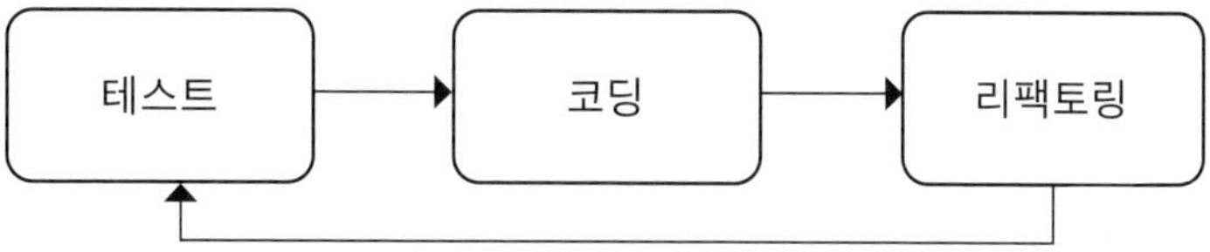

[그림 2.11] TDD는 테스트를 먼저 작성하고 테스트를 통과시킬 만큼 코드를 작성하고 리팩토링으로 마무리 하는 과정을 반복한다.

TDD는 기능을 검증하는 테스트를 먼저 작성한다. 작성한 테스트를 통과하지 못하면 테스트를 통과할 만큼만 코드를 작성한다. 테스트를 통과한 뒤에는 개선할 코드가 있으면 리팩토링한다. 리팩토링을 수행한 뒤에는 다시 테스트를 실행해서 기존 기능이 망가지지 않았는지 확인한다. 이 과정을 반복하면서 점진적으로 기능을 완성해 나가는 것, 이것이 전형적인 TDD의 흐름이다.

레드-그린-리팩터

TDD 사이클을 레드(Red)-그린(Green)-리팩터(Refactor)로 부르기도 한다. 여기서 레드는 실패하는 테스트를 의미한다. 레드는 테스트 코드가 실패하면 빨간색을 이용해서 실패한 테스트를 보여주는 데서 비롯했다. 비슷하게 그린은 성공한 테스트를 의미한다. 즉 코드를 구현해서 실패하는 테스트를 통과시키는 것을 뜻한다. 마지막으로 리팩터는 이름 그대로 리팩토링 과정을 의미한다.

테스트가 개발을 주도

테스트 코드를 먼저 작성하면 테스트가 개발을 주도하게 된다. 앞서 암호 검사 기능을 떠올려 보자. 가장 먼저 통과해야 할 테스트를 작성했다. 테스트를 작성하는 과정에서 구현을 생각하지 않았다. 단지 해당 기능이 올바르게 동작하는지 검증할 수 있는 테스트 코드를 만들었을 뿐이다.

테스트를 추가한 뒤에는 테스트를 통과시킬 만큼 기능을 구현했다. 지금까지 작성한 테스트를 통과할 만큼만 구현을 진행했다. 아직 추가하지 않은 테스트를 고려해서 구현하지 않았다. 예를 들어 값이 없는 경우에 대한 테스트를 추가하고 개발을 진행할 때에는 그때까지 추가한 테스트를 통과할 만큼의 코드만 구현했다. 미리 앞서 한 조건만 충족하는 암호를 측정하는 기능을 구현하지 않았다.

테스트 코드를 만들면 다음 개발 범위가 정해진다. 테스트 코드가 추가되면서 검증하는 범위가 넓어질수록 구현도 점점 완성되어간다. 이렇게 테스트가 개발을 주도해 나간다.

지속적인 코드 정리

구현을 완료한 뒤에는 리팩토링을 진행했다. 리팩토링할 대상이 눈에 들어오면 리팩토링을 진행해서 코드를 정리했다. 당장 리팩토링할 대상이나 어떻게 리팩토링해야 할지 생각나지 않으면 다음 테스트를 진행했다. 테스트 코드 자체도 리팩토링 대상에 넣었다.

당장 리팩토링을 하지 않더라도 테스트 코드가 있으면 리팩토링을 보다 과감하게 진행할 수 있다. 잘 동작하는 코드를 수정하는 것은 심리적으로 불안감을 주기 때문에 코드 수정을 꺼리게 만든다. 하지만 해당 기능이 온전하게 동작한다는 것을 검증해주는 테스트가 있으면 코드 수정에 대한 심리적 불안감을 줄여준다. 리팩토링을 통한 개선을 원활하게 할 수 있게 도와준다.

TDD는 개발 과정에서 지속적으로 코드 정리를 하므로 코드 품질이 급격히 나빠지지 않게 막아주는 효과가 있다. 이는 향후 유지보수 비용을 낮추는데 기여한다.

빠른 피드백

TDD가 주는 이점은 코드 수정에 대한 피드백이 빠르다는 점이다. 새로운 코드를 추가하거나 기존 코드를 수정하면 테스트를 돌려서 해당 코드가 올바른지 바로 확인할 수 있다. 이는 잘못된 코드가 배포되는 것을 방지한다.

CHAPTER

3

테스트 코드 작성 순서

테스트 작성 순서
작성 순서 예제
테스트 목록

CHAPTER

3 테스트 코드 작성 순서

- 테스트 작성 순서
- 작성 순서 예제
- 테스트 목록

테스트 코드 작성 순서

2장에서는 암호 강도 측정 기능을 TDD로 구현했다. 기능을 구현할 때 테스트 코드를 작성한 순서는 다음과 같았다.

1. 모든 규칙을 충족하는 암호 강도는 '강함'
2. 길이만 8글자 미만이고 나머지 규칙은 충족하는 암호의 강도는 '보통'
3. 숫자를 포함하지 않고 나머지 규칙은 충족하는 암호의 강도는 '보통'
4. 값이 없는 암호의 강도는 '유효하지 않음'
5. 대문자를 포함하지 않고 나머지 규칙은 충족하는 경우
6. 길이가 8글자 이상인 규칙만 충족하는 경우
7. 숫자 포함 규칙만 충족하는 경우
8. 대문자 포함 규칙만 충족하는 경우
9. 아무 규칙도 충족하지 않는 경우

이 순서가 그냥 나온 것은 아니다. 실제로 이 순서는 다음 규칙에 따라 나왔다.

- 쉬운 경우에서 어려운 경우로 진행
- 예외적인 경우에서 정상인 경우로 진행

반대로 어려운 경우를 먼저 시작하거나 정상 상황을 먼저 시작하면 구현 과정이 원활하게 진행되지 않기도 한다. 왜 그런지 이어서 살펴보자.

초반에 복잡한 테스트부터 시작하면 안 되는 이유

만약 초반부터 다양한 조합을 검사하는 복잡한 상황을 테스트로 추가하면 해당 테스트를 통과시키기 위해 한 번에 구현해야 할 코드가 많아진다. 예를 들어 다음 순서로 테스트를 만들었다고 하자.

- 대문자 포함 규칙만 충족하는 경우
- 모든 규칙을 충족하는 경우
- 숫자를 포함하지 않고 나머지 규칙은 충족하는 경우

이 순서대로 TDD를 진행해 보자. 먼저 대문자 포함 규칙만 충족하는 경우를 테스트하기 위한 코드를 다음과 같이 작성할 수 있을 것이다.

```
@Test
void meetsOnlyUpperCreteria_Then_Weak() {
    PasswordStrengthMeter meter = new PasswordStrengthMeter();
    PasswordStrength result = meter.meter("abcDef");
    assertEquals(PasswordStrength.WEAK, result);
}
```

이 테스트를 통과시킬 만큼 구현하는 것은 간단하다. 단순히 WEAK를 리턴하면 된다.

```
public class PasswordStrengthMeter {
    public PasswordStrength meter(String s) {
        return PasswordStrength.WEAK;
    }
}
```

이제 모든 규칙을 충족하는 경우를 테스트하기 위한 코드를 추가할 차례다.

```
@Test
void meetsAllCreteria_Then_Weak() {
    PasswordStrengthMeter meter = new PasswordStrengthMeter();
    PasswordStrength result = meter.meter("abcDef12");
    assertEquals(PasswordStrength.STRONG, result);
}
```

이 테스트를 통과시키려면 어떻게 해야 할까? 가장 빨리 통과시킬 수 있는 방법은 입력 값이 "abcDef12"이면 STRONG을 리턴하는 코드를 추가하는 것이다.

```
public class PasswordStrengthMeter {
    public PasswordStrength meter(String s) {
        if ("abcDef12".equals(s)) return PasswordStrength.STRONG;
        return PasswordStrength.WEAK;
    }
}
```

테스트 예를 하나 더 추가해보자.

```
@Test
void meetsAllCreteria_Then_Weak() {
    PasswordStrengthMeter meter = new PasswordStrengthMeter();
    PasswordStrength result = meter.meter("abcDef12");
    assertEquals(PasswordStrength.STRONG, result);
    PasswordStrength result2 = meter.meter("aZcDef12");
    assertEquals(PasswordStrength.STRONG, result2);
}
```

어떻게 해야 테스트를 통과시킬 수 있을까? 문자열이 "abcDef12"나 "aZcDef12"이면 STRONG을 리턴하고 나머지는 WEAK를 리턴하게 구현하면 될까? 하지만 검증 예를 추가할 때마다 if 절을 늘릴 수는 없다. 좀 더 범용적인 구현이 필요하다. 범용적인 구현은 어떤 모습일까? 모든 조건을 충족하는지 검사하는 코드일까? 일단 대문자만 포함하면 STRONG을 리턴하는 코드여야 할까? 아니면 8글자 이상이면 STRONG을 리턴하는 코드여야 할까?

```
public class PasswordStrengthMeter {
    public PasswordStrength meter(String s) {
        ... 모든 조건을 충족하는지 여부를 확인하는 코드 구현?
        return PasswordStrength.WEAK;
    }
}
```

어떻게 해야 좋은 구현이 될지 잘 모르겠다. 이제 두 번째 테스트를 추가한 것뿐인데 벌써부터 막히기 시작한다. 두 번째 테스트를 통과시키려면 모든 규칙을 확인하는 코드를 구현해야 할 것만 같다.

한 번에 완벽한 코드를 만들면 좋겠지만, 모두가 수퍼 개발자인 것은 아니다. 보통의 개발자는 한 번에 많은 코드를 만들다 보면 나도 모르게 버그를 만들고 나중에 버그를 잡기 위해 많은 시간을 허비하게 된다. 당연히 테스트 통과 시간도 길어진다. 그뿐만 아니라 코드 작성 시간이 길어지면 집중력도 떨어져서 흐름이 자주 끊기게 된다. 중간에 화장실도 다녀오고 커피도 마시게 된다. 자리에 돌아오면 이전까지 했던 흐름을 이어가기 위한 시간이 필요하다.

구현하기 쉬운 테스트부터 시작하기

가장 구현하기 쉬운 경우부터 시작하면 빠르게 테스트를 통과시킬 수 있다. 보통 수 분에서 십여 분 이내에 구현을 완료해서 테스트를 통과시킬 수 있을 만큼 쉬운 것을 선택한다. 암호 강도 측정 예에서는 어떤 것이 가장 쉬울까? 다음 중 하나가 쉬울 것 같다.

- 모든 조건을 충족하는 경우
- 모든 조건을 충족하지 않는 경우

두 가지 모두 그냥 해당 값을 리턴하면 된다. 예를 들어 첫 번째로 모든 조건을 충족하는 경우를 테스트하면 단순히 STRONG을 리턴하면 된다. 비슷하게 모든 조건을 충족하지 않는 경우를 첫 번째로 테스트하면 단순히 WEAK를 리턴하면 된다. 2장에서는 모든 조건을 충족하는 경우를 첫 번째 테스트로 시작했다.

```
@Test
void meetsAllCriteria_Then_Strong() {
    PasswordStrengthMeter meter = new PasswordStrengthMeter();
    PasswordStrength result = meter.meter("ab12!@AB");
    assertEquals(PasswordStrength.STRONG, result);
}
```

```
public class PasswordStrengthMeter {
    public PasswordStrength meter(String s) {
        return PasswordStrength.STRONG;
    }
}
```

[그림 3.1] 첫 번째 테스트와 구현

첫 번째 테스트를 통과시킨 뒤에 다음 테스트로 무엇을 고를까? '강함'에 해당하는 예를 추가해도 된다. 실제 2장에서는 다음과 같이 "abc1!Add" 예를 추가했다.

```
@Test
void meetsAllCriteria_Then_Strong() {
    PasswordStrengthMeter meter = new PasswordStrengthMeter();
    PasswordStrength result = meter.meter("ab12!@AB");
    assertEquals(PasswordStrength.STRONG, result);
    PasswordStrength result2 = meter.meter("abc1!Add");
    assertEquals(PasswordStrength.STRONG, result2);
}
```

새로 추가한 테스트는 별다른 구현 없이 통과시킬 수 있었다. 이제 다음으로 어떤 테스트를 추가할까? 역시 구현하기 쉬운 것이 선택 기준이 된다. 어떤 예가 구현하기 쉬울까? 다음 중에서 골라보자.

- 모든 규칙을 충족하지 않는 경우
- 한 규칙만 충족하는 경우
- 두 규칙을 충족하는 경우

모든 규칙을 충족하지 않는 경우는 어떨까? 앞서 모든 규칙을 충족하는 경우를 테스트했는데 이어서 정반대 조건을 테스트하려면 결국 모든 규칙을 검사하는 코드를 구현해야 할 것 같다. 한 번에 구현해야 할 코드가 너무 많다.

한 규칙만 충족하는 경우는? 한 규칙을 충족하는지 여부를 검사해서 WEAK를 리턴하면 될 것 같다. 두 규칙을 충족하는 경우는? 이 경우에도 한 규칙을 충족하는지 여부를 검사하면 될 것 같다. 두 규칙을 충족한다는 것은 충족하지 않는 규칙이 하나 존재한다는 것이므로 한 규칙을 충족하는지 검사해서 충족하지 않으면 NORMAL을 리턴하면 된다.

모든 규칙을 충족하지 않는 경우보다 한 규칙만 충족하거나 두 규칙을 충족하는 경우를 테스트하는 게 더 쉽게 구현할 수 있을 거라 예상했다. 그렇다면 여러 규칙 중에서 어떤 규칙을 검사하는 것이 가장 쉬울까? 대문자 포함 여부를 검사하거나 숫자 포함 여부를 검사하는 것보다는 8글자 이상인지 검사하는 것이 쉬울 것 같다. 그래서 다음 테스트를 두 번째로 선택했다.

- 길이만 8글자 미만이고 나머지 규칙은 충족하는 암호의 강도는 '보통'

물론 다음 테스트를 두 번째로 선택해도 구현 난이도는 비슷하게 쉽다.

- 길이가 8글자 이상이고 나머지 규칙은 충족하지 않은 암호의 강도는 '약함'

둘 다 길이가 8글자 이상인지 여부를 판단하는 로직만 구현하면 테스트를 통과시킬 수 있다.

이렇게 하나의 테스트를 통과했으면 그다음으로 구현하기 쉬운 테스트를 선택해야 한다. 구현이 어렵지 않기 때문에 짧은 시간에 구현을 완료하고 테스트를 통과시킬 수 있다. 보통 수 분 내에 구현을 완료하고 통과시킬 수 있는 테스트를 선택해야 한다. 이를 통해 점진적으로 구현을 완성해 나갈 수 있다.

한 번에 구현하는 시간이 짧아지면 디버깅할 때에 유리하다. 작성한 코드가 많지 않고 작성 시간도 짧으면 머릿속에 코드에 대한 내용이 생생하게 남아 있기 때문에 디버깅할 때 문제 원인을 빠르게 찾을 수 있다.

예외 상황을 먼저 테스트해야 하는 이유

다양한 예외 상황은 복잡한 if-else 블록을 동반할 때가 많다. 예외 상황을 전혀 고려하지 않은 코드에 예외 상황을 반영하려면 코드의 구조를 뒤집거나 코드 중간에 예외 상황을 처리하기 위해 조건문을 중복해서 추가하는 일이 벌어진다. 이는 코드를 복잡하게 만들어 버그 발생 가능성을 높인다.

초반에 예외 상황을 테스트하면 이런 가능성이 줄어든다. 예외 상황에 따른 if-else 구조가 미리 만들어지기 때문에 많은 코드를 완성한 뒤에 예외 상황을 반영할 때보다 코드 구조가 덜 바뀐다.

TDD를 하는 동안 예외 상황을 찾고 테스트에 반영하면 예외 상황을 처리하지 않아 발생하는 버그도 줄여준다. 암호 등급 측정 예의 경우 암호 값이 없는 상황에 대한 테스트를 추가했다. 이 테스트를 추가하지 않으면 시스템 운영 중에 NPE가 발생할 수 있다. 예전에 봤던 서버 프로그램도 이와 유사한 예외 상황을 처리하지 않아 NPE가 발생한 사례가 있다. 이 프로그램은 NPE가 발생한 것에 그치지 않고 심지어 프로세스가 죽기까지 했다. 사소한 버그가 서비스 중단을 일으킨 것이다. 예외 상황을 찾고 테스트하면 이런 문제가 발생할 가능성을 사전에 낮출 수 있다.

완급 조절

처음 TDD로 구현할 때 어려운 것 중 하나는 한 번에 얼마만큼의 코드를 작성할 것인가이다. TDD를 처음 접할 때는 다음 단계에 따라 TDD를 익혀보자.

1. 정해진 값을 리턴
2. 값 비교를 이용해서 정해진 값을 리턴
3. 다양한 테스트를 추가하면서 구현을 일반화

뻔한 구현이라도 위 단계를 거쳐서 연습하는 것과 바로 구현하는 것에는 차이가 있다. 테스트를 만들고 통과시키는 과정에서 구현이 막힐 때가 있다. 이럴 때 위 단계를 이용해서 TDD를 연습한 개발자는 조금씩 기능을 구현해 나갈 수 있다. 반면에 단계적으로 나아가는 연습을 하지 않은 개발자는 조금만 구현이 떠오르지 않아도 진전을 이루지 못하고 막혀 있거나 한 번에 많은 코드를 구현하려고 시도하다 구현에 실패하게 된다. 이는 테스트-구현-확인이라는 리듬을 깨고 집중력을 흐트러뜨린다.

예를 들어 암호 강도 측정 기능에서 길이가 8글자 미만이지만 나머지 규칙은 충족하는 상황을 위 단계를 밟아 진행해 보자. 먼저 다음 테스트 코드를 추가했다.

```
@Test
void meetsOtherCreteria_except_for_Length_Then_Normal() {
    PasswordStrengthMeter meter = new PasswordStrengthMeter();
    PasswordStrength result = meter.meter("ab12!@A");
    assertEquals(PasswordStrength.NORMAL, result);
}
```

딱 이 테스트를 통과할 만큼만 코드를 작성하자.

```
public class PasswordStrengthMeter {
    public PasswordStrength meter(String s) {
        if ("ab12!@A".equals(s))
            return PasswordStrength.NORMAL;
        return PasswordStrength.STRONG;
    }
```

상수를 비교해서 테스트를 통과시켰다. 다음으로 동일한 조건을 검증하기 위한 테스트를 추가하자.

```
@Test
void meetsOtherCreteria_except_for_Length_Then_Normal() {
    PasswordStrengthMeter meter = new PasswordStrengthMeter();
    PasswordStrength result = meter.meter("ab12!@A");
    assertEquals(PasswordStrength.NORMAL, result);
    PasswordStrength result2 = meter.meter("Ab12!c");
    assertEquals(PasswordStrength.NORMAL, result2);
}
```

새로 추가한 테스트를 통과시키려면 다음과 같이 값 비교를 추가하면 된다.

```
public class PasswordStrengthMeter {
    public PasswordStrength meter(String s) {
        if ("ab12!@A".equals(s) || "Ab12!c".equals(s))
            return PasswordStrength.NORMAL;
        return PasswordStrength.STRONG;
    }
```

이번에도 상수를 이용해서 테스트를 통과시켰다. 다음 차례는 상수를 제거하고 일반화하는 것이다. 다음은 위 코드에서 상수를 제거하고 일반화한 결과이다.

```
public class PasswordStrengthMeter {
    public PasswordStrength meter(String s) {
        if (s.length() < 8)
            return PasswordStrength.NORMAL;
        return PasswordStrength.STRONG;
    }
```

몇 차례 상수를 사용해서 테스트를 통과시키고 뒤에 구현을 일반화하는 과정이 처음에는 지루하게 느껴질 수도 있다. 하지만 이런 연습 과정은 나중에 만들어야 할 코드가 잘 떠오르지 않을 때 점진적으로 구현을 진행할 수 있는 밑거름이 된다.

TDD가 익숙해지면 상황에 따라 구현 속도를 조절할 수 있게 된다. 단순 덧셈이나 길이 비교와 같은 명백한 구현은 상수를 사용하지 않고 바로 구현하고 한 번에 구현을 시도했는데 잘 안 되면 한발 물러서서 천천히 단계를 밟아 나가면 된다.

지속적인 리팩토링

테스트를 통과한 뒤에는 리팩토링을 진행한다. 매번 리팩토링을 진행해야 하는 것은 아니지만 적당한 후보가 보이면 리팩토링을 진행한다. 코드 중복은 대표적인 리팩토링 대상이다. 코드가 길어지면 메서드 추출과 같은 기법을 사용해서 메서드 이름으로 코드의 의미를 표현할 수 있다.

TDD를 진행하는 과정에서 지속적으로 리팩토링을 진행하면 코드 가독성이 높아진다. 코드 가독성이 높아지면 개발자는 더욱 빠르게 코드를 분석할 수 있어 수정 요청이 있을 때 변경할 코드를 빠르게 찾을 수 있다. 이는 코드 변경의 어려움을 줄여주어 향후 유지보수에 도움이 된다.

NOTE

일단 동작하는 코드를 만드는 능력은 중요하다. 코드가 동작하지 않으면 아무것도 소용없기 때문이다. 하지만 소프트웨어의 생존 시간이 길어질수록 소프트웨어를 지속적으로 개선해야 한다. 즉 코드를 변경해야 한다. 코드 변경이 어려우면 변화하는 요구를 제때 반영할 수 없게 되며 이는 소프트웨어의 생존과 직결된다. 따라서 코드를 잘 변경할 수 있는 능력 또한 매우 중요하다.

코드를 잘 변경하려면 변경하기 쉬운 구조를 가져야 하는데 이를 위한 것이 바로 리팩토링이다. 리팩토링을 통해 이해하고 변경하기 쉽게 코드를 개선함으로써 변화하는 요구 사항을 적은 비용으로 반영할 수 있다. 이는 소프트웨어의 생존 시간을 늘려준다.

리팩토링에 대한 내용이 궁금하면 마틴 파울러가 쓴 '리팩토링'을 읽어보자. 이 책은 다양한 리팩토링 기법을 소개하고 있다. 참고로 1판은 자바 코드를 사용하고 있고 2018년에 나온 2판은 자바 스크립트 코드를 사용한다.

테스트 대상 코드의 리팩토링 시점

테스트 대상 코드에서 상수를 변수로 바꾸거나 변수 이름을 변경하는 것과 같은 작은 리팩토링은 발견하면 바로 실행한다. 반면에 메서드 추출과 같이 메서드의 구조에 영향을 주는 리팩토링은 큰 틀에서 구현 흐름이 눈에 들어오기 시작한 뒤에 진행한다.

구현 초기에는 아직 구현의 전반적인 흐름을 모르기 때문에 메서드 추출과 같은 리팩토링을 진행하면 코드 구조를 잘못 잡을 가능성이 있다. 코드 구조가 잘못되면 다음 테스트를 통과시키는 과정에서 코드가 복잡해지거나 구현을 더는 진행하지 못하고 막힐 수 있다. 이런 상황이 오면 구현을 멈추고 메서드 추출 리팩토링을 되돌려야 한다. 리팩토링을 취소해서 코드를 원상 복구한 뒤에 다음 테스트를 진행한다. 그런 뒤 코드의 의미나 구조가 더 명확해지면 그때 다시 리팩토링을 시도한다.

테스트 작성 순서 연습

매달 비용을 지불해야 사용할 수 있는 유료 서비스가 있다고 해보자. 이 서비스는 다음 규칙에 따라 서비스 만료일을 결정한다.

- 서비스를 사용하려면 매달 1만 원을 선불로 납부한다. 납부일 기준으로 한 달 뒤가 서비스 만료일이 된다.
- 2개월 이상 요금을 납부할 수 있다.
- 10만 원을 납부하면 서비스를 1년 제공한다.

납부한 금액 기준으로 서비스 만료일을 계산하는 기능을 TDD로 구현한다면 어떤 순서로 진행해야 할까? 먼저 테스트 클래스 이름을 정하자. 좋은 이름 찾기는 어렵고 시간도 오래 걸리지만 이름을 잘 짓는 것만큼 중요한 것도 없다. 구글 번역기, 파파고, 인터넷 사전 등을 뒤져서 만료일을 뜻하는 영어 단어가 'expiry(expiration) date'임을 알았다. 만료일을 계산한다는 의미의 'Calculator'를 붙여서 테스트 대상이 될 클래스의 영어 이름은 ExpiryDateCalculator로 정했다. 이 이름을 딴 테스트 클래스를 [리스트 3.1]과 같이 작성한다.

[리스트 3.1] 테스트 클래스 생성

```
package chap03;

public class ExpiryDateCalculatorTest {

}
```

쉬운 것부터 테스트

이제 테스트 메서드를 추가하자. 테스트를 추가할 때에는 다음 두 가지를 고려해야 한다고 했다.

- 구현하기 쉬운 것부터 먼저 테스트
- 예외 상황을 먼저 테스트

만료일 계산기에서는 1만 원을 납부하면 한 달 뒤 같은 날을 만료일로 계산하는 것이 가장 쉬울 것 같다. 예를 들어 2019년 3월 1일에 1만 원을 납부하면, 만료일은 2019년 4월 1일이 된다. 계산에 필요한 값은 납부일과 납부액이고 결과는 계산된 만료일이다. [리스트 3.2]는 이를 테스트 코드로 표현한 것이다.

[리스트 3.2] 첫 번째 테스트 코드

```
public class ExpiryDateCalculatorTest {
    @Test
    void 만원_납부하면_한달_뒤가_만료일이_됨() {
        LocalDate billingDate = LocalDate.of(2019, 3, 1);
        int payAmount = 10_000;

        ExpiryDateCalculator cal = new ExpiryDateCalculator();
        LocalDate expiryDate = cal.calculateExpiryDate(billingDate, payAmount);

        assertEquals(LocalDate.of(2019, 4, 1), expiryDate);
    }

}
```

처음에는 테스트 메서드 이름으로 "pay 10000 won then expiry date should be one month later"를 사용하려 했으나 너무 길고 한눈에 들어오지 않아서 한글로 작성했다. 한글 사용에 대해 호불호가 있지만, 공동 작업자에 외국인이 없다면 테스트 메서드 이름으로 한글을 사용하는 것도 괜찮다고 생각한다. 영어를 사용해야 한다면 "pay_10000_won"과 같이 내용을 예측할 수 있는 짧은 이름을 사용하는 것도 방법이다.

이 테스트를 통과시키려면 ExpiryDateCalculator#calculateExpiryDate() 메서드가 2019-04-01에 해당하는 LocalDate를 리턴하면 된다.

[리스트 3.3] 상수를 리턴해서 테스트 통과

```
package chap03;

import java.time.LocalDate;

public class ExpiryDateCalculator {
    public LocalDate calculateExpiryDate(LocalDate billingDate, int payAmount) {
        return LocalDate.of(2019, 4, 1);
    }
}
```

코드를 수정했으니 테스트를 실행해서 통과되는지 확인한다.

예를 추가하면서 구현을 일반화

이제 동일 조건의 예를 추가하면서 구현을 일반화해보자. 먼저 1만 원을 납부하는 예를 하나 더 추가한다. 이 예는 2019-03-01 대신 2019-05-05를 납부일로 사용한다. 따라서 만료일은 2019-06-05이어야 한다. 이를 검증하기 위한 테스트 코드를 [리스트 3.4]의 11~17행과 같이 추가한다.

[리스트 3.4] 동일 상황에 해당하는 테스트 예를 추가

```
01 @Test
02 void 만원_납부하면_한달_뒤가_만료일이_됨() {
03     LocalDate billingDate = LocalDate.of(2019, 3, 1);
04     int payAmount = 10_000;
05 
06     ExpiryDateCalculator cal = new ExpiryDateCalculator();
07     LocalDate expiryDate = cal.calculateExpiryDate(billingDate, payAmount);
08 
09     assertEquals(LocalDate.of(2019, 4, 1), expiryDate);
10 
11     LocalDate billingDate2 = LocalDate.of(2019, 5, 5);
12     int payAmount2 = 10_000;
13 
14     ExpiryDateCalculator cal2 = new ExpiryDateCalculator();
15     LocalDate expiryDate2 = cal2.calculateExpiryDate(billingDate2, payAmount2);
16 
17     assertEquals(LocalDate.of(2019, 6, 5), expiryDate2);
18 }
```

이 테스트를 실행하면 17행의 두 번째 assertEquals()에서 검증에 실패한다. 이제 구현을 고민할 차례다. 이 테스트를 통과시키기 위해 한 번 더 상수를 사용할까? 아니면 바로 구현을 일반화할까? 이 예는 비교적 단순하므로 바로 구현을 일반화해도 된다. [리스트 3.5]는 테스트를 통과시키기 위해 변경한 구현이다.

[리스트 3.5] 상수 대신에 구현을 일반화해서 테스트 통과

```
public class ExpiryDateCalculator {
    public LocalDate calculateExpiryDate(LocalDate billingDate, int payAmount) {
        return billingDate.plusMonths(1);
    }
}
```

코드를 수정했다. 테스트를 실행해서 통과된 것을 확인한다.

코드 정리: 중복 제거

리팩토링할 시간이다. ExpiryDateCalculator 클래스부터 보자. calculateExpiryDate() 메서드는 파라미터가 두 개이다. 아직은 파라미터가 두 개다. 파라미터가 더 많으면 객체 형태로 바꿔서 파라미터를 한 개로 만들겠지만, 아직 파라미터가 더 추가될지 알 수 없다. 발생하지도 않았는데 미리 단정 지어 코드를 수정할 필요는 없다.

테스트에 정리할 코드는 없을까? 테스트 메서드에는 다음 형태의 중복이 존재한다.

```
LocalDate billingDate = 납부일;
int paymentAmount = 납부액;

ExpiryDateCalculator cal = new ExpiryDateCalculator();
LocalDate expiryDate = cal.calculateExpiryDate(billingDate, paymentAmount);

assertEquals(기댓값, expiryDate);
```

보통은 중복을 제거하는 것이 좋지만, 테스트 코드의 중복 제거는 고민이 필요하다. 왜냐하면, 각 테스트 메서드는 스스로 무엇을 테스트하는지 명확하게 설명할 수 있어야 하기 때문이다. 테스트 코드의 구현 중복을 기계적으로 제거하면 자칫 테스트 메서드가 검증하고 싶은 내용을 알아보기 힘들 수 있다.

일단 중복 제거를 해보고 테스트 코드가 여전히 자신을 설명하고 있는지 확인해보자. 메서드를 이용해서 중복을 제거한 결과는 [리스트 3.6]과 같다.

[리스트 3.6] 테스트 코드를 정리한 결과

```
public class ExpiryDateCalculatorTest {
    @Test
    void 만원_납부하면_한달_뒤가_만료일이_됨() {
        assertExpiryDate(
                LocalDate.of(2019, 3, 1), 10_000,
                LocalDate.of(2019, 4, 1));
        assertExpiryDate(
                LocalDate.of(2019, 5, 5), 10_000,
                LocalDate.of(2019, 6, 5));
    }

    private void assertExpiryDate(
            LocalDate billingDate, int payAmount, LocalDate expectedExpiryDate) {
        ExpiryDateCalculator cal = new ExpiryDateCalculator();
```

```
        LocalDate realExpiryDate = cal.calculateExpiryDate(billingDate, payAmount);
        assertEquals(expectedExpiryDate, realExpiryDate);
    }

}
```

assertExpiryDate() 메서드의 첫 번째 파라미터와 세 번째 파라미터가 LocalDate 타입이다. 둘 중 어떤 파라미터가 납부일이고 어떤 파라미터가 기댓값인지 구분하려면 assertExpiryDate() 메서드의 구현을 살펴봐야 한다. 그래도 assertExpiryDate() 메서드가 길지 않고 파라미터 개수도 세 개여서 테스트 코드를 보면 어떤 것을 검증하는지 쉽게 확인할 수 있다. 이 정도면 중복을 제거해도 될 것 같다.

예외 상황 처리

쉬운 구현을 하나 했으니 이제 예외 상황을 찾아보자. 단순히 한 달 추가로 끝나지 않는 상황이 존재한다. 예를 들어 다음이 그런 예외 상황에 해당한다.

- 납부일이 2019-01-31이고 납부액이 1만 원이면 만료일은 2019-02-28이다.
- 납부일이 2019-05-31이고 납부액이 1만 원이면 만료일은 2019-06-30이다.
- 납부일이 2020-01-31이고 납부액이 1만 원이면 만료일은 2020-02-29이다

이 세 가지 조건은 납부일 기준으로 다음 달의 같은 날이 만료일이 아니다. 이를 테스트로 추가해야 한다. 먼저 납부일이 2019-01-31이고 납부액이 1만 원인 예를 테스트로 추가하자.

[리스트 3.7] 납부일과 만료일의 일자가 같지 않은 테스트 사례 추가

```
public class ExpiryDateCalculatorTest {
    @Test
    void 만원_납부하면_한달_뒤가_만료일이_됨() {
        ...생략
    }

    @Test
    void 납부일과_한달_뒤_일자가_같지_않음() {
        assertExpiryDate(
                LocalDate.of(2019, 1, 31), 10_000,
                LocalDate.of(2019, 2, 28));
    }

    private void assertExpiryDate(
```

```
            LocalDate billingDate, int payAmount, LocalDate expectedExpiryDate) {
        ...생략
    }

}
```

새로운 테스트를 추가했으니 실행해보자. 오! 바로 테스트에 통과한다. 알고 봤더니 LocalDate#plusMonths() 메서드가 알아서 한 달 추가 처리를 해 준 것이다. 나머지 두 사례도 쉽게 될 것 같다. 용기를 내어 한 번에 두 개의 테스트를 추가해보자.

[리스트 3.8] 두 개의 사례를 한 번에 추가

```
@Test
void 납부일과_한달_뒤_일자가_같지_않음() {
    assertExpiryDate(
            LocalDate.of(2019, 1, 31), 10_000,
            LocalDate.of(2019, 2, 28));
    assertExpiryDate(
            LocalDate.of(2019, 5, 31), 10_000,
            LocalDate.of(2019, 6, 30));
    assertExpiryDate(
            LocalDate.of(2020, 1, 31), 10_000,
            LocalDate.of(2020, 2, 29));
}
```

테스트 실행 결과 모두 통과한다.

다음 테스트 선택: 다시 예외 상황

다음 테스트를 선택하자. 1만 원을 납부할 때 한 달 뒤가 만료일이 되는 테스트를 진행했으니 그다음으로 쉽거나 예외적인 것을 선택하면 된다. 다음은 생각할 수 있는 쉬운 예이다.

- 2만 원을 지불하면 만료일이 두 달 뒤가 된다.
- 3만 원을 지불하면 만료일이 세 달 뒤가 된다.

다음은 생각할 수 있는 예외 상황이다.

- 첫 납부일이 2019-01-31이고 만료되는 2019-02-28에 1만 원을 납부하면 다음 만료일은 2019-03-31이다.

- 첫 납부일이 2019-01-30이고 만료되는 2019-02-28에 1만 원을 납부하면 다음 만료일은 2019-03-30이다.
- 첫 납부일이 2019-05-31이고 만료되는 2019-06-30에 1만 원을 납부하면 다음 만료일은 2019-07-31이다.

쉬운 것을 먼저 테스트할까? 예외 상황을 먼저 테스트할까? 쉬운 예는 2개월 이상 요금을 지불한 예를 테스트하기 위함이다. 예외 상황은 1개월 요금을 지불할 때 발생할 수 있는 예외 상황이다. 이전 테스트가 1개월 요금 지불을 기준으로 하므로 1개월 요금 지불에 대한 예외 상황을 마무리하고 2개월 이상 요금 지불을 테스트하는 것이 좋을 것 같다.

예외 상황을 테스트하려면 첫 납부일이 필요하다. 앞서 작성한 테스트는 납부일과 납부액만 사용했기 때문에 기존 코드에 첫 납부일을 추가하는 작업이 필요하다.

다음 테스트를 추가하기 전에 리팩토링

만료일을 계산하는데 필요한 값이 세 개로 늘었다. 다음을 고민할 때가 됐다.

- calculateExpiryDate 메서드의 파라미터로 첫 납부일 추가
- 첫 납부일, 납부일, 납부액을 담은 객체를 calculateExpiryDate 메서드에 전달

첫 납부일을 파라미터로 추가하면 파라미터가 세 개로 늘어난다. 파라미터 개수는 적을수록 코드 가독성과 유지보수에 유리하므로 메서드의 파라미터 개수가 세 개 이상이면 객체로 바꿔 한 개로 줄이는 것을 고려해야 한다. 이 장에서는 calculateExpiryDate 메서드에 전달할 파라미터를 객체로 바꾸는 리팩토링을 먼저하고 그다음에 테스트를 추가할 것이다.

리팩토링을 진행하고 나면 ExpiryDateCalculator 코드는 다음과 같이 바뀔 것이다.

```
public class ExpiryDateCalculator {
    public LocalDate calculateExpiryDate(PayData payData) {
        return payData.getBillingDate().plusMonths(1);
    }
}
```

이 책의 주제가 리팩토링은 아니므로 상세한 리팩토링 과정은 생략하고 일부 과정만 살펴보겠다. 실제 진행한 리팩토링 과정은 다음의 '리팩토링 과정'을 참고한다.

리팩토링 과정

다음 과정을 거쳐 리팩토링을 진행했다.

1. billingDate와 paymentAmount를 갖는 PayData 클래스를 만든다.
2. PayData를 사용하는 새로운 calculateExpiryDate() 메서드를 추가한다.
3. 기존 calculateExpiryDate() 메서드가 새로 만든 calculateExpiryDate() 메서드를 호출하도록 변경한다(테스트 실행해서 통과 확인).
4. 새로 만든 calculateExpiryDate() 메서드를 사용하는 assertExpiryDate() 메서드를 테스트 클래스에 새로 추가한다.
5. 테스트 클래스의 기존 assertExpiryDate() 메서드가 새로 만든 assertExpiryDate() 메서드를 호출하도록 변경한다(테스트 실행해서 통과 확인).
6. 테스트의 기존 assertExpiryDate() 메서드를 인라인 처리하여 각 테스트 코드가 새로 만든 assertExpiryDate() 메서드를 호출하도록 변경한다(테스트 실행해서 통과 확인).
7. 더는 사용되지 않는 기존 calcuculateExpiryDate() 메서드를 삭제한다.

인텔리J나 이클립스의 리팩토링 기능을 잘 활용하면 적은 타이핑으로 빠르게 리픽토링을 진행할 수 있다.

리팩토링을 위해 먼저 PayData 클래스를 만든다. PayData는 [리스트 3.9]와 같다.

[리스트 3.9] 여러 파라미터 대신 사용할 PayData 클래스

```
package chap03;

import java.time.LocalDate;

public class PayData {
    private LocalDate billingDate;
    private int payAmount;

    private PayData() {}

    public PayData(LocalDate billingDate, int payAmount) {
        this.billingDate = billingDate;
        this.payAmount = payAmount;
    }

    public LocalDate getBillingDate() {
```

```
17          return billingDate;
18      }
19
20      public int getPayAmount() {
21          return payAmount;
22      }
23
24      public static Builder builder() {
25          return new Builder();
26      }
27
28      public static class Builder {
29          private PayData data = new PayData();
30
31          public Builder billingDate(LocalDate billingDate) {
32              data.billingDate = billingDate;
33              return this;
34          }
35          public Builder payAmount(int payAmount) {
36              data.payAmount = payAmount;
37              return this;
38          }
39          public PayData build() {
40              return data;
41          }
42      }
43  }
```

28~42행의 Builder 클래스는 간단하게 빌더 패턴을 적용한 것이다. 이 패턴을 사용하면 다음 코드처럼 bd 변수와 pa 변수가 billingDate와 payAmount를 설정한다는 것을 쉽게 알 수 있다.

```
PayData pd = PayData.builder()
    .billingDate(bd)     // bd가 billingDate임을 알 수 있음
    .payAmount(pa)     // pa가 payAmount임을 알 수 있음
    .build();
```

NOTE

빌더 패턴에 대한 내용이 궁금한 독자는 디자인 패턴 관련 서적이나 '이펙티브 자바'를 참고하기 바란다.

ExpiryDateCalculator#calculateExpiryDate() 메서드가 PayData를 사용하도록 변경한다. 실제로는 리팩토링 과정에서 설명한 것처럼 점진적으로 바꿔 나갔다.

```
public class ExpiryDateCalculator {
    // 기존 calculateExpiryDate 메서드는 리팩토링 완료 후 삭제

    public LocalDate calculateExpiryDate(PayData payData) {
        return payData.getBillingDate().plusMonths(1);
    }
}
```

테스트의 assertExpiryDate() 메서드도 PayData 클래스와 새로 만든 calculateExpiryDate() 메서드를 사용하도록 변경한다.

```
private void assertExpiryDate(
        PayData payData, LocalDate expectedExpiryDate) {
    ExpiryDateCalculator cal = new ExpiryDateCalculator();
    LocalDate realExpiryDate = cal.calculateExpiryDate(payData);
    assertEquals(expectedExpiryDate, realExpiryDate);
}
```

이제 각 테스트 코드가 새로 만든 assertExpiryDate() 메서드와 PayData 클래스를 사용하도록 변경한다.

```
public class ExpiryDateCalculatorTest {
    @Test
    void 만원_납부하면_한달_뒤가_만료일이_됨() {
        assertExpiryDate(
                PayData.builder()
                        .billingDate(LocalDate.of(2019, 3, 1))
                        .payAmount(10_000)
                        .build(),
                LocalDate.of(2019, 4, 1));
        ...생략
    }

    @Test
    void 납부일과_한달_뒤_일자가_같지_않음() {
        assertExpiryDate(
                PayData.builder()
                        .billingDate(LocalDate.of(2019, 1, 31))
                        .payAmount(10_000)
                        .build(),
                LocalDate.of(2019, 2, 28));
        ...생략
```

```
    }

    private void assertExpiryDate(
            PayData payData, LocalDate expectedExpiryDate) {
        ExpiryDateCalculator cal = new ExpiryDateCalculator();
        LocalDate realExpiryDate = cal.calculateExpiryDate(payData);
        assertEquals(expectedExpiryDate, realExpiryDate);
    }
}
```

예외 상황 테스트 진행 계속

리팩토링을 했으니 다시 테스트를 추가하자. 앞서 테스트하려던 첫 납부일 기준으로 만료일을 계산하기 위함이었다. 다음 사례를 테스트로 추가하자.

- 첫 납부일이 2019-01-31이고 만료되는 2019-02-28에 1만 원을 납부하면 다음 만료일은 2019-03-31이다.

[리스트 3.10]은 추가한 테스트 코드이다. 처음에는 "첫 납부일과 만료일의 일자가 같지 않을 때 1만 원 납부하면 첫 납부일 기준으로 다음 만료일 정함"을 메서드 이름으로 사용하고 싶었다. 그런데 이 이름은 책에 표시하기에 너무 길어서 "첫 납부일과 만료일 일자가 다를 때 만원 납부"로 이름을 줄여서 표현했다.

[리스트 3.10] 첫 납부일 일자와 만료일 납부일 일자가 같지 않을 때 만료일 계산 테스트

```
@Test
void 첫_납부일과_만료일_일자가_다를때_만원_납부() {
    PayData payData = PayData.builder()
            .firstBillingDate(LocalDate.of(2019, 1, 31))
            .billingDate(LocalDate.of(2019, 2, 28))
            .payAmount(10_000)
            .build();

    assertExpiryDate(payData, LocalDate.of(2019, 3, 31));
}
```

첫 납부일을 전달해야 하므로 PayData.Builder#firstBillingDate() 메서드를 사용하는 코드를 작성했다. firstBillingDate() 메서드를 만들지 않았으므로 컴파일 에러가 발생한다. PayData에 필요한 코드를 추가해서 컴파일 에러를 없애주자.

[리스트 3.11] 여러 파라미터 대신 사용할 PayData 클래스

```
public class PayData {
    private LocalDate firstBillingDate;
    private LocalDate billingDate;
    private int payAmount;

    private PayData() {}

    public PayData(LocalDate firstBillingDate, LocalDate billingDate, int payAmount) {
        this.firstBillingDate = firstBillingDate;
        this.billingDate = billingDate;
        this.payAmount = payAmount;
    }

    public LocalDate getFirstBillingDate() {
        return firstBillingDate;
    }

    …다른 get 메서드 생략

    public static Builder builder() {
        return new Builder();
    }

    public static class Builder {
        private PayData data = new PayData();

        public Builder firstBillingDate(LocalDate firstBillingDate) {
            data.firstBillingDate = firstBillingDate;
            return this;
        }
        …다른 메서드 생략
        public PayData build() {
            return data;
        }
    }
}
```

컴파일 에러를 없애고 첫 납부일을 전달할 수 있게 되었다. 이제 테스트를 실행하자. 결과는 다음과 같다.

```
org.opentest4j.AssertionFailedError:
Expected :2019-03-31
Actual   :2019-03-28
```

새로 추가한 테스트가 실패했다. 일단 상수를 이용해서 테스트를 통과시키자. 수정한 코드는 [리스트 3.12]와 같다.

[리스트 3.12] 테스트를 통과시키기 위해 상수 이용

```
01 package chap03;
02 
03 import java.time.LocalDate;
04 
05 public class ExpiryDateCalculator {
06     public LocalDate calculateExpiryDate(PayData payData) {
07         if (payData.getFirstBillingDate().equals(LocalDate.of(2019, 1, 31))) {
08             return LocalDate.of(2019, 3, 31);
09         }
10         return payData.getBillingDate().plusMonths(1);
12     }
13 }
```

테스트를 실행하자. 결과는 [그림 3.2]와 같다.

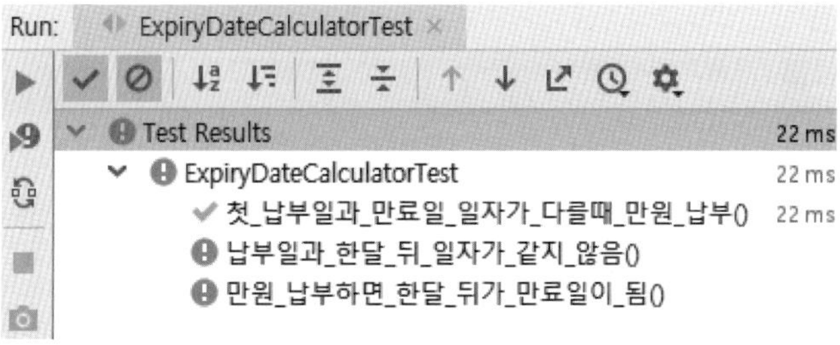

[그림 3.2] 이전에 작성한 테스트가 실패

결과를 보니 새로 추가한 테스트는 통과했는데 앞서 작성한 두 테스트가 실패했다. 콘솔에 출력된 익셉션 메시지를 보니 아래와 같이 NullPointerException이 발생했다.

```
java.lang.NullPointerException
at chap03.ExpiryDateCalculator.calculateExpiryDate(ExpiryDateCalculator.java:7)
```

[리스트 3.12]에서 07행의 payData.getFirstBillingDate() 코드가 null이어서 발생한 익셉션이다. 이를 방지하기 위해 [리스트 3.13]과 같이 null을 검사하는 코드를 추가한다.

[리스트 3.13] NPE 방지를 위해 null을 검사하는 코드 추가

```
public class ExpiryDateCalculator {
    public LocalDate calculateExpiryDate(PayData payData) {
```

```
        if (payData.getFirstBillingDate() != null) {
            if (payData.getFirstBillingDate().equals(LocalDate.of(2019, 1, 31))) {
                return LocalDate.of(2019, 3, 31);
            }
        }
        return payData.getBillingDate().plusMonths(1);
    }
}
```

다시 테스트를 실행해보자. 모든 테스트가 통과한다.

상수를 이용해서 테스트를 통과시켰으니 새로운 테스트 사례를 추가해서 구현을 일반화할 차례다. 다음 추가할 사례는 다음과 같다.

- 첫 납부일이 2019-01-30이고 만료되는 2019-02-28에 1만 원을 납부하면 다음 만료일은 2019-03-30이다.

이 사례를 검증하기 위한 테스트 코드를 [리스트 3.14]와 같이 추가한다.

[리스트 3.14] 첫 납부일과 만료일 일자가 같지 않은 사례 추가

```
@Test
void 첫_납부일과_만료일_일자가_다를때_만원_납부() {
    …생략

    PayData payData2 = PayData.builder()
            .firstBillingDate(LocalDate.of(2019, 1, 30))
            .billingDate(LocalDate.of(2019, 2, 28))
            .payAmount(10_000)
            .build();

    assertExpiryDate(payData2, LocalDate.of(2019, 3, 30));
}
```

실행하면 새로 추가한 테스트에서 실패하는 것을 알 수 있다.

```
org.opentest4j.AssertionFailedError:
Expected :2019-03-30
Actual   :2019-03-28
```

테스트가 실패했으니 통과시켜보자. 테스트를 통과할 만큼만 구현을 일반화해보자. 다음 로직을 사용하면 될 것 같다.

- 첫 납부일과 납부일의 일자가 다르면 첫 납부일의 일자를 만료일의 일자로 사용

이를 구현한 코드는 [리스트 3.15]와 같다. 10~12행의 취소선은 삭제한 코드를 표시한 것이다.

[리스트 3.15] 첫 납부일과 이후 납부일의 일자가 다른 경우를 처리하기 위한 코드

```
01 public class ExpiryDateCalculator {
02     public LocalDate calculateExpiryDate(PayData payData) {
03         if (payData.getFirstBillingDate() != null) {
04             LocalDate candidateExp = payData.getBillingDate().plusMonths(1);
05             if (payData.getFirstBillingDate().getDayOfMonth() !=
06                     candidateExp.getDayOfMonth()) {
07                 return candidateExp.withDayOfMonth(
08                         payData.getFirstBillingDate().getDayOfMonth());
09             }
10             if (payData.getFirstBillingDate().equals(LocalDate.of(2019, 1, 31))) {
12                 return LocalDate.of(2019, 3, 31);
13             }
14         }
15         return payData.getBillingDate().plusMonths(1);
16     }
17 }
```

다음은 코드에 대한 설명이다.

- 04행 : 후보 만료일 구함
- 05~09행 : 05~06행: 첫 납부일의 일자와 후보 만료일의 일자가 다르면
  07~08행: 첫 납부일의 일자를 후보 만료일의 일자로 사용

테스트를 실행해보니 새로 추가한 테스트도 통과한다. 이제 다음 사례를 추가하자.

- 첫 납부일이 2019-05-31이고 만료되는 2019-06-30에 1만 원을 납부하면 나음 만료일은 2019-07-31이다.

추가한 결과 코드는 [리스트 3.16]과 같다.

[리스트 3.16] 첫 납부일과 만료일 일자가 같지 않은 또 다른 사례 추가

```
@Test
void 첫_납부일과_만료일_일자가_다를때_만원_납부() {
    ...생략

    PayData payData3 = PayData.builder()
            .firstBillingDate(LocalDate.of(2019, 5, 31))
```

```
            .billingDate(LocalDate.of(2019, 6, 30))
            .payAmount(10_000)
            .build();

    assertExpiryDate(payData3, LocalDate.of(2019, 7, 31));
}
```

테스트를 실행하자. 새로 추가한 테스트도 통과한 것을 확인할 수 있다.

코드 정리: 상수를 변수로

테스트를 통과했으니 코드를 정리할 차례다. ExpiryDateCalculator 클래스를 다시 보자.

```
public class ExpiryDateCalculator {
    public LocalDate calculateExpiryDate(PayData payData) {
        if (payData.getFirstBillingDate() != null) {
            LocalDate candidateExp = payData.getBillingDate().plusMonths(1);
            if (payData.getFirstBillingDate().getDayOfMonth() !=
                    candidateExp.getDayOfMonth()) {
                return candidateExp.withDayOfMonth(
                        payData.getFirstBillingDate().getDayOfMonth());
            }
        }
        return payData.getBillingDate().plusMonths(1);
    }
}
```

이 코드를 보면 payData.getBillingDate().plusMonths(1) 코드에서 상수 1을 사용했다. 이 1은 만료일을 계산할 때 추가할 개월 수를 의미한다. 이 상수 1을 [리스트 3.17]과 같이 변수로 바꾸자.

[리스트 3.17] 상수를 변수로 바꾸는 리팩토링

```
public class ExpiryDateCalculator {
    public LocalDate calculateExpiryDate(PayData payData) {
        int addedMonths = 1;
        if (payData.getFirstBillingDate() != null) {
            LocalDate candidateExp =
                    payData.getBillingDate().plusMonths(addedMonths);
            if (payData.getFirstBillingDate().getDayOfMonth() !=
                    candidateExp.getDayOfMonth()) {
                return candidateExp.withDayOfMonth(
```

```
                payData.getFirstBillingDate().getDayOfMonth());
            }
        }
        return payData.getBillingDate().plusMonths(addedMonths);
    }
}
```

코드를 리팩토링한 뒤에는 테스트를 다시 실행해서 깨지는 테스트가 없는지 확인한다.

다음 테스트 선택: 쉬운 테스트

다음 테스트를 선택하자. 이번에 추가할 사례는 다음이다.

- 2만 원을 지불하면 만료일이 두 달 뒤가 된다.
- 3만 원을 지불하면 만료일이 석 달 뒤가 된다.

지불한 금액이 곧 추가할 개월 수에 비례하므로 계산하기가 쉽다. [리스트 3.18]과 같이 2만 원을 지불하면 만료일이 두 달 뒤가 되는 테스트부터 추가하자.

[리스트 3.18] ExpiryDateCalculatorTest 클래스에 2만 원 납부시 만료일이 두 달 뒤가 되는 테스트 추가

```
@Test
void 이만원_이상_납부하면_비례해서_만료일_계산() {
    assertExpiryDate(
            PayData.builder()
                    .billingDate(LocalDate.of(2019, 3, 1))
                    .payAmount(20_000)
                    .build(),
            LocalDate.of(2019, 5, 1));
}
```

테스트를 실행하면 다음과 같이 테스트에 실패한다.

```
org.opentest4j.AssertionFailedError:
Expected :2019-05-01
Actual   :2019-04-01
```

[리스트 3.19] 상수 대신 바로 구현

```
public class ExpiryDateCalculator {
    public LocalDate calculateExpiryDate(PayData payData) {
        int addedMonths = payData.getPayAmount() / 10_000;
        if (payData.getFirstBillingDate() != null) {
            LocalDate candidateExp =
                    payData.getBillingDate().plusMonths(addedMonths);
            if (payData.getFirstBillingDate().getDayOfMonth() !=
                    candidateExp.getDayOfMonth()) {
                return candidateExp.withDayOfMonth(
                        payData.getFirstBillingDate().getDayOfMonth());
            }
        }
        return payData.getBillingDate().plusMonths(addedMonths);
    }
}
```

테스트를 실행해서 통과되는지 확인한다. 다행히 모든 테스트가 깨지지 않고 통과한다.

이제 3만 원을 납부하는 사례를 추가하자.

```
@Test
void 이만원_이상_납부하면_비례해서_만료일_계산() {
    assertExpiryDate(
            PayData.builder()
                    .billingDate(LocalDate.of(2019, 3, 1))
                    .payAmount(20_000)
                    .build(),
            LocalDate.of(2019, 5, 1));
    assertExpiryDate(
            PayData.builder()
                    .billingDate(LocalDate.of(2019, 3, 1))
                    .payAmount(30_000)
                    .build(),
            LocalDate.of(2019, 6, 1));
}
```

새로 추가한 테스트도 통과한다. 이제 몇 가지 사례를 더 추가해 나가면서 구현에 문제가 없다는 것을 확인할 차례다. 2만 원, 3만 원 납부 사례를 추가하고 더 나아가 5만 원, 7만 원 납부 사례 등을 추가하면서 테스트를 통과하는지 확인한다.

예외 상황 테스트 추가

예외 상황을 추가할 차례다. 이번에 추가할 상황은 첫 납부일과 납부일의 일자가 다를 때 2만 원 이상 납부한 경우이다. 다음은 그 예다.

- 첫 납부일이 2019-01-31이고 만료되는 2019-02-28에 2만원을 납부하면 다음 만료일은 2019-04-30이다.

이 사례를 검증하기 위한 테스트 코드를 추가한다.

[리스트 3.20] 첫 납부일과 만료일 일자가 다를 때 2만원 이상 납부 사례 추가

```
@Test
void 첫_납부일과_만료일_일자가_다를때_이만원_이상_납부() {
    assertExpiryDate(
            PayData.builder()
                    .firstBillingDate(LocalDate.of(2019, 1, 31))
                    .billingDate(LocalDate.of(2019, 2, 28))
                    .payAmount(20_000)
                    .build(),
            LocalDate.of(2019, 4, 30));
}
```

테스트를 실행해보자. 테스트에 실패한다. 테스트가 실패한 이유는 다음의 익셉션이 발생했기 때문이다.

```
java.time.DateTimeException: Invalid date 'APRIL 31'
at java.base/java.time.LocalDate.create(LocalDate.java:459)
at java.base/java.time.LocalDate.of(LocalDate.java:271)
at java.base/java.time.LocalDate.withDayOfMonth(LocalDate.java:1124)
at chap03.ExpiryDateCalculator.calculateExpiryDate(ExpiryDateCalculator.java:13)
```

익셉션 내용을 보면 4월에는 31일이 없는데 31일로 설정해서 발생한 것임을 알 수 있다. 익셉션이 발생한 지점을 굵게 표시했다.

```
public class ExpiryDateCalculator {
    public LocalDate calculateExpiryDate(PayData payData) {
        int addedMonths = payData.getPayAmount() / 10_000;
        if (payData.getFirstBillingDate() != null) {
            LocalDate candidateExp =
                    payData.getBillingDate().plusMonths(addedMonths);
```

```
            if (payData.getFirstBillingDate().getDayOfMonth() !=
                    candidateExp.getDayOfMonth()) {
                return candidateExp.withDayOfMonth(
                        payData.getFirstBillingDate().getDayOfMonth());
            }
        }
        return payData.getBillingDate().plusMonths(addedMonths);
    }
}
```

이 테스트를 통과시키려면 다음 조건을 확인해야 한다.

- 후보 만료일이 포함된 달의 마지막 날 < 첫 납부일의 일자

이 조건이 참이면 후보 만료일을 그달의 마지막 날로 조정해야 한다. 이를 구현한 코드는 [리스트 3.21]의 09~13행과 같다.

[리스트 3.21] 후보 만료일이 포함된 달의 일자 길이에 따른 만료일 계산 로직 추가

```
01 public class ExpiryDateCalculator {
02     public LocalDate calculateExpiryDate(PayData payData) {
03         int addedMonths = payData.getPayAmount() / 10_000;
04         if (payData.getFirstBillingDate() != null) {
05             LocalDate candidateExp =
06                     payData.getBillingDate().plusMonths(addedMonths);
07             if (payData.getFirstBillingDate().getDayOfMonth() !=
08                     candidateExp.getDayOfMonth()) {
09                 if (YearMonth.from(candidateExp).lengthOfMonth() <
10                         payData.getFirstBillingDate().getDayOfMonth()) {
11                     return candidateExp.withDayOfMonth(
12                             YearMonth.from(candidateExp).lengthOfMonth());
13                 }
14                 return candidateExp.withDayOfMonth(
15                         payData.getFirstBillingDate().getDayOfMonth());
16             }
17         }
18         return payData.getBillingDate().plusMonths(addedMonths);
19     }
20 }
```

구현을 추가했다. 다시 테스트를 돌려보자. 통과한다. 테스트가 통과했으니 다른 사례를 몇 개 더 추가하자.

```
@Test
void 첫_납부일과_만료일_일자가_다를때_이만원_이상_납부() {
   …생략
   assertExpiryDate(
         PayData.builder()
               .firstBillingDate(LocalDate.of(2019, 1, 31))
               .billingDate(LocalDate.of(2019, 2, 28))
               .payAmount(40_000)
               .build(),
         LocalDate.of(2019, 6, 30));
   assertExpiryDate(
         PayData.builder()
               .firstBillingDate(LocalDate.of(2019, 3, 31))
               .billingDate(LocalDate.of(2019, 4, 30))
               .payAmount(30_000)
               .build(),
         LocalDate.of(2019, 7, 31));
}
```

테스트를 실행해보자. 모든 테스트가 문제없이 통과한 것을 확인할 수 있을 것이다.

코드 정리

[리스트 3.21]의 calculateExpiryDate() 메서드를 다시 보자.

```
public LocalDate calculateExpiryDate(PayData payData) {
   int addedMonths = payData.getPayAmount() / 10_000;
   if (payData.getFirstBillingDate() != null) {
      LocalDate candidateExp =
            payData.getBillingDate().plusMonths(addedMonths);
      if (payData.getFirstBillingDate().getDayOfMonth() !=
            candidateExp.getDayOfMonth()) {
         if (YearMonth.from(candidateExp).lengthOfMonth() <
               payData.getFirstBillingDate().getDayOfMonth()) {
            return candidateExp.withDayOfMonth(
                  YearMonth.from(candidateExp).lengthOfMonth());
         }
         return candidateExp.withDayOfMonth(
               payData.getFirstBillingDate().getDayOfMonth());
      }
   }
   return payData.getBillingDate().plusMonths(addedMonths);
}
```

뭔가 복잡하다. 지면 관계상 한 줄로 표현할 코드를 두 줄로 표현한 것도 있지만, 전반적으로 코드가 복잡하다. 코드가 복잡한 이유 중 하나는 날짜 관련 계산 코드가 중복해서 존재하기 때문이다. 먼저 후보 만료일이 속한 월의 마지막 일자를 구하는 코드의 중복을 없애자.

```
public LocalDate calculateExpiryDate(PayData payData) {
    int addedMonths = payData.getPayAmount() / 10_000;
    if (payData.getFirstBillingDate() != null) {
        LocalDate candidateExp =
                payData.getBillingDate().plusMonths(addedMonths);
        if (payData.getFirstBillingDate().getDayOfMonth() !=
                candidateExp.getDayOfMonth()) {
            final int dayLenOfCandiMon =
                    YearMonth.from(candidateExp).lengthOfMonth();
            if (dayLenOfCandiMon < payData.getFirstBillingDate().getDayOfMonth()) {
                return candidateExp.withDayOfMonth(dayLenOfCandiMon);
            }
            return candidateExp.withDayOfMonth(
                    payData.getFirstBillingDate().getDayOfMonth());
        }
    }
    return payData.getBillingDate().plusMonths(addedMonths);
}
```

코드를 수정했으면 테스트를 실행해서 깨지는 테스트가 없는지 확인한다.

다음은 첫 납부일의 일자를 구하는 코드의 중복을 없앤다. 역시 코드를 수정한 뒤에는 테스트를 실행해서 문제가 없는지 확인한다.

```
public LocalDate calculateExpiryDate(PayData payData) {
    int addedMonths = payData.getPayAmount() / 10_000;
    if (payData.getFirstBillingDate() != null) {
        LocalDate candidateExp =
                payData.getBillingDate().plusMonths(addedMonths);
        final int dayOfFirstBilling = payData.getFirstBillingDate().getDayOfMonth();
        if (dayOfFirstBilling != candidateExp.getDayOfMonth()) {
            final int dayLenOfCandiMon =
                    YearMonth.from(candidateExp).lengthOfMonth();
            if (dayLenOfCandiMon < dayOfFirstBilling) {
                return candidateExp.withDayOfMonth(dayLenOfCandiMon);
            }
            return candidateExp.withDayOfMonth(dayOfFirstBilling);
        }
    }
```

```
    return payData.getBillingDate().plusMonths(addedMonths);
}
```

코드를 조금 더 정리할지 다음 테스트 사례를 추가할지 고민할 시점이다. 중복된 날짜 계산 로직을 변수로 추출했지만, 코드는 여전히 눈에 잘 안 들어온다. 그래서 코드를 조금만 더 정리하고 다음 테스트 사례를 추가하기로 결정했다. 코드가 다음과 같은 구조면 어떨까?

```
public LocalDate calculateExpiryDate(PayData payData) {
    int addedMonths = payData.getPayAmount() / 10_000;
    if (payData.getFirstBillingDate() != null) {
        return expiryDateUsingFirstBillingDate(payData, addedMonths);
    } else {
        return payData.getBillingDate().plusMonths(addedMonths);
    }
}
```

첫 납부일 존재 여부에 따라 계산 로직이 달라지는 것을 알 수 있다. 첫 납부일이 존재할 때 계산 로직이 궁금하면 expiryDateUsingFirstBillingDate() 메서드를 살펴보면 된다. 먼저 현재 코드가 이런 구조를 갖도록 코드를 일부 수정한다.

```
public LocalDate calculateExpiryDate(PayData payData) {
    int addedMonths = payData.getPayAmount() / 10_000;
    if (payData.getFirstBillingDate() != null) {
        LocalDate candidateExp =
                payData.getBillingDate().plusMonths(addedMonths);
        final int dayOfFirstBilling = payData.getFirstBillingDate().getDayOfMonth();
        if (dayOfFirstBilling != candidateExp.getDayOfMonth()) {
            final int dayLenOfCandiMon =
                    YearMonth.from(candidateExp).lengthOfMonth();
            if (dayLenOfCandiMon < dayOfFirstBilling) {
                return candidateExp.withDayOfMonth(dayLenOfCandiMon);
            }
            return candidateExp.withDayOfMonth(dayOfFirstBilling);
        } else {
            return candidateExp;
        }
    } else {
        return payData.getBillingDate().plusMonths(addedMonths);
    }
}
```

코드를 수정한 다음에는 깨지는 테스트가 없는지 확인한다. 테스트가 깨지지 않는 것을 확인했다면 [리스트 3.22]와 같이 첫 납부일 관련 코드를 메서드로 분리한다.

[리스트 3.22] 조금 개선한 calculateExpiryDate 메서드

```
public class ExpiryDateCalculator {
    public LocalDate calculateExpiryDate(PayData payData) {
        int addedMonths = payData.getPayAmount() / 10_000;
        if (payData.getFirstBillingDate() != null) {
            return expiryDateUsingFirstBillingDate(payData, addedMonths);
        } else {
            return payData.getBillingDate().plusMonths(addedMonths);
        }
    }

    private LocalDate expiryDateUsingFirstBillingDate(
            PayData payData, int addedMonths) {
        LocalDate candidateExp =
                payData.getBillingDate().plusMonths(addedMonths);
        final int dayOfFirstBilling = payData.getFirstBillingDate().getDayOfMonth();
        if (dayOfFirstBilling != candidateExp.getDayOfMonth()) {
            final int dayLenOfCandiMon =
                    YearMonth.from(candidateExp).lengthOfMonth();
            if (dayLenOfCandiMon < dayOfFirstBilling) {
                return candidateExp.withDayOfMonth(dayLenOfCandiMon);
            }
            return candidateExp.withDayOfMonth(dayOfFirstBilling);
        } else {
            return candidateExp;
        }
    }
}
```

expiryDateUsingFirstBillingDate() 메서드를 분리해서 calculateExpiryDate() 메서드가 조금 나아졌다. 대신 복잡한 코드가 expiryDateUsingFirstBillingDate() 메서드로 이동했다. 몇 가지 보조 메서드를 이용해서 이 메서드의 가독성을 개선할 수도 있을 것 같다. 다음은 보조 메서드를 만들어서 코드 가독성을 조금 개선한 예이다.

```
private LocalDate expiryDateUsingFirstBillingDate(
        PayData payData, int addedMonths) {
    LocalDate candidateExp = payData.getBillingDate().plusMonths(addedMonths);
    if (isSameDayOfMonth(payData.getFirstBillingDate(), candidateExp)) {
        final int dayLenOfCandiMon = lastDayOfMonth(candidateExp);
        final int dayOfFirstBilling = payData.getFirstBillingDate().getDayOfMonth();
        if (dayLenOfCandiMon < dayOfFirstBilling) {
```

```
            return candidateExp.withDayOfMonth(dayLenOfCandiMon);
        }
        return candidateExp.withDayOfMonth(dayOfFirstBilling);
    } else {
        return candidateExp;
    }
}

private boolean isSameDayOfMonth(LocalDate date1, LocalDate date2) {
    …구현
}

private int lastDayOfMonth(LocalDate date) {
    …구현
}
```

이 메서드의 코드 가독성을 개선하는 건 독자의 몫으로 남기고 다음 테스트로 넘어가겠다.

다음 테스트: 10개월 요금을 납부하면 1년 제공

이제 10만 원을 납부하면 서비스를 1년 제공한다는 규칙을 구현할 차례다. 지금까지 했던 것처럼 먼저 할 일은 테스트 코드를 추가하는 것이다. 추가한 테스트 메서드는 [리스트 3.23]과 같다.

[리스트 3.23] 10만원 납부하면 1년 서비스를 제공하는 테스트 사례 추가

```
@Test
void 십만원을_납부하면_1년_제공() {
    assertExpiryDate(
            PayData.builder()
                    .billingDate(LocalDate.of(2019, 1, 28))
                    .payAmount(100_000)
                    .build(),
            LocalDate.of(2020, 1, 28));
}
```

테스트를 실행하면 새로 추가한 메서드에서 실패한다. 2019년 1월 28일에 10만 원을 납부하면 만료일이 2020년 1월 28일이어야 하는데 다음과 같이 2019년 11월 28일을 만료일로 계산해서 테스트에 실패했다.

```
org.opentest4j.AssertionFailedError:
Expected :2020-01-28
Actual   :2019-11-28
```

이 테스트를 통과시켜보자. 쉬운 방법은 지불한 금액이 10만 원인지 여부를 비교하는 것이다. 테스트를 통과시키기 위해 수정하는 코드는 [리스트 3.24]와 같다.

[리스트 3.24] 10만원 지불에 대한 처리를 추가한 코드

```java
public class ExpiryDateCalculator {
    public LocalDate calculateExpiryDate(PayData payData) {
        int addedMonths = payData.getPayAmount() == 100_000 ?
                12 : payData.getPayAmount() / 10_000;
        if (payData.getFirstBillingDate() != null) {
            return expiryDateUsingFirstBillingDate(payData, addedMonths);
        } else {
            return payData.getBillingDate().plusMonths(addedMonths);
        }
    }
    ...생략
```

테스트를 실행하면 통과한다.

다음으로 생각할 수 있는 테스트는 2020년 2월 29일과 같은 윤달 마지막 날에 10만 원을 납부하는 상황이다. 또한, 13만 원을 납부하는 사례도 테스트할 수 있다. 13만 원을 납부하는 경우 1년 3개월 뒤가 만료일이 되어야 한다. 독자 스스로 이들 사례를 검증하는 테스트를 추가하고 통과시켜보자.

테스트할 목록 정리하기

TDD를 시작할 때 테스트할 목록을 미리 정리하면 좋다. 예를 들어 만료일 계산 기능을 구현할 때에는 다음과 같이 테스트할 내용을 목록을 정리할 수 있다.

- 1만 원 납부하면 한 달 뒤가 만료일
- 달의 마지막 날에 납부하면 다음달 마지막 날이 만료일
- 2만 원 납부하면 2개월 뒤가 만료일

- 3만 원 납부하면 3개월 뒤가 만료일
- 10만 원을 납부하면 1년 뒤가 만료일

이렇게 테스트할 내용을 정리했다면 이 중에 어떤 테스트가 구현이 쉬울지 상상해본다. 또는 어떤 테스트가 예외적인지 상상해본다. 시간을 조금 들여서 구현의 난이도나 구조를 검토하면 다음 테스트를 선택할 때 도움이 된다.

테스트 과정에서 새로운 테스트 사례를 발견하면 그 사례를 목록에 추가해서 놓치지 않도록 해야 한다. 당연한 얘기지만 처음부터 모든 사례를 정리하려면 시간도 오래 걸릴뿐더러 쉽지도 않다. 개발을 진행하다 보면 생각지도 못한 테스트 사례를 발견하기 마련이다. 이때 새로 발견한 내용을 테스트 목록에 추가해서 놓치지 말아야 한다.

'지라나 트렐로'와 같은 시스템을 사용한다면 해당 테스트 사례를 하위 작업으로 등록해서 테스트 통과 여부를 추적할 수 있다. 또한, 새로 발견한 테스트 사례를 실패하는 테스트로 등록하는 것도 새로운 사례를 놓치지 않는 방법이 될 수 있다.

테스트 목록을 적었다고 해서 테스트를 한 번에 다 작성하면 안 된다. 한 번에 작성한 테스트 코드가 많으면 구현 초기에도 리팩토링을 마음껏 못 하게 된다. 수정할 코드가 많을수록 리팩토링에 대한 심리적 저항이 생기기 때문이다.

또한, 모든 테스트를 통과시키기 전까지는 계속해서 깨지는 테스트가 존재하므로 개발 리듬을 유지하는 데 도움이 안 된다. 하나의 테스트 코드를 만들고 이를 통과시키고 리팩토링하고 다시 다음 테스트 코드를 만들고 통과시키고 리팩토링하는 과정은 비교적 짧은 리듬을 반복한다. 다루는 범위가 작고 개발 주기도 짧으므로 개발 집중력도 높아진다.

TDD는 리팩토링을 통해 지속해서 코드를 정리하는데 개발을 진행하다 보면 변경 범위가 매우 큰 리팩토링 거리를 발견할 때도 있다. 범위가 큰 리팩토링은 시간이 오래 걸리므로 TDD 흐름을 깨기 쉽다. 이때는 리팩토링을 진행하지 말고 테스트를 통과시키는 데 집중한다. 대신 범위가 큰 리팩토링은 다음 할 일 목록에 추가해서 놓치지 않고 진행할 수 있게 한다.

NOTE

리팩토링 범위가 크면 리팩토링에 실패할 수도 있다. 그러니 범위가 큰 리팩토링을 진행하기 전에는 코드를 커밋하는 것을 잊지 말자. 또는 별도 브랜치에서 리팩토링을 진행한다. GIT과 같은 버전 관리 시스템을 사용하지 않는다면 어딘가에 원본이라도 복사해 두고 리팩토링을 진행한다. 그래야 큰 범위의 리팩토링이 실패했을 때 다시 동작하는 마지막 상태로 쉽게 돌아올 수 있다.

시작이 안 될 때는 단언부터 고민

테스트 코드를 작성하다 보면 시작이 잘 안 될 때가 있다. 이럴 땐 검증하는 코드부터 작성하기 시작하면 도움이 된다. 예를 들어 만료일 계산 기능의 경우 만료일을 검증하는 코드부터 작성해 보는 것이다.

```
@Test
void 만원_납부하면_한달_뒤가_만료일이_됨() {

    // 처음 작성하는 코드
    assertEquals(기대하는만료일, 실제만료일);
}
```

먼저 만료일을 어떻게 표현할지 결정해야 한다. 만료일이므로 날짜를 표현하는 타입을 선택하면 좋을 것 같다. 자바 8 버전에는 LocalDate가 있으니 이 타입을 사용해서 값을 표현해보자.

```
assertEquals(LocalDate.of(2019, 8, 9), 실제만료일);
```

다음은 실제 만료일을 바꿀 차례다. 이 값은 만료일을 실제로 계산한 결과값을 갖는 변수로 바꿀 수 있다.

```
LocalDate realExpiryDate = 계산하기
assertEquals(LocalDate.of(2019, 8, 9), realExpiryDate);
```

이제 realExpiryDate 변수를 구하는 코드를 작성할 차례다. 만료일을 계산하는 기능이 필요하므로 다음과 같이 코드를 작성할 수 있다.

```
LocalDate realExpiryDate = cal.calculateExpiryDate(파라미터);
assertEquals(LocalDate.of(2019, 8, 9), realExpiryDate);
```

cal의 정확한 타입은 모르지만 어떤 객체의 메서드를 실행해서 계산 기능을 실행하도록 했다. 이제 두 가지를 정해야 한다. cal의 타입과 파라미터 타입이다. 만료일을 계산하는데 납부일과 납부액이 있어야 만료일을 계산할 수 있으므로 파라미터에는 이 두 값을 전달한다. 만원을 납부했을 때 한 달 뒤가 만료일이 되는지를 테스트할 것이므로 납부일로 2019-07-09를 전달하고 납부액으로 10,000원을 전달하게 코드를 수정한다.

```
LocalDate realExpiryDate = cal.calculateExpiryDate(LocalDate.of(2019, 7, 9), 10_000);
assertEquals(LocalDate.of(2019, 8, 9), realExpiryDate);
```

cal의 타입은 간단한 만료일 계산을 뜻하는 ExpiryDateCalculator로 정해보자. 이제 위 코드는 다음과 같이 바뀐다.

```
ExpiryDateCalculator cal = new ExpiryDateCalculator();
LocalDate realExpiryDate = cal.calculateExpiryDate(LocalDate.of(2019, 7, 9), 10_000);
assertEquals(LocalDate.of(2019, 8, 9), realExpiryDate);
```

이렇게 테스트 코드를 어떻게 작성할지 감을 못 잡겠다면 검증 코드부터 시작해보자. 테스트 코드를 작성할 때 많은 도움이 될 것이다.

구현이 막히면

TDD를 진행하다 보면 구현이 막힐 때가 있다. 어떻게 해야 할지 생각이 잘 나지 않거나 무언가 잘못한 것 같은 느낌이 들 것이다. 이럴 땐 과감하게 코드를 지우고 미련 없이 다시 시작한다. 어떤 순서로 테스트 코드를 작성했는지 돌이켜보고 순서를 바꿔서 다시 진행한다. 다시 진행할 때에는 다음을 상기한다.

- 쉬운 테스트, 예외적인 테스트
- 완급 조절

CHAPTER

4

TDD·기능 명세·설계

기능 명세와 TDD
TDD와 설계 행위
기능 명세 구체화

CHAPTER

4 TDD·기능 명세·설계

- 기능 명세와 TDD
- TDD와 설계 행위
- 기능 명세 구체화

기능 명세

개발자는 코드를 작성하고 빌드하여 이를 사용자가 사용할 수 있게 배포한다. 사용자는 배포한 소프트웨어를 이용해서 원하는 기능을 실행한다. 우리가 코드를 작성하는 이유는 사용자가 사용할 어떤 기능을 제공하기 위함이다.

기능에 대한 명세는 다양한 형태로 존재한다. 파워포인트를 이용한 스토리보드 형태도 있고 이메일과 같은 간단한 문장 형태도 있다. 지라와 같은 이슈를 통해 추가할 기능의 명세를 받기도 한다. 또는 회의 자리에서 기능 명세를 구두로 전달받을 때도 있다.

어떤 형태가 되든 간에 사용자에게 제공할 기능을 구현하려면 기능을 크게 두 가지로 나누어 생각해 볼 수 있다. 그것은 바로 입력과 결과이다. 예를 들어 로그인 기능을 생각해보자. 로그인 기능에서 입력과 결과는 다음과 같이 정의할 수 있다.

- 입력: 아이디와 암호
- 결과: 아이디와 암호가 일치하면 성공, 일치하지 않으면 실패

입력은 기능을 실행하는데 필요한 값이다. 로그인 기능을 실행하는 데 필요한 것은 아이디와 암호이므로 이 두 가지가 로그인 기능의 입력이 된다. 로그인 기능의 결과는 성공 또는 실패이다.

3장에서 살펴본 만료일 계산 기능의 입력과 결과는 다음과 같다.

- 입력: 첫 납부일, 납부일, 납부액
- 결과: 만료일

입력은 보통 메서드의 파라미터로 전달한다. 만료일 계산 기능은 필요한 값을 파라미터로 전달받았다.

```
// payData 인자: 만료일 계산 기능의 입력
// 리턴값: 만료일 계산 기능의 결과
LocalDate realExpiryDate = cal.calculateExpiryDate(payData);
```

결과는 여러 형식으로 정의할 수 있다. 가장 쉽게 생각할 수 있는 결과 형식은 리턴 값이다. 만료일 계산 기능은 결과로 리턴 값을 사용했다.

익셉션을 결과로 사용할 수도 있다. 예를 들어 로그인 기능을 구현할 때 인증에 실패하면 IdPwNotMatchException을 발생할 수 있다.

```
public void login(String id, String pw) {
    User user = getUser(id);
    if (!user.matchPassword(pw)) {
        // 익셉션을 결과로 사용
        throw new IdPwNotMatchException();
    }
    ...;
}
```

기능 실행 결과에는 변경도 포함한다. 예를 들어 회원 가입 기능은 실행 결과로 DB에 회원 정보를 추가한다. DB에 데이터를 추가하는 것은 값을 리턴하는 것과 달리 시스템의 상태를 변경한다. 이런 변경은 리턴 값으로는 결과를 알 수 없기 때문에 테스트 대상을 실행한 뒤에는 변경 대상에 접근해서 결과를 확인해야 한다(예를 들어 회원 가입 기능을 실행한 뒤에는 DB 테이블을 조회해서 기대한 데이터가 올바르게 삽입되었는지 확인할 수 있다).

결과는 상황에 따라 달라질 수 있다. [그림 4.1]은 회원 가입 기능의 결과를 정리한 예이다.

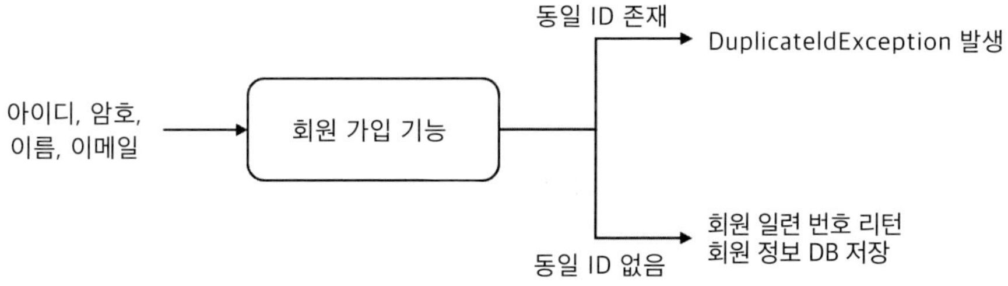

[그림 4.1] 상황에 따라 결과는 달라진다.

회원 가입 기능은 상황에 따라 다른 결과를 갖는다. 이미 동일한 ID가 존재하는 상황에서는 결과로 익셉션을 발생한다. 동일한 ID가 존재하지 않은 상황에서는 가입에 성공하면 결과로 회원 일련번호를 리턴하고 정보를 DB에 저장한다.

설계는 기능 명세로부터 시작한다. 스토리보드를 포함한 다양한 형태의 요구사항 문서를 이용해서 기능 명세를 구체화한다. 기능 명세를 구체화하는 동안 입력과 결과를 도출하고 이렇게 도출한 기능 명세를 코드에 반영한다. 기능 명세의 입력과 결과를 코드에 반영하는 과정에서 기능의 이름, 파라미터, 리턴 타입 등이 결정된다. 이는 곧 기능에 대한 설계 과정과 연결된다.

설계 과정을 지원하는 TDD

TDD는 테스트를 만드는 것부터 시작한다. 테스트 코드를 먼저 만들고 테스트를 통과시키기 위해 코드를 구현하고 리팩토링하는 과정을 반복한다. 여기서 중요한 것은 테스트 코드를 가장 먼저 작성해야 한다는 점이다. 테스트 코드를 먼저 만들기 위해 무엇이 필요할까? 여러 가지가 필요하겠지만, 그중에서도 다음 두 가지를 할 수 있어야 한다.

- 테스트할 기능을 실행
- 실행 결과를 검증

먼저 기능을 실행할 수 없으면 테스트를 할 수 없다. 테스트는 기능을 실행한 결과를 검증하는 것이므로 테스트 코드에서 기능을 실행할 수 있어야 한다. 즉 테스트에서 실행할 수 있는 객체나 함수가 존재해야 한다.

실행할 객체가 존재하려면 객체를 생성할 때 사용할 클래스가 필요하고 실행할 메서드도 필요하다. 다시 말해 테스트 대상이 되는 클래스와 메서드의 이름을 결정해야 한다. 또한, 메서드를 실행할 때 사용할 인자의 타입과 개수를 결정해야 한다.

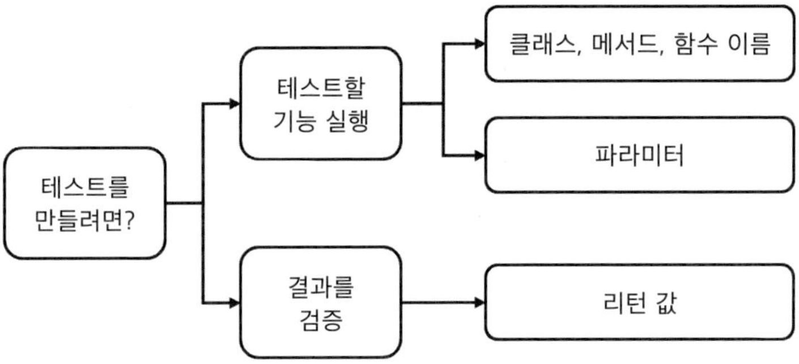

[그림 4.2] 테스트를 만들려면 기능의 이름, 파라미터, 결과 타입을 정의해야 한다.

2장에서 살펴본 암호 강도 검사 예에서도 테스트를 작성하기 위해 가장 먼저 고민한 것은 테스트 대상이 될 클래스의 이름이었다. PasswordLevel과 PasswordStrength 중에서 암호 강도를 뜻하는 PasswordStrength를 선택했다. Checker와 Meter 중에서 측정한다는 뜻을 갖는 Meter를 선택했다.

```
// 이름을 선택한 뒤에 해당 이름을 사용한 테스트 클래스 작성
public class PasswordStrengthMeterTest {

}
```

테스트 대상이 되는 타입의 이름을 결정한 뒤에는 테스트 코드에서 호출할 메서드를 고민했다. 2장에서는 측정한다는 뜻을 가진 meter를 메서드 이름으로 선택했고 암호는 문자열이므로 파라미터로 String 타입을 선택했다.

```
PasswordStrengthMeter meter = new PasswordStrenghMeter();
// 테스트 코드에서 실행할 메서드의 이름과 파라미터를 결정
값타입 결과 = meter.meter("ab12!@AB");
```

테스트는 기능이 올바르게 동작하는지 검증하는 것이므로 실행 결과를 검증해야 한다. 이를 위해 실행 결과를 어떻게 검증할 수 있는지 고민해야 한다. 암호 검사 기능에서는 meter() 메서드의 리턴 값을 이용해서 검증하므로 이 메서드의 리턴 타입을 고민했다. 단순히 0, 1, 2와 같은 int 타입을 사용해서 암호 강도를 표현할지 아니면 PasswordStrength와 같은 열거 타입을 이용해서 암호 강도를 표현할지 고민했다. 2장에서는 열거 타입을 이용해서 암호 강도를 표현하기로 결정했고, 이 열거 타입을 이용해서 기능이 올바르게 동작하는지 검증했다.

```
// 결과를 검증하는 방법을 고민하는 과정에서 리턴 타입을 결정
PasswordStrength result = meter.meter("ab12!@AB");
assertEquals(PasswordStrength.STRONG, result);
```

3장의 만료일 계산 기능도 유사한 과정을 거쳤다. 만료일 계산 기능을 의미하는 이름을 사용해서 클래스와 메서드 이름을 정했다. 만료일 계산에 필요한 입력을 전달하기 위해 파라미터를 결정했고 계산된 만료일을 검증하기 위해 리턴 타입을 결정했다.

암호 강도 측정과 만료일 계산 예제는 테스트 코드를 작성하는 과정에서 다음의 네 가지를 결정했다.

- 클래스 이름
- 메서드 이름
- 메서드 파라미터
- 실행 결과

이 네 가지를 결정하는 과정에서 이름을 고민하고 파라미터 타입과 리턴 타입을 고민했다. 이는 곧 설계 과정이다. 타입의 이름을 정의하고, 타입이 제공할 기능을 결정하는 것은 기본적인 설계 행위이다. 이 과정에서 타입이 제공할 기능을 실행하는데 필요한 값과 결과가 무엇인지 고민한다. TDD에서 테스트 코드를 작성할 때 고민하는 것과 설계 과정에서 고민하는 것은 겹치는 부분이 있음을 알 수 있다. 즉 TDD 자체가 설계는 아니지만, TDD를 하다 보면 테스트 코드를 작성하는 과정에서 일부 설계를 진행하게 된다.

이름

이름은 설계에서 매우 중요하다. 설계 과정에서 구현하는 기능을 정확하게 표현하는 이름을 사용하는 것만큼 중요한 것은 없다. 잘못 지은 이름은 두고두고 개발자를 속인다. 레거시 코드를 보면 이름에서 기대하는 것과 다르게 동작하는 코드를 종종 만나게 된다. 이런 이름은 개발자를 속일 뿐만 아니라 코드를 분석하는 시간을 증가시켜 코드 수정을 어렵게 만드는 원인이 된다.

테스트 코드는 시작부터 이름을 고민하게 만든다. 이 순간은 그래서 중요하다. 시간이 다소 걸리더라도 알맞은 이름을 찾아야 한다. 이름을 고민하는 시간을 아까워하지 말자.

필요한 만큼 설계하기

TDD는 테스트를 통과할 만큼만 코드를 작성한다. 필요할 것으로 예측해서 미리 코드를 만들지 않는다. 이는 설계에도 동일하게 적용된다. 필요할 것으로 예측해서 미리 설계를 유연하게 만들지 않는다. 실제 테스트 사례를 추가하고 통과시키는 과정에서 필요한 만큼 설계를 변경한다.

만료일 계산 예를 보자. 처음 만든 테스트에서 만료일 계산에 필요한 입력은 납부일과 납부액이었다. 필요한 값이 두 개이므로 다음 코드처럼 납부일과 납부액을 각각 파라미터로 전달받았다.

```
// 최초 설계는 두 개의 파라미터를 사용
LocalDate expiryDate = cal.calculateExpiryDate(billingDate, payAmount);
```

테스트 사례를 추가하는 과정에서 만료일을 계산하는데 첫 납부일을 사용하게 됐다. 이를 반영하기 위해 납부일, 납부액, 첫 납부일을 담는 타입을 새로 만들었다.

```
// 테스트를 진행하는 과정에서 필요한 만큼 설계 변경
PayData payData = PayData.builder()
    .firstBillingDate(LocalDate.of(2019, 1, 31))
    .billingDate(LocalDate.of(2019, 2, 28))
    .payAmount(10_000)
    .build();
LocalDate expiryDate = cal.calculateExpiryDate(payData);
```

기능 실행 결과도 동일하다. 미리 앞서서 필요해 보이는 익셉션 타입을 만들지 않는다. 테스트를 진행하는 과정에서 실제 익셉션이 필요한 시점에 익셉션을 도출한다. 예를 들어 중복된 ID가 존재하는 경우 회원 가입에 실패하는 테스트를 추가하는 시점에 비로소 DupIdException 타입을 추가한다.

TDD로 개발을 진행하면 현시점에서 테스트를 통과시키는데 필요한 만큼의 코드만 만들게 된다. 물론 모든 코드에 대해 테스트를 먼저 작성할 수는 없겠지만 TDD로 개발하는 코드 비율이 높아질수록 지금 시점에서 필요한 설계만 코드에 반영할 가능성이 커진다. 유연한 설계는 필요한 시점에 추가한다. 이를 통해 설계가 불필요하게 복잡해지는 것을 방지할 수 있다.

TDD로 개발할 때 필요한 만큼 설계를 한다고 해서 사전에 설계 활동을 생략하는 것은 아니다. 요구사항을 분석하는 과정에서 당연히 설계를 진행한다. 단 이때 설계한 결과물은 초안에

불과하다. 이 초안대로 처음부터 끝까지 개발된다는 보장은 없다. 최초 요구사항은 시간이 지나면 변하기 때문이다. 요구사항이 바뀌므로 처음에 필요하다고 생각했던 설계 요소가 구현 과정에서 쓸모가 없어지기도 하고 반대로 처음에 예상하지 못했던 설계 요소가 나중에 출현하기도 한다. TDD는 미리 앞서서 코드를 만들지 않으므로 불필요한 구성 요소를 덜 만들게 된다.

기능 명세 구체화

테스트 코드를 작성하기 위해 개발자는 기능 명세를 정리해야 한다. 보통 개발자는 기획자가 작성한 스토리보드나 와이어프레임과 같은 형태로 요구사항 명세를 전달받는다. 이런 문서는 사용자나 기획자가 보기에는 적당할지 모르나 개발자가 기능을 구현하기에는 생략된 내용이 많다.

테스트 코드를 작성하려면 파라미터와 결과 값을 정해야 하므로 개발자는 요구사항 문서에서 기능의 입력과 결과를 도출해야 한다. 또한, 다양한 테스트 사례를 추가하는 과정에서 구현하기 애매한 점을 발견하게 된다. 테스트 코드를 작성하려면 입력과 결과가 명확해야 하므로 애매한 점을 발견하면 기획자나 실무 담당자와 얘기해서 상황에 따라 기능이 어떻게 동작해야 하는지 구체적으로 정리해야 한다. 테스트 코드는 구체적인 입력과 결과를 이용해서 작성하므로 개발자는 예를 통해 기능 명세를 구체화하게 된다.

만료일 계산 기능을 예로 들어보자. 요구사항은 다음과 같았다.

- 서비스를 사용하려면 매달 1만 원을 선불로 납부한다. 납부일 기준으로 한 달 뒤가 서비스 만료일이 된다.
- 2개월 이상 요금을 납부할 수 있다.
- 10만 원을 납부하면 서비스를 1년 제공한다.

테스트를 작성하려면 개발자는 한 달 뒤에 대한 정확한 예가 필요하다. 예를 들어 1월 31일에 납부하면 한 달 뒤가 정확하게 언제인지 확인해야 한다. 이를 위해 개발자는 다음과 유사한 대화를 통해 구체적인 예를 찾게 된다.

- 개발자: 만 원을 납부하면 서비스 만료일이 납부한 날로부터 한 달 뒤잖아요?
- 기획자: 네 그렇죠. 만 원을 내면 한 달 뒤가 만료일이 됩니다.

- 개발자: 4월 1일에 만원을 납부하면 만료일은 언제예요? 4월 30일인가요? 5월 1일인가요?
- 기획자: 5월 1일이에요.
- 개발자: 혹시 1월 31일에 만원을 납부하면 만료일은 언제인가? 2월 28일인가요? 아니면 30일 뒤인 3월 2일인가요?
- 기획자: 그 경우에는 2월 28일이 만료일이에요.
- 개발자: 만약 윤년인 경우는 어떻게 되나요?
- 기획자: 윤년이면 2월 29일이 만료일이 됩니다.
- 개발자: 질문 하나 더요. 1월 29일이나 1월 30일에 만원을 납부해도 2월 28일인가요? 윤년이면 2월 29이 되구요?
- 기획자: 네 맞아요.
- 개발자: 그러면 1월 31일이나 5월 31일처럼 만원을 납부한 일자가 다음 달 말일 일자보다 크면 이때 만료일은 다음 달 말일이라고 생각하면 될까요?
- 기획자: 네!

대화를 끝낸 뒤에 개발자는 다음 테스트 예를 추가하고 구현을 진행한다.

```
@Test
void 납부일과_한달_뒤_일자가_같지_않음() {
   assertExpiryDate(
         LocalDate.of(2019, 1, 31), 10_000,
         LocalDate.of(2019, 2, 28));
   assertExpiryDate(
         LocalDate.of(2019, 5, 31), 10_000,
         LocalDate.of(2019, 6, 30));
   assertExpiryDate(
         LocalDate.of(2020, 1, 31), 10_000,
         LocalDate.of(2020, 2, 29));
}
```

계속 테스트 사례를 추가하는 과정에서 다음과 같이 첫 납부일에 따라 만료일이 다른 상황을 구체화했다.

```
@Test
void 첫_납부일과_만료일_일자가_다를때_이만원_이상_납부() {
```

```
    assertExpiryDate(
            PayData.builder()
                    .firstBillingDate(LocalDate.of(2019, 1, 31))
                    .billingDate(LocalDate.of(2019, 2, 28))
                    .payAmount(20_000)
                    .build(),
            LocalDate.of(2019, 4, 30));
}
```

이 테스트 코드를 만들기 위해 개발자는 다음과 같은 대화를 진행했을 것이다.

- 개발자: 계산 규칙에서 애매한 점이 있어 물어볼 것이 있는데 시간 되세요?
- 기획자: 그래요? 지금 시간 괜찮은데 어떤 규칙이 애매한가요?
- 개발자: 보니까 1월 31일에 만 원을 납부하면 만료일이 2월 28일이잖아요?
- 기획자: 그렇죠.
- 개발자: 그러면 만약 그 사용자가 2월 28일에 다시 2만 원을 납부하면 그 사용자의 만료일은 4월 28일이 되나요?
- 기획자: 그러면 안 돼요. 1월 31일이 최초 납부일이니까 4월 30일이 만료일이 되어야 합니다.

이 상태에서 개발자는 또 다른 사례를 추가할 수 있다.

- 개발자 : 그러면 첫 납부일이 3월 31일이고 만료일이 4월 30일이었어요. 이 상태에서 3만 원을 내면 4월 30일에 3개월 뒤인 7월 30일이 새 만료일인가요? 아니면 7월 31일이 새 만료일인가요?
- 기획자 : 이 경우에는 7월 31일이 만료일입니다. 최초 납부일에 해당하는 일자가 존재하면 그 일자까지 만료일로 잡고 그렇지 않으면 해당 월의 마지막 일자가 만료일이 됩니다.

모호한 상황을 만나면 이를 구체적인 예로 바꾸어 테스트 코드에 반영한다. 즉 테스트 코드는 예를 이용한 구체적인 명세가 된다. 구체적인 예는 개발자가 요구사항을 더 잘 이해할 수 있게 만든다. 서비스 만료일도 요구사항만 보면 어떻게 구현해야 할지 애매한 상황이 많다. 구체적인 예는 이런 모호함을 없애 주어 개발자가 올바르게 동작하는 기능을 만들 수 있게 한다.

NOTE

처음 접하는 보드게임을 하려면 게임 규칙을 배운다. 하지만 규칙을 들었다고 해서 바로 완벽하게 이해하는 것은 아니다. 실제 게임을 진행하면서 다양한 상황에 규칙을 적용하다 보면 규칙을 점차 이해하게 된다. TDD도 이와 유사하다. 구체적인 예를 이용해서 테스트 코드를 추가하다 보면 기능 명세를 보다 잘 이해하고 모호함을 없앨 수 있다.

또한, 테스트 코드는 바로 실행할 수 있다. 테스트 코드를 이용하면 구체적인 예를 이용해서 기능을 바로 실행해 볼 수 있다. 이는 유지보수에 큰 도움이 된다. 특정 상황에서 코드가 어떻게 동작하는지 이해하고 싶다면 해당 상황을 검증하는 테스트를 실행하고 이해가 필요한 코드를 추적하면 된다. 디버거를 이용해서 추적할 수 있고 콘솔에 출력되는 로그를 보면서 이해를 높일 수 있다.

NOTE

복잡한 로직을 구현해야 하는 것은 결국 개발자이므로 개발자는 최대한 예외적인 상황이나 복잡한 상황에 해당하는 구체적인 예를 끄집어내야 한다. 이를 위한 가장 좋은 방법은 담당자와 대화를 하는 것이다. 대화 과정이 쉽지 않을 때도 있지만 대화를 하지 않으면 올바르게 원하는 결과물을 개발하지 못한다.

CHAPTER

5

JUnit 5 기초

JUnit 5 모듈 구성
테스트 메서드 작성
주요 단언 메서드
라이프사이클

CHAPTER

5 JUnit 5 기초

- JUnit 5 모듈 구성
- 테스트 메서드 작성
- 주요 단언 메서드
- 라이프사이클

지금까지 JUnit에 대한 설명 없이 테스트 코드를 작성했다. JUnit이 제공하는 @Test 애노테이션을 이용해서 테스트 메서드를 작성하고 assertEquals() 메서드를 이용해서 값을 비교했다.

JUnit을 잘 사용하려면 @Test 애노테이션과 assertEquals() 외에 추가적으로 몇 가지 알아야 할 내용이 있다. 이 장에서는 JUnit 기초를 학습해서 앞으로 테스트 코드를 원활하게 작성할 수 있는 기반을 다지도록 하자.

NOTE

책을 쓰는 시점에 JUnit 5은 5.5가 최신 버전이다. 이 책에는 5.5 버전을 기준으로 설명한다.

JUnit 5 모듈 구성

JUnit 5는 크게 세 개의 요소로 구성되어 있다.

- JUnit 플랫폼: 테스팅 프레임워크를 구동하기 위한 런처와 테스트 엔진을 위한 API를 제공한다.
- JUnit 주피터(Jupiter): JUnit 5를 위한 테스트 API와 실행 엔진을 제공한다.
- JUnit 빈티지(Vintage): JUnit 3과 4로 작성된 테스트를 JUnit 5 플랫폼에서 실행하기 위한 모듈을 제공한다.

이들 구성 요소의 주요 모듈 구조는 [그림 5.1]과 같다.

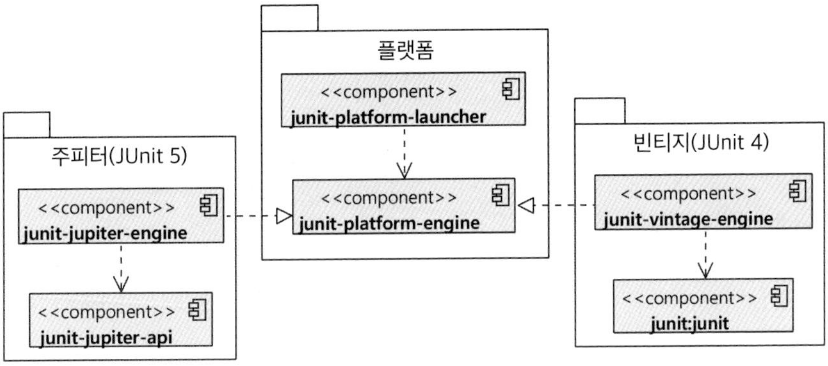

[그림 5.1] JUnit 5의 모듈 구성

JUnit 5는 테스트를 위한 API로 주피터 API를 제공한다. 주피터 API를 사용해서 테스트를 작성하고 실행하려면 [그림 5.1]에 보이는 주피터 관련 모듈을 의존에 추가하면 된다. 1장에서 메이븐 의존을 설명할 때 다음의 설정을 사용했다. 여기서 junit-jupiter 모듈은 junit-jupiter-api 모듈, junit-jupiter-params 모듈, junit-jupiter-engine 모듈을 포함한다. 이 세 모듈은 JUnit으로 테스트 코드를 작성하고 실행하기 위한 모듈이다.

```
<dependencies>
  <dependency>
    <groupId>org.junit.jupiter</groupId>
    <artifactId>junit-jupiter</artifactId>
    <version>5.5.0</version>
    <scope>test</scope>
  </dependency>
</dependencies>

<build>
  <plugins>
    <plugin>
      <artifactId>maven-surefire-plugin</artifactId>
      <version>2.22.1</version>
    </plugin>
    …다른 설정 생략
  </plugins>
</build>
```

JUnit 5를 이용해서 테스트를 실행하려면 JUnit 5 플랫폼이 제공하는 플랫폼 런처를 사용해야 한다. 메이븐은 maven-surefire-plugin 2.22.0 버전부터 JUnit 5 플랫폼을 지원하므로 따로 플랫폼을 설정하지 않아도 된다.

그레이들도 유사하다. JUnit 주피터 API를 테스트 구현으로 사용하고 JUnit 플랫폼을 이용해서 테스트를 실행하도록 설정하면 된다. 1장의 build.gradle 파일을 다시 보자.

```
plugins {
    id 'java'
    id 'eclipse'
    id 'idea'
}

sourceCompatibility = '1.8'
targetCompatibility = '1.8'

repositories {
    mavenCentral()
}

dependencies {
    testImplementation('org.junit.jupiter:junit-jupiter:5.5.0')
}

test {
    useJUnitPlatform()
    testLogging {
        events "passed", "skipped", "failed"
    }
}
```

testImplementation을 사용해서 junit-jupiter 의존을 추가한다. test 태스크는 JUnit 5 플랫폼을 사용하도록 설정한다.

NOTE

그레이들 4.6 버전부터 JUnit 5 플랫폼을 지원한다. 그 이전 버전을 사용하고 있다면 JUnit 4 버전을 사용하거나 그레이들 버전을 올릴 것을 권한다.

junit-jupiter 모듈은 JUnit 5.4 버전부터 제공한다. JUnit 5.3 버전이나 그 이하 버전을 사용한다면 다음과 같이 필요한 모듈을 각각 설정해야 한다.

```
<dependency>
    <groupId>org.junit.jupiter</groupId>
    <artifactId>junit-jupiter-api</artifactId>
    <version>5.3.0</version>
```

```
    <scope>test</scope>
</dependency>
<dependency>
    <groupId>org.junit.jupiter</groupId>
    <artifactId>junit-jupiter-engine</artifactId>
    <version>5.3.0</version>
    <scope>test</scope>
</dependency>
```

버전별 메이븐/그레이들 설정이 궁금한 독자는 다음 문서를 참고한다.

- https://junit.org/junit5/docs/버전/user-guide/
  (예: 5.3.0 버전의 경우 https://junit.org/junit5/docs/5.3.0/user-guide/ 참고)

@Test 애노테이션과 테스트 메서드

JUnit 모듈을 설정했다면 JUnit을 이용해서 테스트 코드를 작성하고 실행할 수 있다. JUnit 코드의 기본 구조는 간단하다. 테스트로 사용할 클래스를 만들고 @Test 애노테이션을 메서드에 붙이기만 하면 된다.

```
import org.junit.jupiter.api.Test;

import static org.junit.jupiter.api.Assertions.assertEquals;

public class SumTest {

    @Test
    void sum() {
        int result = 2 + 3;
        assertEquals(5, result);
    }
}
```

테스트 클래스의 이름을 작성하는 특별한 규칙은 없지만 보통 다른 클래스와 구분을 쉽게 하기 위해 'Test'를 접미사로 붙인다. 테스트를 실행할 메서드에는 @Test 애노테이션을 붙인다. 이때 @Test 애노테이션을 붙인 메서드는 private이면 안 된다.

JUnit의 Assertions 클래스는 assertEquals() 메서드와 같이 값을 검증하기 위한 목적의 다양한 정적 메서드를 제공한다. 테스트를 실행하는 메서드는 JUnit이 제공하는 검증 메서드를 이용해서 결과를 확인한다. 3장 예에서도 assertEquals() 메서드를 이용해서 만료일 계산 결과가 올바른지 검증했다.

```
@Test
void 만원_납부하면_한달_뒤가_만료일이_됨() {
    LocalDate billingDate = LocalDate.of(2019, 3, 1);
    int payAmount = 10_000;

    ExpiryDateCalculator cal = new ExpiryDateCalculator();
    LocalDate expiryDate = cal.calculateExpiryDate(billingDate, payAmount);

    assertEquals(LocalDate.of(2019, 4, 1), expiryDate);
}
```

NOTE

JUnit 5 버전과 JUnit 4 버전은 패키지 구조나 일부 제약 조건 등이 다르다. 예를 들어 JUnit 4에서는 @Test 애노테이션이 org.junit 패키지에 포함되어 있고 assertEquals() 메서드는 org.junit.Assert 클래스에 포함되어 있다. 이 외에도 몇 가지 차이점이 있다. JUnit 4를 사용하는 곳도 여전히 많은데 JUnit 4에 대해 알고 싶은 독자는 [부록 B]를 참고하길 바란다.

주요 단언 메서드

Assertions 클래스는 assertEquals()를 포함해 [표 5.1]의 단언 메서드를 제공한다.

[표 5.1] Assertions 클래스가 제공하는 주요 단언 메서드

메서드	설명
assertEquals(expected, actual)	실제 값(actual)이 기대하는 값(expected)과 같은지 검사한다.
assertNotEquals(unexpected, actual)	실제 값(actual)이 특정 값(unexpected)과 같지 않은지 검사한다.
assertSame (Object expected, Object actual)	두 객체가 동일한 객체인지 검사한다.
assertNotSame (Object unexpected, Object actual)	두 객체가 동일하지 않은 객체인지 검사한다.

메서드	설명
assertTrue(boolean condition)	값이 true인지 검사한다.
assertFalse(boolean condition)	값이 false인지 검사한다.
assertNull(Object actual)	값이 null인지 검사한다.
assertNotNull(Object actual)	값이 null이 아닌지 검사한다.
fail()	테스트를 실패 처리한다.

주요 타입별로 assertEquals() 메서드가 존재한다. 예를 들어 int 타입을 위한 assertEquals() 메서드, Long 타입을 위한 assertEquals() 메서드, Object를 위한 assertEquals() 메서드 등이 존재한다. assertEquals() 메서드를 사용할 때 주의할 점은 첫 번째 인자가 기대하는 값이고 두 번째 인자가 검사하려는 값이라는 점이다.

assertEquals(Object expected, Object actual) 메서드는 equals() 메서드를 이용해서 두 객체가 같은지 비교한다. LocalDate 클래스는 알맞게 equals() 메서드를 구현했으므로 다음과 같이 assertEquals() 메서드를 이용해서 두 객체가 같은 값을 갖는지 비교할 수 있다.

```
LocalDate dateTime1 = LocalDate.now();
LocalDate dateTime2 = LocalDate.now();
assertEquals(dateTime1, dateTime2);
```

fail() 메서드는 테스트에 실패했음을 알리고 싶을 때 사용한다. 예를 들어 ID와 암호로 전달받은 파라미터 값이 null이면 IllegalArgumentException이 발생하도록 인증 기능을 구현했다고 가정하자. 테스트 코드는 ID와 암호로 null을 전달했는데 익셉션이 발생하지 않으면 테스트에 실패했다고 볼 수 있다. 이럴 때 fail()을 사용할 수 있다. 다음은 사용 예이다.

```
try {
    AuthService authService = new AuthService();
    authService.authenticate(null, null);
    fail(); // 이 지점에 다다르면 fail() 메서드는 테스트 실패 에러를 발생
} catch(IllegalArgumentException e) {
}
```

익셉션 발생 유무가 검증 대상이라면 fail() 메서드를 사용하는 것보다 [표 5.2]의 두 메서드를 사용하는 것이 더욱 명시적이다.

[표 5.2] Assertions가 제공하는 익셉션 발생 유무 검사 메서드

메서드	설명
assertThrows(Class<T> expectedType, Executable executable)	executable을 실행한 결과로 지정한 타입의 익셉션이 발생하는지 검사한다.
assertDoesNotThrow (Executable executable)	executable을 실행한 결과로 익셉션이 발생하지 않는지 검사한다.

다음은 assertThrows()를 이용해서 지정한 익셉션이 발생하는지 검사하는 코드 예이다.

```
assertThrows(IllegalArgumentException.class,
        () -> {
            AuthService authService = new AuthService();
            authService.authenticate(null, null);
        });
```

assertThrows() 메서드는 발생한 익셉션 객체를 리턴한다. 발생한 익셉션을 이용해서 추가로 검증이 필요하면 assertThrows() 메서드가 리턴한 익셉션 객체를 사용하면 된다.

```
IllegalArgumentException thrown = assertThrows(IllegalArgumentException.class,
        () -> {
            AuthService authService = new AuthService();
            authService.authenticate(null, null);
        });
assertTrue(thrown.getMessage().contains("id"));
```

참고로 assertThrows()와 assertDoesNotThrow() 메서드에서 사용하는 Executable 인터페이스는 다음과 같이 execute() 메서드를 가진 함수형 인터페이스이다.

```
package org.junit.jupiter.api.function;

public interface Executable {
    void execute() throws Throwable;
}
```

assert 메서드는 실패하면 다음 코드를 실행하지 않고 바로 익셉션을 발생한다. 예를 들어 다음 코드는 첫 번째 assertEquals() 메서드에서 검증에 실패하기 때문에 그 시점에 AssertionFailedError를 발생한다. 따라서 두 번째 assertEquals() 메서드는 실행되지 않는다.

```
assertEquals(3, 5 / 2);    // 검증 실패로 에러 발생
assertEquals(4, 2 * 2);    // 이 코드는 실행되지 않음
```

그런데 경우에 따라 일단 모든 검증을 실행하고 그중에 실패한 것이 있는지 확인하고 싶을 때가 있다. 이럴 때 사용할 수 있는 것이 assertAll() 메서드이다. 다음은 assertAll() 메서드의 사용 예이다.

```
assertAll(
        () -> assertEquals(3, 5/ 2),
        () -> assertEquals(4, 2 * 2),
        () -> assertEquals(6, 11 / 2)
);
```

assertAll() 메서드는 Executable 목록을 가변 인자로 전달받아 각 Executable을 실행한다. 실행 결과로 검증에 실패한 코드가 있으면 그 목록을 모아서 에러 메시지로 보여준다. 예를 들어 위 코드 실행 결과로 출력되는 테스트 실패 오류 메시지는 다음과 같다.

```
org.opentest4j.MultipleFailuresError: Multiple Failures (2 failures)
expected: <3> but was: <2>
expected: <6> but was: <5>

at org.junit.jupiter.api.AssertAll.assertAll(AssertAll.java:80)
…생략
Suppressed: org.opentest4j.AssertionFailedError: expected: <3> but was: <2>
…생략
Suppressed: org.opentest4j.AssertionFailedError: expected: <6> but was: <5>
…생략
```

테스트 라이프사이클

@BeforeEach 애노테이션과 @AfterEach 애노테이션

JUnit은 각 테스트 메서드마다 다음 순서대로 코드를 실행한다.

1. 테스트 메서드를 포함한 객체 생성

2. (존재하면) @BeforeEach 애노테이션이 붙은 메서드 실행
3. @Test 애노테이션이 붙은 메서드 실행
4. (존재하면) @AfterEach 애노테이션이 붙은 메서드 실행

[리스트 5.1]은 동작 방식을 이해하기 위해 작성한 간단한 코드이다.

[리스트 5.1] 라이프사이클 관련 애노테이션을 사용한 코드

```
import org.junit.jupiter.api.AfterEach;
import org.junit.jupiter.api.BeforeEach;
import org.junit.jupiter.api.Test;

public class LifecycleTest {
    public LifecycleTest() {
        System.out.println("new LifecycleTest");
    }

    @BeforeEach
    void setUp() {
        System.out.println("setUp");
    }

    @Test
    void a() {
        System.out.println("A");
    }

    @Test
    void b() {
        System.out.println("B");
    }

    @AfterEach
    void tearDown() {
        System.out.println("tearDown");
    }

}
```

위 테스트 클래스를 실행하면 콘솔에 다음 결과가 출력된다.

```
new LifecycleTest
setUp
A
tearDown
new LifecycleTest
setUp
B
tearDown*
```

이 결과를 보면 @Test 메서드를 실행할 때마다 객체를 새로 생성하고 테스트 메서드를 실행하기 전과 후에 @BeforeEach 애노테이션과 @AfterEach 애노테이션을 붙인 메서드를 실행한다는 것을 알 수 있다.

@BeforeEach 애노테이션은 테스트를 실행하는데 필요한 준비 작업을 할 때 사용한다. @BeforeEach 애노테이션을 이용해서 테스트에서 사용할 임시 파일을 생성한다거나 테스트 메서드에서 사용할 객체를 생성한다.

반대로 @AfterEach 애노테이션은 테스트를 실행한 후에 정리할 것이 있을 때 사용한다. 테스트에서 사용한 임시 파일을 삭제해야 할 때 @AfterEach 애노테이션을 사용하면 된다.

@BeforeEach 애노테이션과 @AfterEach 애노테이션을 붙인 메서드는 @Test 애노테이션과 마찬가지로 private이면 안 된다.

@BeforeAll 애노테이션과 @AfterAll 애노테이션

한 클래스의 모든 테스트 메서드가 실행되기 전에 특정 작업을 수행해야 한다면 @BeforeAll 애노테이션을 사용한다. @BeforeAll 애노테이션은 정적 메서드에 붙이는데 이 메서드는 클래스의 모든 테스트 메서드를 실행하기 전에 한 번 실행된다.

@AfterAll 애노테이션은 반대로 클래스의 모든 테스트 메서드를 실행한 뒤에 실행된다. 이 메서드 역시 정적 메서드에 적용한다.

테스트 메서드 간 실행 순서 의존과 필드 공유하지 않기

다음 코드를 보자.

```
public class BadTest {
    private FileOperator op = new FileOperator();
    private static File file; // 두 테스트가 데이터를 공유할 목적으로 필드 사용

    @Test
    void fileCreationTest() {
        File createdFile = op.createFile();
        assertTrue(createdFile.length() > 0);
        this.file = createdFile;
    }

    @Test
    void readFileTest() {
        long data = op.readData(file);
        assertTrue(data > 0);
    }
}
```

이 코드는 file 필드를 이용해서 fileCreationTest() 메서드에서 생성한 File을 보관하고 그 file 필드를 readFileTest() 메서드에서 사용한다. 테스트 메서드를 실행할 때마다 객체를 새로 생성하므로 file을 정적 필드로 정의했다. 이 테스트는 fileCreationTest() 메서드가 readFileTest() 메서드보다 먼저 실행된다는 것을 가정한다.

실제로 원하는 순서대로 테스트 메서드가 실행될 수도 있다. 하지만 테스트 메서드가 특정 순서대로 실행된다는 가정하에 테스트 메서드를 작성하면 안 된다. JUnit이 테스트 순서를 결정하긴 하지만 그 순서는 버전에 따라 달라질 수 있다. 순서가 달라지면 테스트도 실패한다. 예를 들어 readFileTest() 메서드가 먼저 실행되면 file 필드가 null이므로 테스트에 실패하게 된다.

각 테스트 메서드는 서로 독립적으로 동작해야 한다. 한 테스트 메서드의 결과에 따라 다른 테스트 메서드의 실행 결과가 달라지면 안 된다. 그런 의미에서 테스트 메서드가 서로 필드를 공유한다거나 실행 순서를 가정하고 테스트를 작성하지 말아야 한다.

NOTE

JUnit은 테스트 메서드의 실행 순서를 지정하는 방법을 제공하고 있다. 하지만 각 테스트 메서드는 독립적으로 동작해야 한다. 테스트 메서드 간에 의존이 생기면 이는 테스트 코드

의 유지보수를 어렵게 만든다. 테스트 코드 역시 코드이므로 유지보수가 중요하다. 테스트 코드를 작성할 때에는 이 점에 유념해야 한다.

추가 애노테이션: @DisplayName, @Disabled

테스트 실행 결과를 보면 [그림 5.2]와 같이 테스트 메서드 이름을 사용해서 테스트 결과를 표시한다.

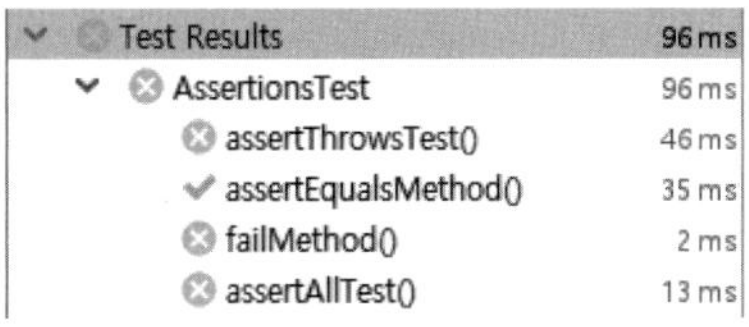

[그림 5.2] 테스트 메서드 이름을 사용한 결과 표시

자바는 메서드 이름에 공백이나 특수 문자를 사용할 수 없기 때문에 메서드 이름만으로 테스트 내용을 설명하기가 부족할 수 있다. 이럴 때는 @DisplayName 애노테이션을 사용해서 테스트에 표시 이름을 붙일 수 있다. 다음은 사용 예이다.

```
import org.junit.jupiter.api.DisplayName;

@DisplayName("@DisplayName 테스트")
public class DisplayNameTest {
    @DisplayName("값 같은지 비교")
    @Test
    void assertEqualsMethod() {
        ...생략
    }

    @Test
    void failMethod() {
        ...생략
    }

    @DisplayName("익셉션 발생 여부 테스트")
    @Test
    void assertThrowsTest() {
        ...생략
```

```
    }

    @Test
    void assertAllTest() {
        ...생략
    }
}
```

@DisplayName 애노테이션을 사용한 테스트 결과는 [그림 5.3]과 같다. 클래스나 메서드 이름이 아닌 @DisplayName 애노테이션에 지정한 값을 사용해서 표시하고 있다.

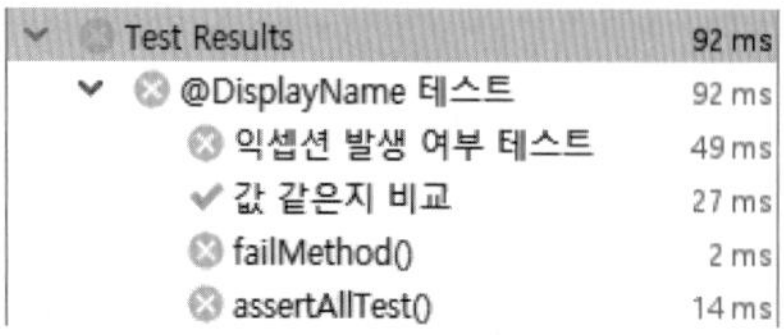

[그림 5.3] @DisplayName 애노테이션을 사용한 테스트 결과

특정 테스트를 실행하지 않고 싶을 때는 @Disabled 애노테이션을 사용한다. JUnit은 @Disabled 애노테이션이 붙은 클래스나 메서드는 테스트 실행 대상에서 제외한다. 아직 테스트 코드가 완성되지 않았거나 잠시 동안 테스트를 실행하지 말아야 할 때 이 애노테이션을 사용한다. 다음은 사용 예이다.

```
import org.junit.jupiter.api.Disabled;

public class AssertionsTest {

    @Disabled
    @Test
    void failMethod() {
        try {
            AuthService authService = new AuthService();
            authService.authenticate(null, null);
            fail();
        } catch(IllegalArgumentException e) {
        }
    }
    …생략
}
```

NOTE

JUnit 5는 @Disabled 애노테이션 외에도 테스트와 관련된 다양한 애노테이션을 제공하고 있다. 추가 애노테이션은 [부록 A]에서 설명한다.

모든 테스트 실행하기

개발하는 과정에서는 특정 테스트 클래스나 메서드만 실행하지만, 코드를 원격 리포지토리에 푸시하거나 코드를 빌드해서 운영 환경에 배포하기 전에는 모든 테스트를 실행해서 깨지는 테스트가 없는지 확인한다. 이때 실패하는 테스트가 존재하면 무언가 잘못됐다는 것이므로 코드 푸시나 배포를 멈추고 문제 원인을 찾아 제거해야 한다.

모든 테스트를 실행하는 방법은 간단하다. 메이븐과 그레이들의 경우 각각 다음 명령어를 사용하면 된다.

- mvn test (래퍼를 사용하는 경우 mvnw test)
- gradle test (래퍼를 사용하는 경우 gradlew test)

메이븐이 제공하는 라이프사이클에 따르면 package 단계를 실행할 때 test 단계를 앞서 실행하므로 mvn package 명령어를 실행해도 테스트를 실행한다. 그레이들 역시 build 태스크를 실행하면 테스트를 실행하므로 gradle build 명령어를 실행하면 테스트를 실행한다.

인텔리J나 이클립스에서는 src/test/java 폴더에서 테스트를 실행하면 된다.

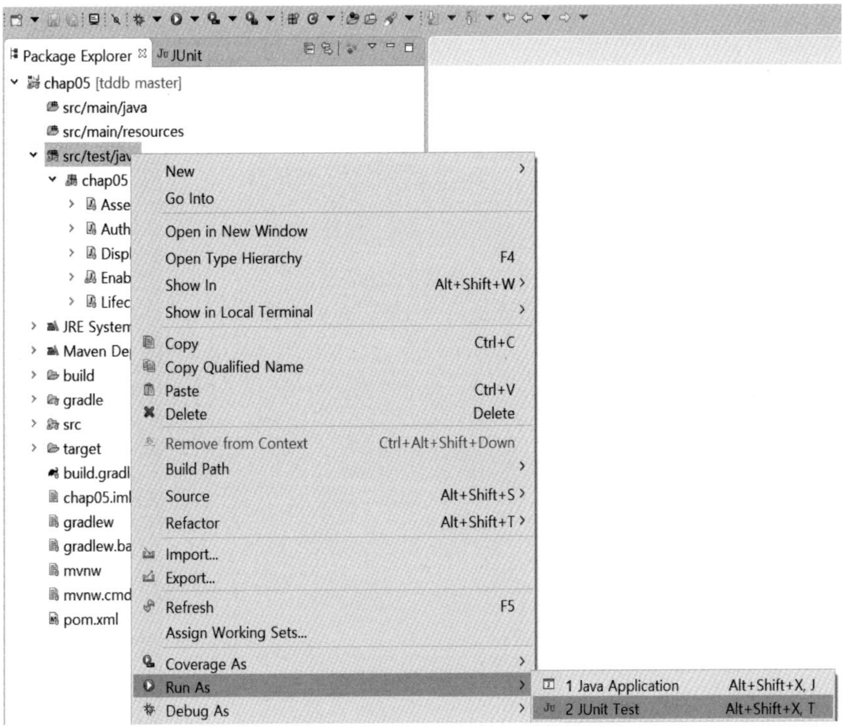

[그림 5.4] 이클립스에서 전체 테스트 실행하기

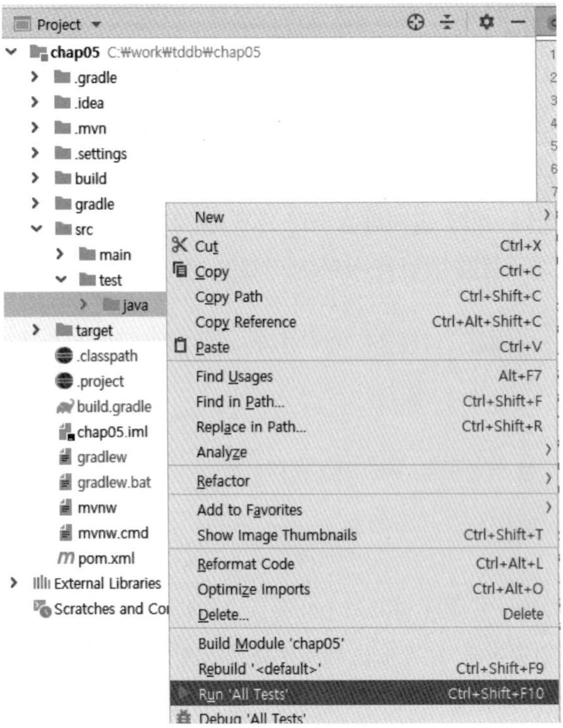

[그림 5.5] 인텔리J에서 전체 테스트 실행하기

전체 테스트를 실행하면 몇 개의 테스트를 실행했고 그 중에 몇 개를 통과했는지 확인할 수 있다. 예를 들어 3장에서 mvnw test를 실행하면 다음과 같이 테스트 결과가 콘솔에 출력되는 것을 볼 수 있다.

```
[INFO] -------------------------------------------------------
[INFO]  T E S T S
[INFO] -------------------------------------------------------
[INFO] Running chap03.ExpiryDateCalculatorTest
[INFO] Tests run: 6, Failures: 0, Errors: 0, Skipped: 0, Time elapsed: 0.083 s - in
chap03.ExpiryDateCalculatorTest
[INFO]
[INFO] Results:
[INFO]
[INFO] Tests run: 6, Failures: 0, Errors: 0, Skipped: 0
```

인텔리J와 이클립스에서 전체 테스트를 실행한 결과 화면은 각각 [그림 5.6], [그림 5.7]과 같다.

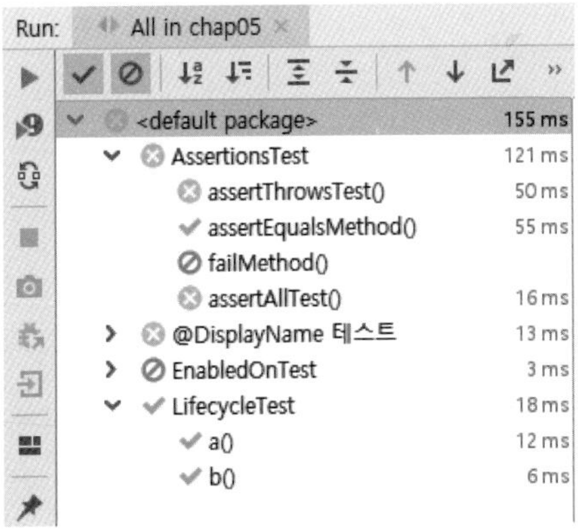

[그림 5.6] 인텔리J에서 전체 테스트를 실행한 결과 화면

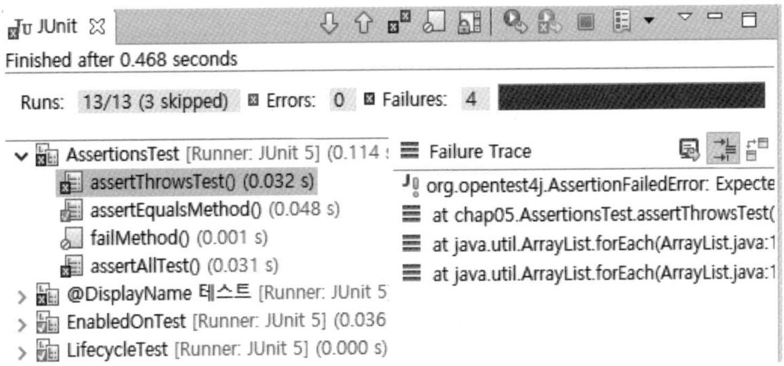

[그림 5.7] 이클립스에서 전체 테스트를 실행한 결과 화면

CHAPTER

6

테스트 코드의 구성

상황
테스트 코드의 구성 요소
외부 상황과 외부 결과

CHAPTER

6 테스트 코드의 구성

- 상황
- 테스트 코드의 구성 요소
- 외부 상황과 외부 결과

기능에서의 상황

기능은 주어진 상황에 따라 다르게 동작한다. 예를 들어 다음 기능을 보자.

- 파일에서 숫자를 읽어와 숫자의 합을 구한다.
- 한 줄마다 한 개의 숫자를 포함한다.

이 기능을 MathUtils.sum() 메서드로 구현한다고 가정하자. 다음처럼 sum() 메서드에 파일을 인자로 전달할 것이다. sum() 메서드는 인자로 전달받은 파일에서 한 줄씩 읽어와 숫자로 변환한 뒤에 합한 값을 결과로 제공하면 된다.

```
File datafile = new File("data.txt");
long sum = MathUtils.sum(dataFile);
```

하지만 이 기능을 구현하려면 고려할 것이 있다. 먼저 파일이 없는 상황을 처리해야 한다. 데이터를 읽을 파일이 없다면 인자가 잘못되었다는 익셉션을 발생하거나 문제 상황을 알려줄 수 있는 값을 리턴해야 한다. 비슷하게 데이터 중에 숫자가 아닌 잘못된 데이터가 존재하는 경우에도 알맞은 결과를 생성해야 한다.

상황에 따라 다르게 동작하는 예를 하나 더 보자. 숫자 야구 게임은 0~9 사이의 서로 다른 숫자 세 개를 고르면 상대방이 그 숫자를 맞추는 게임이다. 예측한 숫자가 포함되어 있지만, 위치가 다르면 볼이고 위치가 같으면 스트라이크이다. 어떤 숫자가 볼이고 스트라이크인지는 알려주지 않는다. 이 게임에서의 상황은 정답 숫자이다. 같은 예측이라도 정답 숫자에 따라 결과가 달라진다. 예를 들어 예측한 숫자가 456일 때 정답 숫자가 123인 경우와 456인 경우 결과가 다르다.

```
BaseballGame game1 = new BaseballGame("123");
Score score1 = game1.guess("456");
assertEquals(0, score1.balls());
assertEquals(0, score1.strikes());

BaseballGame game2 = new BaseballGame("456");
Score score2 = game2.guess("456");
assertEquals(3, score2.strkes());
```

NOTE

숫자 야구와 관련된 규칙이 궁금한 독자는 http://bit.ly/NumBaseball 문서를 참고하자.

이처럼 주어진 상황에 따라 기능 실행 결과는 달라진다. 이는 테스트 코드 구조에도 영향을 주는데 이에 관한 내용을 이어서 살펴보자.

상황찾기

노련한 개발자는 어떤 상황이 실행 결과에 영향을 줄 수 있는지 찾기 위해 노력한다. 결과에 영향을 줄 수 있는 상황을 고려하지 않고 작성한 코드는 버그를 포함할 가능성이 크기 때문이다. 다양한 예외 상황을 찾아내고 이를 코드에 반영해야 기능이 비정상적으로 동작하는 것을 막을 수 있다. 결과에 영향을 줄 수 있는 모든 상황을 완벽하게 찾기 힘들 수도 있지만 가능한 많은 예외 상황을 찾기 위해 노력해야 한다. 그렇게 함으로써 개발한 소프트웨어의 품질을 높일 수 있다.

테스트 코드의 구성 요소 : 상황, 실행, 결과 확인

기능은 상황에 따라 결과가 달라진다. 테스트 코드는 기능을 실행하고 그 결과를 확인하므로 상황, 실행, 결과 확인의 세 가지 요소로 테스트를 구성할 수 있다. 어떤 상황이 주어지고, 그 상황에서 기능을 실행하고, 실행한 결과를 확인하는 세 가지가 테스트 코드의 기본 골격을 이루게 된다.

> 상황, 실행, 결과 확인은 영어 표현 given, when, then에 대응한다.

JUnit에서 상황을 설정하는 방법은 테스트할 대상에 따라 달라진다. 숫자 야구 게임을 예로 들어보자. 숫자 야구 게임을 구현한 BaseballGame 클래스는 객체를 생성할 때 정답 숫자를 지정한다. 이 경우 각 테스트 메서드마다 객체를 생성해서 상황을 설정할 수 있다.

```
@Test
void exactMatch() {
    // 정답이 456인 상황
    BaseballGame game = new BaseballGame("456");
    // 실행
    Score score = game.guess("456");
    // 결과 확인
    assertEquals(3, score.strikes());
    assertEquals(0, score.balls());
}

@Test
void noMatch() {
    // 정답이 123인 상황
    BaseballGame game = new BaseballGame("123");
    // 실행
    Score score = game.guess("456");
    // 결과 확인
    assertEquals(0, score.strikes());
    assertEquals(0, score.balls());
}
```

또 다른 방법은 @BeforeEach를 적용한 메서드에서 상황을 설정하는 것이다. 이때는 주로 상황 설정과 관련된 대상을 필드로 보관한다.

```
private BaseballGame game;

@BeforeEach
void givenGame() {
    game = new BaseballGame("456");
}

@Test
void exactMatch() {
    // 실행
```

```
    Score score = game.guess("456");
    // 결과 확인
    assertEquals(3, score.strikes());
    assertEquals(0, score.balls());
}
```

상황이 없는 경우도 존재한다. 2장에서 사용한 암호 강도 측정 예가 이에 해당한다. 암호 강도 측정의 경우 결과에 영향을 주는 상황이 존재하지 않으므로 테스트는 다음처럼 기능을 실행하고 결과를 확인하는 코드만 포함하고 있다.

```
@Test
void meetsAllCriteria_Then_Strong() {
    // 실행
    PasswordStrengthMeter meter = new PasswordStrengthMeter();
    PasswordStrength result = meter.meter("ab12!@AB");
    // 결과 확인
    assertEquals(PasswordStrength.STRONG, result);
}
```

실행 결과를 확인하는 쉬운 방법은 리턴 값을 사용하는 것이다. 위 코드에서도 암호 강도를 측정한 결과를 리턴 값으로 받아 이 값을 확인했다.

실행 결과가 항상 리턴 값으로 존재하는 것은 아니다. 실행 결과로 익셉션을 발생하는 것이 정상인 경우도 있다. 예를 들어 숫자 야구 게임 생성 기능의 테스트 코드는 정답 숫자에 동일한 숫자가 존재하면 게임 생성에 실패해야 한다. 이 경우 게임 생성 실패 결과를 표시하기 위해 BaseBallGame 생성자가 IllegalArgumentException을 발생시키도록 구현할 수 있다.

```
@Test
void genGame_With_DupNumber_Then_Fail() {
    assertThrows(IllegalArgumentException.class,
        () -> new BaseballGame("110")
    );
}
```

NOTE

상황-실행-결과 확인 구조에 너무 집착하지는 말자. 이 구조가 테스트 코드를 작성하는데 도움이 되는 것은 맞지만 꼭 모든 테스트 메서드를 이 구조로 만들어야 하는 것은 아니다. 테스트 코드를 보고 테스트 내용을 이해할 수 있으면 된다.

외부 상황과 외부 결과

상황 설정이 테스트 대상으로 국한된 것은 아니다. 상황에는 외부 요인도 있다. 이 장의 앞에서 언급한 MathUtils.sum() 메서드의 코드를 다시 보자.

```
File dataFile = new File("file.txt");
long sum = MathUtils.sum(dataFile);
```

MathUtils.sum() 메서드를 테스트하려면 파일이 존재하지 않는 상황에서의 결과도 확인해야 한다. 그렇다면 파일이 존재하지 않는 상황을 어떻게 만들 수 있을까? 가장 쉬운 방법은 존재하지 않는 파일을 경로를 사용하는 것이다.

```
@Test
void noDataFile_Then_Exception() {
    File dataFile = new File("badpath.txt");
    assertThrows(IllegalArgumentException.class,
        () -> MathUtils.sum(dataFile)
    );
}
```

이 방법이 쉽긴 하지만 항상 테스트에 성공할 것이라는 보장은 없다. 우연이라도 해당 파일이 존재할 수 있기 때문이다. 테스트는 실행할 때마다 동일한 결과를 보장해야 하는데 우연에 의해 테스트 결과가 달라지면 동일한 결과를 보장할 수 없다. 이는 테스트를 신뢰할 수 없게 만들어 테스트 결과를 무시하게 만드는 요인이 될 수 있다.

더욱 확실한 방법은 명시적으로 파일이 없는 상황을 만드는 것이다. 다음은 명시적으로 파일이 없는 상황을 만드는 예를 보여준다.

```
@Test
void noDataFile_Then_Exception() {
    givenNoFile("badpath.txt");

    File dataFile = new File("badpath.txt");
    assertThrows(IllegalArgumentException.class,
            () -> MathUtils.sum(dataFile)
    );
}
```

```
private void givenNoFile(String path) {
    File file = new File(path);
    if (file.exists()) {
        boolean deleted = file.delete();
        if (!deleted)
            throw new RuntimeException("fail givenNoFile: " + path);
    }
}
```

이 테스트에서 givenNoFile() 메서드는 해당 경로에 파일이 존재하는지 검사해서 존재할 경우 해당 파일을 삭제한다. 이렇게 함으로써 테스트가 항상 올바른 상황에서 동작한다는 것을 보장할 수 있다.

다음으로 파일이 존재하는 상황은 어떻게 만들 수 있을까? 쉬운 방법은 상황에 알맞은 파일을 미리 만들어 두는 것이다. 예를 들면 다음 데이터를 갖는 "datafile.txt" 파일을 src/test/resources 폴더에 미리 만드는 것이다.

```
1
2
3
4
```

테스트 메서드는 다음 코드처럼 이 파일을 사용해서 상황에 맞는 테스트를 실행한다.

```
@Test
void dataFileSumTest() {
    File dataFile = new File("src/test/resources/datafile.txt");
    long sum = MathUtils.sum(dataFile);
    assertEquals(10L, sum);
}
```

다른 개발자도 테스트를 실행할 수 있어야 하므로 테스트에 맞게 준비한 파일은 버전 관리 대상에 추가한다.

파일을 미리 만들지 않고 테스트 코드에서 상황에 맞는 파일을 생성하는 방법도 있다. 다음은 이 방법을 사용한 예이다.

```
@Test
void dataFileSumTest2() {
    givenDataFile("target/datafile.txt", "1", "2", "3", "4");
    File dataFile = new File("target/datafile.txt");
    long sum = MathUtils.sum(dataFile);
    assertEquals(10L, sum);
}

private void givenDataFile(String path, String... lines) {
    try {
        Path dataPath = Paths.get(path);
        if (Files.exists(dataPath)) {
            Files.delete(dataPath);
        }
        Files.write(dataPath, Arrays.asList(lines));
    } catch (IOException e) {
        throw new RuntimeException(e);
    }
}
```

이 방법의 장점은 테스트 코드 안에 필요한 것이 다 있다는 것이다. 테스트 코드에서 상황을 명시적으로 구성하기 때문에 테스트 내용을 이해하기 위해 많은 파일을 볼 필요가 없다.

테스트 대상이 아닌 외부에서 결과를 확인해야 할 때도 있다. 예를 들어 처리 결과를 지정한 경로의 파일에 저장하는 기능을 생각해보자. 이 기능을 실행한 결과를 검증하려면 해당 경로에 파일이 원하는 내용으로 만들어졌는지 확인해야 한다.

외부 상태가 테스트 결과에 영향을 주지 않게 하기

테스트 코드는 한 번만 실행하고 끝나지 않는다. TDD를 진행하는 동안에도 계속 실행하고 개발이 끝난 이후에도 반복적으로 테스트를 실행해서 문제가 없는지 검증한다. 그렇기 때문에 테스트는 언제 실행해도 항상 정상적으로 동작하는 것이 중요하다. 간헐적으로 실패하거나 다른 테스트 다음에 실행해야 성공하면 테스트 결과를 믿을 수 없게 된다. 이렇게 되면 테스트가 실패해도 무감각해지고 더 나아가 테스트를 만들지 않게 된다.

회원 가입 기능을 예로 들어보자. 회원 가입 기능 테스트에는 다음을 포함한다.

- 중복된 ID가 이미 존재하면 가입 실패
- 모든 조건을 충족하면 가입 성공

두 테스트를 다음과 같이 작성했다고 가정하자.

```
@Test
void dupIdTest() {
    RegistReq req = new RegistReq("bkchoidup", "최범균중복");
    assertThrows(DuplicateIdException.class,
        () -> registerService.register(req));
}

@Test
void registerSuccessfully() {
    RegistReq req = new RegistReq("bkchoi", "최범균");
    registerService.register(req);
    Member mem = memberRepo.findById("bkchoi");
    assertEquals("최범균", mem.getName());
}
```

dupIdTest() 테스트를 검증하려면 DB의 회원 테이블에 아이디가 "bkchoidup"인 데이터를 미리 추가해야 한다. 그래야 아이디 중복 여부를 확인하는 dupIdTest()가 올바르게 동작한다.

아이디가 "bkchoi"인 데이터가 없는 상태에서 registerSuccessfully() 테스트를 실행했더니 통과했다고 하자. 이 테스트에 성공하면 DB 회원 테이블에 아이디가 "bkchoi"인 데이터가 생성된다. 이 상태에서 다시 registerSuccessfully() 테스트를 실행하면 이미 "bkchoi"인 아이디가 존재하므로 아이디 중복으로 테스트에 실패한다. 즉, DB 데이터의 상태에 따라 테스트가 성공하기도 하고 실패하기도 하는 것이다.

이렇게 외부 상태에 따라 테스트의 성공 여부가 바뀌지 않으려면 테스트 실행 전에 외부를 원하는 상태로 만들거나 테스트 실행 후에 외부 상태를 원래대로 되돌려 놓아야 한다. 예를 들어 registerSuccessfully() 테스트를 실행할 때 아이디가 "bkchoi"인 회원 데이터를 삭제해서 중복이 발생하지 않도록 만들거나 registerSuccessfully() 메서드 실행 후에 트랜잭션을 롤백하는 방법이 있다.

외부 상태와 테스트 어려움

상황과 결과에 영향을 주는 외부 요인은 파일, DBMS, 외부 서버 등 다양하다. 이들 외부 환경을 테스트에 맞게 구성하는 것이 항상 가능한 것은 아니다. 자동이체 등록 기능을 생각해보자. 이 기능은 입력받은 계좌 번호가 올바른지 확인해야 한다. 이를 위해 금융 회사에서 제공하는 REST API를 사용한다면 자동이체 등록 기능에 대한 테스트는 다음 상황에서의 결과를 확인할 수 있어야 한다.

- REST API 응답 결과가 유효한 계좌 번호인 상황
- REST API 응답 결과가 유효하지 않은 계좌 번호인 상황
- REST API 서버에 연결할 수 없는 상황
- REST API 서버에서 응답을 5초 이내에 받지 못하는 상황

각 상황을 어떻게 테스트할 수 있을까? 유효한 계좌 번호와 유효하지 않은 계좌 번호는 API 제공 업체에서 정보를 받아 테스트해 볼 수 있다. 그런데 REST API 서버에 연결할 수 없는 상황이나 REST API 서버에서 지정한 시간 안에 응답을 주지 않는 상황은 어떻게 만들어낼 수 있을까? REST API 제공 업체에 잠깐만 서버를 죽여 달라고 할 수 없다. 또는 REST API 제공 업체에 응답을 일부러 7초 뒤에 주도록 수정해 달라고 부탁할 수도 없다.

실행 결과가 외부 시스템에 기록되는 경우도 있다. 필자가 경험한 프로젝트 중에는 외부 택배사에 배송 정보를 전달하기 위해 택배사가 제공한 DB 테이블을 사용한 사례가 있다. 주문이 들어오면 택배사가 제공한 DB 테이블에 필요한 데이터를 추가하는 방식으로 배송 정보를 전달했다. 동일한 테스트를 여러 번 수행할 수 있으려면 택배사가 제공한 DB 테이블에서 데이터를 삭제할 수 있어야 했는데 택배사는 해당 테이블에 대해 INSERT와 SELECT 권한만 주고 DELETE 권한은 주지 않았다.

이처럼 테스트 대상이 아닌 외부 요인은 테스트 코드에서 다루기 힘든 존재이다. 외부 상황은 테스트 코드에서 마음대로 제어할 수 없는 경우가 있다. 또한, 테스트 코드에서 생성한 외부 결과를 마음대로 초기화하기 힘들 때도 있다. 이렇게 테스트 대상의 상황과 결과에 외부 요인이 관여할 경우 대역을 사용하면 테스트 작성이 쉬워진다. 대역은 테스트 대상이 의존하는 대상의 실제 구현을 대신하는 구현인데 이 대역을 통해서 외부 상황이나 결과를 대체할 수 있다.

대역에는 다양한 종류가 존재하는데 이에 관한 내용은 이어지는 7장에서 살펴본다.

CHAPTER

7

대역

CHAPTER

7 대역

- 대역 필요성
- 대역을 이용한 테스트
- 대역 종류
- 대역과 개발 속도

대역의 필요성

테스트를 작성하다 보면 외부 요인이 필요한 시점이 있다. 다음은 외부 요인이 테스트에 관여하는 주요 예이다.

- 테스트 대상에서 파일 시스템을 사용
- 테스트 대상에서 DB로부터 데이터를 조회하거나 데이터를 추가
- 테스트 대상에서 외부의 HTTP 서버와 통신

테스트 대상이 이런 외부 요인에 의존하면 테스트를 작성하고 실행하기 어려워진다. 테스트 대상 코드에서 사용하는 외부 API 서버가 일시적으로 장애가 나면 테스트를 원활하게 수행할 수 없다. 내부에서 사용하는 DB라도 상황에 맞게 데이터를 구성하는 것이 항상 가능한 것은 아니다.

6장에서 언급한 자동이체 기능을 예로 들어보자. 이 기능은 외부 업체가 제공하는 API를 이용해서 카드번호가 유효한지 확인하고 그 결과에 따라 자동이체 정보를 등록한다. 이 기능을 테스트하려면 정상 카드번호, 도난 카드번호, 만료일이 지난 카드번호가 필요하기 때문에 외부 업체에서 상황별로 테스트할 수 있는 카드번호를 받아와야 한다.

TDD는 "테스트 작성 → 통과시킬 만큼 구현 → 리팩토링"의 과정을 짧은 흐름으로 반복해야 하는데 외부 업체에서 상황별 카드번호를 제공하지 않으면 테스트를 진행할 수 없게 된다.

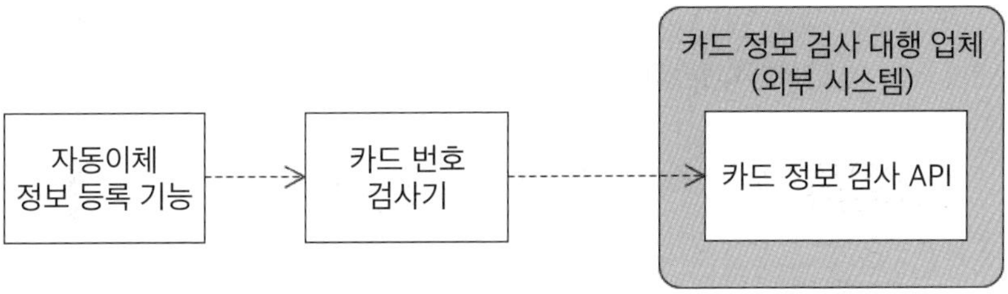

[그림 7.1] 자동이체 정보 등록 기능을 테스트하는 코드는 외부 요인인 카드 정보 검사 대행업체의 상태에 따라 테스트를 할 수 없는 상황이 발생한다.

외부 요인은 테스트 작성을 어렵게 만들 뿐만 아니라 테스트 결과도 예측할 수 없게 만든다. 예를 들어 카드 정보 검사 대행업체에서 테스트할 때 사용하라고 제공한 카드번호의 유효기간이 한 달 뒤일 수 있다. 이 카드번호를 사용해서 성공한 자동이체 정보 등록 기능 테스트는 한 달 뒤에 유효 기간 만료로 실패하게 된다.

실제 코드로 살펴보자. 자동이체 정보 등록 기능과 카드번호 검사기의 코드 구조가 [그림 7.2]와 같다고 하자.

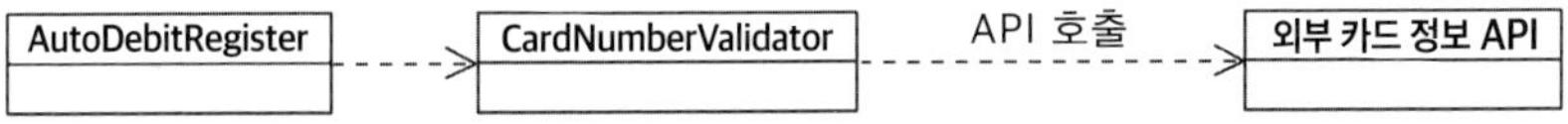

[그림 7.2] 카드번호 검사기는 외부의 API를 호출

AutoDebitRegister 클래스는 자동이체 등록 기능을 구현했고 CardNumberValidator는 외부 API를 이용해서 카드번호가 유효한지 확인한다. AutoDebitRegister 클래스는 CardNumberValidator를 이용해서 카드번호가 유효한지 검사한 뒤에 그 결과에 따라 자동이체 정보를 저장한다. 코드는 [리스트 7.1]과 같다.

[리스트 7.1] AutoDebitRegister 클래스

```
public class AutoDebitRegister {
    private CardNumberValidator validator;
    private AutoDebitInfoRepository repository;

    public AutoDebitRegister(CardNumberValidator validator,
                             AutoDebitInfoRepository repository) {
        this.validator = validator;
        this.repository = repository;
    }

    public RegisterResult register(AutoDebitReq req) {
        CardValidity validity = validator.validate(req.getCardNumber());
```

```
        if (validity != CardValidity.VALID) {
            return RegisterResult.error(validity);
        }
        AutoDebitInfo info = repository.findOne(req.getUserId());
        if (info != null) {
            info.changeCardNumber(req.getCardNumber());
        } else {
            AutoDebitInfo newInfo =
                new AutoDebitInfo(req.getUserId(), req.getCardNumber(),
                        LocalDateTime.now());
            repository.save(newInfo);
        }
        return RegisterResult.success();
    }
}
```

AutoDebitRegister 클래스에서 사용하는 CardNumberValidator 클래스는 [리스트 7.2]와 같이 외부 서비스에서 제공하는 HTTP URL을 이용해서 카드번호가 유효한지 검사하고 그 결과를 리턴한다. 참고로 이 코드는 어디까지나 예를 들기 위한 코드로 실제로 some-external-pg와 같은 서비스는 존재하지 않는다.

[리스트 7.2] CardNumberValidator 클래스

```
public class CardNumberValidator {
    public CardValidity validate(String cardNumber) {
        HttpClient httpClient = HttpClient.newHttpClient();
        HttpRequest request = HttpRequest.newBuilder()
                .uri(URI.create("https://some-external-pg.com/card"))
                .header("Content-Type", "text/plain")
                .POST(BodyPublishers.ofString(cardNumber))
                .build();
        try {
            HttpResponse<String> response =
                    httpClient.send(request, BodyHandlers.ofString());
            switch (response.body()) {
                case "ok": return CardValidity.VALID;
                case "bad": return CardValidity.INVALID;
                case "expired": return CardValidity.EXPIRED;
                case "theft": return CardValidity.THEFT;
                default: return CardValidity.UNKNOWN;
            }
        } catch (IOException | InterruptedException e) {
            return CardValidity.ERROR;
        }
    }
}
```

NOTE

CardNumberValidator 클래스에서 사용하는 HttpClient 클래스는 자바 11에서 제공하는 HTTP 클라이언트 클래스이다. 자바 11 이하 버전을 사용한다면 HttpClient 대신 다른 HTTP 클라이언트를 이용해서 CardNumberValidator를 구현하면 된다.

AutoDebitRegister 클래스를 테스트하는 코드는 [리스트 7.3]과 같이 작성할 수 있다.

[리스트 7.3] 실제 구현을 사용하는 테스트 코드

```
01 public class AutoDebitRegisterTest {
02     private AutoDebitRegister register;
03
04     @BeforeEach
05     void setUp() {
06         CardNumberValidator validator = new CardNumberValidator();
07         AutoDebitInfoRepository repository = new JpaAutoDebitInfoRepository();
08         register = new AutoDebitRegister(validator, repository);
09     }
10
11     @Test
12     void validCard() {
13         // 업체에서 받은 테스트용 유효한 카드번호 사용
14         AutoDebitReq req = new AutoDebitReq("user1", "1234123412341234");
15         RegisterResult result = this.register.register(req);
16         assertEquals(VALID, result.getValidity());
17     }
18
19     @Test
20     void theftCard() {
21         // 업체에서 받은 도난 테스트용 카드번호 사용
22         AutoDebitReq req = new AutoDebitReq("user1", "1234567890123456");
23         RegisterResult result = this.register.register(req);
24         assertEquals(THEFT, result.getValidity());
25     }
26 }
```

11~17행의 validCard() 테스트를 통과시키려면 외부 업체에서 테스트 목적의 유효한 카드번호를 받아야 한다. 만약 이 카드번호가 한 달 뒤에 만료되면 validCard() 테스트는 한 달 뒤부터 실패한다. 비슷하게 테스트 용도의 도난 카드 정보를 외부 업체에서 삭제하면 theftCard() 테스트는 통과하지 못하고 실패한다. 물론 외부 서비스가 개발 환경을 제공하지 않으면 테스트는 더욱 힘들어진다.

이렇게 테스트 대상에서 의존하는 요인 때문에 테스트가 어려울 때는 대역을 써서 테스트를 진행할 수 있다. 난이도가 높은 액션이 필요할 때 배우를 대신해서 연기하는 스턴트맨처럼 테스

트에서는 외부 요인으로 인해 테스트가 어려울 때 외부 요인을 대신하는 대역이 외부 요인을 대신해서 테스트에 참여한다.

Double

영어로 된 테스트 관련 글을 읽으면 test double이란 표현이 자주 나오는데 여기서 double은 본 장에서 설명하는 대역에 해당한다. 즉, test double은 테스트에서 진짜 대신 사용할 대역을 의미한다.

대역에는 종류는 스텁, 가짜, 스파이, 모의 객체가 존재하는데 각 대역 종류마다 쓰임새가 다르다. 각 대역 종류에 대해서는 뒤에서 살펴본다.

대역을 이용한 테스트

대역을 이용해서 AutoDebitRegister를 테스트하는 코드를 다시 작성해보자. 먼저 CardNumber Validator를 대신할 대역 클래스를 작성하자. 대역 코드는 [리스트 7.4]와 같다.

[리스트 7.4] CardNumberValidator의 대역 구현

```
public class StubCardNumberValidator extends CardNumberValidator {
    private String invalidNo;

    public void setInvalidNo(String invalidNo) {
        this.invalidNo = invalidNo;
    }

    @Override
    public CardValidity validate(String cardNumber) {
        if (invalidNo != null && invalidNo.equals(cardNumber)) {
            return CardValidity.INVALID;
        }
        return CardValidity.VALID;
    }
}
```

StubCardNumberValidator는 실제 카드번호 검증 기능을 구현하지 않는다. 대신 단순한 구현으로 실제 구현을 대체한다. validate() 메서드는 invalidNo 필드와 동일한 카드번

호면 결과로 INVALID를 리턴하고 그렇지 않으면 VALID를 리턴한다. invalidNo 필드는 setInvalidNo() 메서드로 지정한다. 즉 StubCardNumberValidator는 setInvalidNo()로 지정한 카드번호에 대해서는 INVALID를 리턴하고 그 외 나머지는 VALID를 리턴한다.

이 StubCardNumberValidator를 이용해서 AutoDebitRegister를 테스트하는 코드를 작성해보자. [리스트 7.5]는 대역을 이용한 테스트 코드이다.

[리스트 7.5] 대역을 이용해서 테스트 코드 작성

```
01 public class AutoDebitRegister_Stub_Test {
02     private AutoDebitRegister register;
03     private StubCardNumberValidator stubValidator;
04     private StubAutoDebitInfoRepository stubRepository;
05
06     @BeforeEach
07     void setUp() {
08         stubValidator = new StubCardNumberValidator();
09         stubRepository = new StubAutoDebitInfoRepository();
10         register = new AutoDebitRegister(stubValidator, stubRepository);
11     }
12
13     @Test
14     void invalidCard() {
15         stubValidator.setInvalidNo("111122223333");
16
17         AutoDebitReq req = new AutoDebitReq("user1", "111122223333");
18         RegisterResult result = register.register(req);
19
20         assertEquals(INVALID, result.getValidity());
21     }
```

10행에서 AutoDebitRegister 객체를 생성할 때 생성자로 StubCardNumberValidator 객체를 전달했다. 즉 AutoDebitRegister는 실제 객체 대신에 StubCardNumberValidator을 사용해서 카드번호가 유효한지 검사하게 된다.

invalidCard() 테스트 메서드는 15행에서 stubValidator.setInvalidNo() 메서드를 이용해서 유효하지 않은 번호를 설정한다. [리스트 7.4]에서 StubCardNumberValidator#validate()는 setInvalidNo()로 지정한 번호에 대해 CardValidity.INVALID를 리턴하게 구현했으므로 18행은 결과적으로 유효하지 않은 카드번호에 대해 register() 메서드를 실행한다.

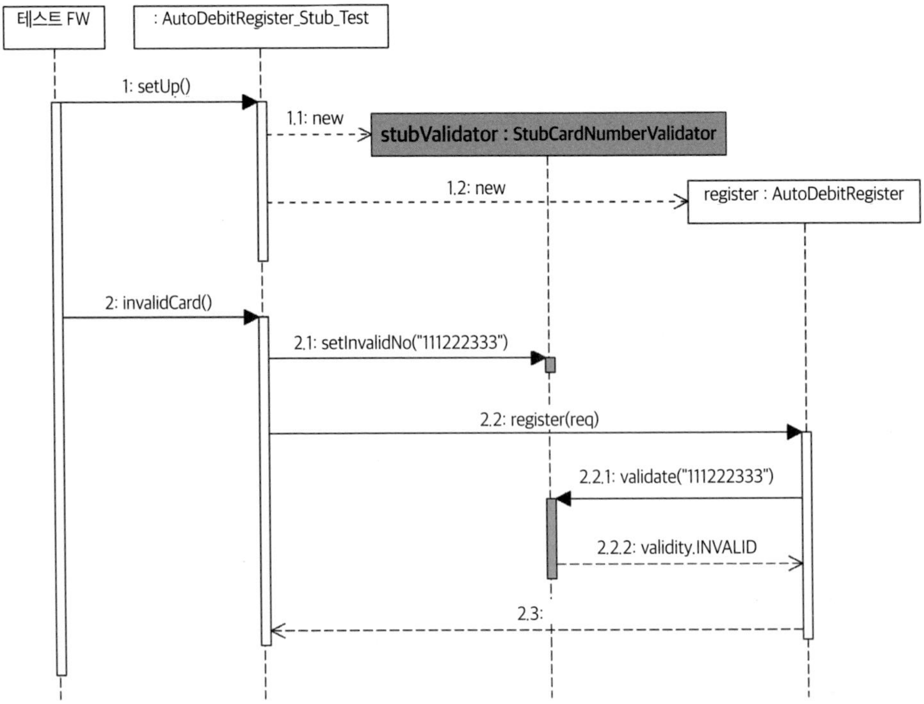

[그림 7.3] 대역을 이용한 테스트 실행 흐름

추가로 도난 카드에 대한 테스트를 진행하고 싶다고 하자. 유효하지 않은 카드번호를 테스트할 때와 동일하게 대역 클래스에 도난 카드번호를 지정하고 이를 비교하는 코드만 추가하면 된다. [리스트 7.6]은 도난 카드번호를 테스트하기 위해 대역에 코드를 추가한 것이다.

[리스트 7.6] 도난 카드번호를 위한 코드를 추가한 대역 클래스

```
public class StubCardNumberValidator extends CardNumberValidator {
    private String invalidNo;
    private String theftNo;

    public void setInvalidNo(String invalidNo) {
        this.invalidNo = invalidNo;
    }

    public void setTheftNo(String theftNo) {
        this.theftNo = theftNo;
    }

    @Override
    public CardValidity validate(String cardNumber) {
        if (invalidNo != null && invalidNo.equals(cardNumber)) {
            return CardValidity.INVALID;
        }
```

```
        if (theftNo != null && theftNo.equals(cardNumber)) {
            return CardValidity.THEFT;
        }
        return CardValidity.VALID;
    }
}
```

도난 카드번호를 처리할 수 있게 대역을 구현했으니 이제 다음과 같이 대역을 이용해서 도난 카드번호에 대한 자동이체 기능을 테스트할 수 있다.

```
public class AutoDebitRegister_Stub_Test {
    private AutoDebitRegister register;
    private StubCardNumberValidator stubValidator;
    private StubAutoDebitInfoRepository stubRepository;

    @BeforeEach
    void setUp() {
        …생략
    }

    @Test
    void theftCard() {
        stubValidator.setTheftNo("1234567890123456");

        AutoDebitReq req = new AutoDebitReq("user1", "1234567890123456");
        RegisterResult result = this.register.register(req);

        assertEquals(CardValidity.THEFT, result.getValidity());
    }
```

DB 연동 코드도 대역을 사용하기에 적합하다. 예를 들어 자동이체 정보의 DB 연동을 처리하는 리포지토리 인터페이스가 [리스트 7.7]과 같다고 하자.

[리스트 7.7] DB 연동을 위한 리포지토리 인터페이스

```
public interface AutoDebitInfoRepository {
    void save(AutoDebitInfo info);
    AutoDebitInfo findOne(String userId);
}
```

[리스트 7.1]을 보면 AutoDebitRegister는 AutoDebitInfoRepository를 사용해서 자동이체 정보를 저장했다.

```
public class AutoDebitRegister {
    private CardNumberValidator validator;
    private AutoDebitInfoRepository repository;

    …생략

    public RegisterResult register(AutoDebitReq req) {
        CardValidity validity = validator.validate(req.getCardNumber());
        if (validity != CardValidity.VALID) {
            return RegisterResult.error(validity);
        }
        AutoDebitInfo info = repository.findOne(req.getUserId());
        if (info != null) {
            info.changeCardNumber(req.getCardNumber());
        } else {
            AutoDebitInfo newInfo =
                new AutoDebitInfo(req.getUserId(), req.getCardNumber(),
                        LocalDateTime.now());
            repository.save(newInfo);
        }
        return RegisterResult.success();
    }
}
```

대역을 사용하면 DB 없이 AutoDebitRegister를 테스트할 수 있다. AutoDebitInfoRepository의 대역 구현을 [리스트 7.8]과 같이 구현해보자.

[리스트 7.8] AutoDebitInfoRepository의 대역 구현

```
import java.util.HashMap;
import java.util.Map;

public class MemoryAutoDebitInfoRepository implements AutoDebitInfoRepository {
    private Map<String, AutoDebitInfo> infos = new HashMap<>();

    @Override
    public void save(AutoDebitInfo info) {
        infos.put(info.getUserId(), info);
    }

    @Override
    public AutoDebitInfo findOne(String userId) {
        return infos.get(userId);
    }
}
```

[리스트 7.8]은 DB 대신 맵을 이용해서 자동이체 정보를 저장한다. 메모리에만 데이터가 저장되므로 DB와 같은 영속성을 제공하지는 않지만, 테스트에 사용할 수 있을 만큼의 기능은 제공한다. [리스트 7.9]는 MemoryAutoDebitInfoRepository를 이용해서 테스트 코드를 작성한 예를 보여준다.

[리스트 7.9] MemoryAutoDebitInfoRepository를 이용한 테스트

```
01 public class AutoDebitRegister_Fake_Test {
02     private AutoDebitRegister register;
03     private StubCardNumberValidator cardNumberValidator;
04     private MemoryAutoDebitInfoRepository repository;
05 
06     @BeforeEach
07     void setUp() {
08         cardNumberValidator = new StubCardNumberValidator();
09         repository = new MemoryAutoDebitInfoRepository();
10         register = new AutoDebitRegister(cardNumberValidator, repository);
11     }
12 
13     @Test
14     void alreadyRegistered_InfoUpdated() {
15         repository.save(
16             new AutoDebitInfo("user1", "111222333444", LocalDateTime.now()));
17 
18         AutoDebitReq req = new AutoDebitReq("user1", "123456789012");
19         RegisterResult result = this.register.register(req);
20 
21         AutoDebitInfo saved = repository.findOne("user1");
22         assertEquals("123456789012", saved.getCardNumber());
23     }
24 
25     @Test
26     void notYetRegistered_newInfoRegistered() {
27         AutoDebitReq req = new AutoDebitReq("user1", "1234123412341234");
28         RegisterResult result = this.register.register(req);
29 
30         AutoDebitInfo saved = repository.findOne("user1");
31         assertEquals("1234123412341234", saved.getCardNumber());
32     }
33 }
```

14행은 이미 자동이체 정보가 등록되어 있을 때 기존 정보가 올바르게 바뀌는지 검사하는 테스트 메서드이다. 다음은 관련 코드에 대한 설명이다.

- 09행: 메모리를 이용한 대역 객체인 MemoryAutoDebitInfoRepository를 생성한다.
- 10행: 테스트 대상인 AutoDebitRegister 객체를 생성할 때 대역을 전달한다.
- 15~16행: 이미 자동이체 정보가 등록되어 있는 상황을 만들기 위해 대역을 사용한다. 사용자 아이디 "user1"에 대한 자동이체 정보를 저장한다.
- 18~19행: "user1" 아이디에 대해 다르 카드번호를 사용해서 자동이체 등록 기능을 실행한다.
- 21~22행: 자동이체 등록 기능 실행 후 대역에 보관된 자동이체 정보를 구해서 값이 올바르게 변경되었는지 확인한다.

26행의 테스트 메서드는 아직 자동이체 정보가 등록되어 있지 않을 때 새로운 정보가 올바르게 등록되는지 검사한다. 테스트 메서드를 실행할 때마다 (@BeforeEach를 붙인) setUp 메서드를 매번 실행하므로 repository 대역에는 아직 어떤 자동이체 정보도 등록되어 있지 않다. 이 상태에서 27~28행의 자동이체 등록 기능을 실행한다. 새로운 자동이체 정보를 등록했는데 30~31행과 같이 대역에 보관된 자동이체 정보를 구해서 새로운 값이 올바르게 등록되었는지 확인한다.

대역을 사용한 외부 상황 흉내와 결과 검증

앞서 대역을 사용한 테스트에서 주목할 점은 다음 두 가지 없이 AutoDebitRegister에 대한 테스트를 수행했다는 점이다.

- 외부 카드 정보 API 연동
- 자동이체 정보를 저장한 DB

[리스트 7.5]는 StubCardNumberValidator를 사용해서 유효하지 않은 카드번호에 대한 테스트를 수행했다. 외부 업체에서 제공하는 카드 정보 API 연동 없이 AutoDebitRegister가 유효하지 않은 카드번호에 대해 올바르게 동작하는지 확인할 수 있었다. 비슷하게 도난 카드번호에 대한 테스트도 대역인 StubCardNumberValidator을 이용해서 진행할 수 있었다.

또한, [리스트 7.9]는 메모리를 사용한 MemoryAutoDebitInfoRepository를 이용해서 데이터가 올바르게 바뀌고 저장되는지 확인했다. 실제 DB를 연동하지 않고 AutoDebitRegister가 데이터 저장소에 데이터를 올바르게 반영하는지 확인할 수 있었다. DB를 연동하지 않고 메모리를 사용했기에 테스트 속도도 매우 빠르다.

[리스트 7.5]와 [리스트 7.9]의 공통점은 대역을 이용해서 외부의 상황을 흉내 낸다는 점이다.

- StubCardNumberValidator: 카드 정보 API를 대신해서 유효한 카드번호, 도난 카드번호와 같은 상황을 흉내 낸다.
- MemoryAutoDebitInfoRepository: 특정 사용자에 대한 자동이체 정보가 이미 등록되어 있거나 등록되어 있지 않은 상황을 흉내 낸다.

유효하지 않은 카드 번호 상황 흉내

```
@Test
void invalidCard() {
    stubValidator.setInvalidNo("111122223333");

    AutoDebitReq req = new AutoDebitReq("user1", "111122223333");
    RegisterResult result = this.register.register(req);

    assertEquals(INVALID, result.getValidity());
}
```

이미 자동이체 정보가 존재하는 상황 흉내

```
@Test
void alreadyRegistered_InfoUpdated() {
    repository.save(
        new AutoDebitInfo("user1", "111222333444", LocalDateTime.now()));

    AutoDebitReq req = new AutoDebitReq("user1", "123456789012");
    RegisterResult result = this.register.register(req);

    AutoDebitInfo saved = repository.findOne("user1");
    assertEquals("123456789012", saved.getCardNumber());
}
```

대역을 통한 결과 검증

[그림 7.4] 대역을 이용한 외부 상황 흉내와 결과 검증

또한, 대역을 이용하면 외부에 대한 결과를 검증할 수 있다. AutoDebitRegister는 자동이체 정보를 AutoDebitInfoRepository에 저장하는데 테스트 코드는 [그림 7.4]와 같이 메모리를 이용한 대역을 사용해서 저장 결과를 확인하고 있다.

대역의 종류

구현에 따라 [표 7.1]과 같이 대역을 구분할 수 있다.

[표 7.1] 대역의 종류

대역 종류	설명
스텁(Stub)	구현을 단순한 것으로 대체한다. 테스트에 맞게 단순히 원하는 동작을 수행한다. StubCardNumberValidator가 스텁 대역에 해당한다.
가짜(Fake)	제품에는 적합하지 않지만, 실제 동작하는 구현을 제공한다. DB 대신에 메모리를 이용해서 구현한 MemoryAutoDebitInfoRepository가 가짜 대역에 해당한다.
스파이(Spy)	호출된 내역을 기록한다. 기록한 내용은 테스트 결과를 검증할 때 사용한다. 스텁이기도 하다.
모의(Mock)	기대한 대로 상호작용하는지 행위를 검증한다. 기대한 대로 동작하지 않으면 익셉션을 발생할 수 있다. 모의 객체는 스텁이자 스파이도 된다.

예를 이용해서 대역을 살펴보자. 사용할 예는 회원 가입 기능이다. 회원 가입 기능을 구현할 UserRegister 및 관련 타입이 [그림 7.5]와 같다고 하자.

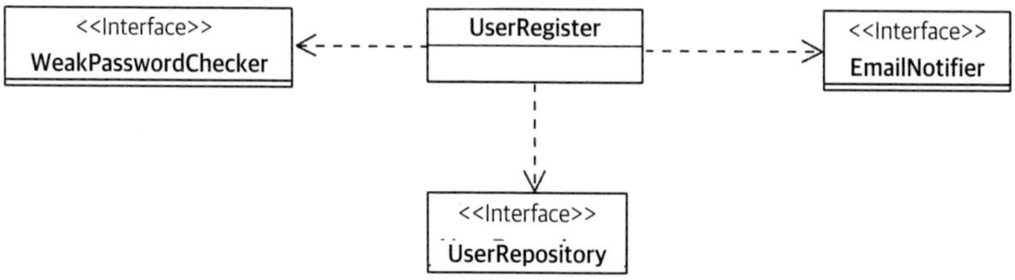

[그림 7.5] UserRegister와 의존 대상

각 타입은 다음 역할을 수행한다.

- UserRegister : 회원 가입에 대한 핵심 로직을 수행한다.
- WeakPasswordChecker : 암호가 약한지 검사한다.
- UserRepository : 회원 정보를 저장하고 조회하는 기능을 제공한다.
- EmailNotifier : 이메일 발송 기능을 제공한다.

이 절에서는 UserRegister를 위한 테스트를 만들어 나가는 과정에서 나머지 타입을 위한 대역으로 스텁, 가짜, 스파이, 모의 객체를 차례대로 사용해 보자.

구현하기 전에 설계해 보기

구현하기 전에 모든 기능을 설계하는 것은 불가능하다. 왜냐면 개발을 진행하는 동안에도 요구사항이 계속해서 바뀌기 때문이다. 그럼에도 불구하고 단위 기능을 구현하기에 앞서 어떤 구성 요소가 필요할지 고민하는 것은 의존 대상을 도출할 때 도움이 된다. 예를 들어 [그림 7.5]는 UserRegister를 구현하기 전에 설계를 고민한 과정에서 의존 대상을 도출한 결과이다. 물론 사전에 설계한 그대로 만들어지는 것은 아니다. 구현하다 보면 설계한 것과 다른 의존 대상이 출현하기도 필요할 거라 생각했던 의존 대상이 사라지기도 한다.

약한 암호 확인 기능에 스텁 사용

암호가 약한 경우 회원 가입에 실패하는 테스트부터 시작하자. 암호가 약한지를 UserRegister가 직접 구현하지 않고 WeakPasswordChecker를 사용하게 하자. 이렇게 하면 각 타입의 역할을 적절하게 분리할 수 있다.

테스트 대상이 UserRegister이므로 WeakPasswordChecker는 대역을 사용할 것이다. 실제 동작하는 구현은 필요하지 않다. 약한 암호 인지 여부를 알려주기만 하면 되므로 스텁 대역이면 충분하다.

시작할 테스트 코드는 [리스트 7.10]과 같다.

[리스트 7.10] 최초 UserRegisterTest 코드

```
public class UserRegisterTest {
    private UserRegister userRegister;
    private StubWeakPasswordChecker stubPasswordChecker =
            new StubWeakPasswordChecker();

    @BeforeEach
    void setUp() {
        userRegister = new UserRegister(stubPasswordChecker);
    }

    @DisplayName("약한 암호면 가입 실패")
    @Test
    void weakPassword() {
        stubPasswordChecker.setWeak(true); // 암호가 약하다고 응답하도록 설정

        assertThrows(WeakPasswordException.class, () -> {
            userRegister.register("id", "pw", "email");
```

```
18         });
19     }
20 }
```

테스트 코드에서 유심히 볼 코드는 14행이다. 14행은 스텁으로 하여금 암호 확인 요청이 오면 암호가 약하다고 응답하라고 설정한다. 아! 아직 구현 전이니까 그런 목적으로 작성한 코드이다. 아직 WeakPasswordChecker 인터페이스가 제공할 메서드를 정하지 않았지만 이를 대신할 스텁은 setWeak() 메서드로 true를 전달받으면 암호가 약하다고 응답하게 구현할 것이다.

아직 어떤 코드도 존재하지 않으므로 테스트 코드는 컴파일에 실패한다. 필요한 타입을 하나씩 만들어 나가면서 컴파일 에러를 없애자. 먼저 WeakPasswordException 타입을 구현한다.

[리스트 7.11] WeakPasswordException 클래스

```
public class WeakPasswordException extends RuntimeException {
}
```

다음은 StubWeakPasswordChecker를 구현하자. 이 타입은 스텁이므로 상위 타입인 WeakPasswordChecker 인터페이스를 만들고 이 인터페이스를 상속해서 스텁을 추가한다. WeakPasswordChecker 타입에 어떤 메서드를 추가할지는 아직 미정이므로 [리스트 7.12]와 같이 메서드 없이 인터페이스만 작성한다.

[리스트 7.12] WeakPasswordChecker 인터페이스 타입 추가

```
public interface WeakPasswordChecker {
}
```

[리스트 7.10]의 14행을 보면 StubWeakPasswordChecker 클래스는 setWeak() 메서드가 필요하므로 이 메서드까지 구현한 코드를 작성한다.

[리스트 7.13] WeakPasswordChecker의 스텁 구현 클래스

```
public class StubWeakPasswordChecker implements WeakPasswordChecker {
    private boolean weak;

    public void setWeak(boolean weak) {
        this.weak = weak;
    }
}
```

글로는 보이지 않지만, 아직 테스트 코드의 컴파일 에러가 남아 있다. UserRegister 클래스를

만들어 컴파일 에러를 마저 없앤다.

[리스트 7.14] 테스트 통과 전 UserRegister 클래스

```
public class UserRegister {
    private WeakPasswordChecker passwordChecker;

    public UserRegister(WeakPasswordChecker passwordChecker) {
        this.passwordChecker = passwordChecker;
    }

    public void register(String id, String pw, String email) {
        // 구현 전
    }
}
```

컴파일 에러를 다 없앴으니 테스트를 실행하자. 실행하면 실패할 것이다.

```
org.opentest4j.AssertionFailedError: Expected user.WeakPasswordException to be
thrown, but nothing was thrown.
```

실패한 위치는 다음 코드에서 assertThrows() 부분이다.

```
@Test
void weakPassword() {
    stubPasswordMeter.setWeak(true);

    assertThrows(WeakPasswordException.class, () -> { // 실패
        userRegister.register("id", "pw", "email");
    });
}
```

이 테스트를 통과시키는 가장 쉬운 방법은 UserRegister#register() 메서드가 바로 익셉션을 발생시키도록 구현하는 것이다.

```
public class UserRegister {
    …생략
    public void register(String id, String pw, String email) {
        throw new WeakPasswordException();
    }
}
```

구현을 좀 더 일반화해보자. 약한 암호인 경우 익셉션이 발생해야 하므로 약한 암호인지 검사한 다음에 익셉션을 발생시키면 된다. 이를 위한 코드를 UserRegister에 추가하자.

[리스트 7.15] 의존 대상에 필요한 기능 도출

```
01 public class UserRegister {
02     private WeakPasswordChecker passwordChecker;
03
04     public UserRegister(WeakPasswordChecker passwordChecker) {
05         this.passwordChecker = passwordChecker;
06     }
07
08     public void register(String id, String pw, String email) {
09         if (passwordChecker.checkPasswordWeak(pw)) {
10             throw new WeakPasswordException();
11         }
12     }
13 }
```

09행을 보자. WeakPasswordChecker#checkPasswordWeak() 메서드를 이용해서 암호가 약한지 검사하고 있다. 여기서 checkPasswordWeak() 메서드는 UserRegister 입장에서 필요한 코드를 작성한 것이다. 아직 WeakPasswordChecker에는 이 메서드가 존재하지 않는다. 존재하지 않는 메서드를 사용했기 때문에 09행에서 컴파일 에러가 발생한다. 컴파일 에러를 없애려면 [리스트 7.16]과 같이 인터페이스에 사용할 메서드를 추가한다.

[리스트 7.16] WeakPasswordChecker 인터페이스 메서드 추가

```
public interface WeakPasswordChecker {
    boolean checkPasswordWeak(String pw);
}
```

WeakPasswordChecker 인터페이스에 메서드를 추가했으므로 이를 구현한 대역 클래스인 StubWeakPasswordChecker 소스 파일에서 컴파일 에러가 난다. 컴파일 에러를 없애고 스텁 구현을 알맞게 추가하자. 추가한 코드는 [리스트 7.17]과 같다.

[리스트 7.17] StubWeakPasswordChecker가 대역으로 동작할 수 있게 구현 추가

```
public class StubWeakPasswordChecker implements WeakPasswordChecker {
    private boolean weak;

    public void setWeak(boolean weak) {
        this.weak = weak;
    }

```

```
    @Override
    public boolean checkPasswordWeak(String pw) {
        return weak;
    }
}
```

StubWeakPasswordChecker의 checkPasswordWeak() 메서드는 단순히 weak 필드 값을 리턴한다. 이 정도만 구현해도 UserRegister가 약한 암호인 경우와 그렇지 않은 경우에 대해 올바르게 동작하는지 확인할 수 있다.

단순히 익셉션을 발생하는 코드에서 암호 검사 뒤에 익셉션을 발생하도록 구현을 변경했으니 다시 테스트를 실행해서 통과되는 것을 확인한다.

앞서 살펴봤던 StubCardNumberValidator에 비하면 여기서 사용한 스텁은 더 구현이 단순하다. 두 경우 모두 대역은 테스트를 위해 필요한 값만 제공하면 되었고 이를 위해 스텁 대역을 사용했다.

리포지토리를 가짜 구현으로 사용

다음 테스트로 동일 ID를 가진 회원이 존재할 경우 익셉션을 발생하는 테스트를 작성하자. 테스트 골격은 다음과 같다.

```
// 상황: 동일 ID를 가진 회원 존재
상황을 만들기 위한 코드

// 실행 및 결과 검증
assertThrows(DupIdException.class, () -> {
    userRegister.register("id", "pw", "email");
});
```

상황을 어떻게 줄 수 있을까? 쉬운 방법은 리포지토리에 사용자를 추가하는 것이다. 이미 [리스트 7.9]에서 유사한 코드를 살펴본 바 있다(아래 코드를 다시 표시했다).

```
public class AutoDebitRegister_Fake_Test {
    private AutoDebitRegister register;
    private StubCardNumberValidator cardNumberValidator;
    private MemoryAutoDebitInfoRepository repository;
```

```
@BeforeEach
void setUp() {
    cardNumberValidator = new StubCardNumberValidator();
    repository = new MemoryAutoDebitInfoRepository();
    register = new AutoDebitRegister(cardNumberValidator, repository);
}

@Test
void alreadyRegistered_InfoUpdated() {
    repository.save(
        new AutoDebitInfo("user1", "111222333444", LocalDateTime.now()));

    AutoDebitReq req = new AutoDebitReq("user1", "123456789012");
    RegisterResult result = this.register.register(req);

    AutoDebitInfo saved = repository.findOne("user1");
    assertEquals("123456789012", saved.getCardNumber());
}
```

UserRepository도 실제와 동일하게 동작하는 가짜 대역을 이용해서 이미 같은 ID를 가진 사용자가 존재하는 상황을 만들면 된다. 이를 염두에 두고 테스트 코드를 추가하자. 추가한 코드는 [리스트 7.18]과 같다.

[리스트 7.18] 가짜 대역을 이용해서 같은 ID가 존재하는 상황을 검증하는 테스트 코드

```
public class UserRegisterTest {
    private UserRegister userRegister;
    private StubWeakPasswordChecker stubPasswordChecker =
            new StubWeakPasswordChecker();
    private MemoryUserRepository fakeRepository =
            new MemoryUserRepository();

    @BeforeEach
    void setUp() {
        userRegister = new UserRegister(stubPasswordChecker,
                fakeRepository);
    }
    …생략

    @DisplayName("이미 같은 ID가 존재하면 가입 실패")
    @Test
    void dupIdExists() {
        // 이미 같은 ID 존재하는 상황 만들기
        fakeRepository.save(new User("id", "pw1", "email@email.com"));
```

```
        assertThrows(DupIdException.class, () -> {
            userRegister.register("id", "pw2", "email");
        });
    }
}
```

굵게 표시한 부분은 컴파일 에러가 발생하는 곳이다. 이번에는 순서대로 컴파일 에러를 없애 보자. 먼저 UserRepository 인터페이스와 MemoryUserRepository 클래스를 각각 [리스트 7.19] 그리고 [리스트 7.20]과 같이 작성하자.

[리스트 7.19] UserRepository 인터페이스

```
public interface UserRepository {
}
```

[리스트 7.20] MemoryUserRepository 클래스

```
public class MemoryUserRepository implements UserRepository {
}
```

다음으로 10~11행에서 UserRegister 생성자의 인자로 fakeRepository를 전달하므로 생성자에 파라미터를 추가한다. 추가한 코드는 [리스트 7.21]과 같다. 생성자의 파라미터 타입은 대역 타입(MemoryUserRepository)이 아닌 대역이 상속한 UserRepository 타입인 것에 유의하자.

[리스트 7.21] UserRegister의 생성자에 UserRepository 타입 파라미터 추가

```
public class UserRegister {
    private WeakPasswordChecker passwordChecker;
    private UserRepository userRepository;

    public UserRegister(WeakPasswordChecker passwordChecker,
            UserRepository userRepository) {
        this.passwordChecker = passwordChecker;
        this.userRepository = userRepository;
    }
```

다음은 아래 코드에서 컴파일 에러를 없앨 차례다.

```
// [리스트 7.18]의 19행
fakeRepository.save(new User("id", "pw1", "email@email.com"));
```

User 클래스는 [리스트 7.22]와 같이 작성한다. 생성자와 id 그리고 email을 위한 get 메서드를 추가했다.

[리스트 7.22] User 클래스

```
public class User {
    private String id;
    private String password;
    private String email;

    public User(String id, String password, String email) {
        this.id = id;
        this.password = password;
        this.email = email;
    }

    public String getId() {
        return id;
    }

    public String getEmail() {
        return email;
    }
}
```

리포지토리에 save(User) 메서드를 추가하자. save() 메서드는 리포지토리의 기본 기능이므로 UserRepository에 추가한다. MemoryUserRepository는 Map을 이용해서 이 메서드를 구현한다. 각각 추가한 코드는 [리스트 7.23] 및 [리스트 7.24]와 같다.

[리스트 7.23] UserRepository 인터페이스에 save 메서드 추가

```
public interface UserRepository {
    void save(User user);
}
```

[리스트 7.24] MemoryUserRepository 클래스에 save() 구현

```
import java.util.HashMap;
import java.util.Map;

public class MemoryUserRepository implements UserRepository {
    private Map<String, User> users = new HashMap<>();

    @Override
    public void save(User user) {
        users.put(user.getId(), user);
```

```
    }
}
```

이제 DupIdException 클래스만 추가하면 테스트 코드의 컴파일 에러가 없어진다.

[리스트 7.25] DupIdException 클래스

```
public class DupIdException extends RuntimeException {
}
```

컴파일 에러를 없앴으니 테스트를 실행한다. 다음 에러 메시지가 출력되면서 테스트에 실패한다.

```
org.opentest4j.AssertionFailedError: Expected user.DupIdException to be thrown, but nothing was thrown
```

테스트를 통과시킬 차례다. 이전과 유사하게 DupIdException을 발생시키는 코드를 추가하면 테스트에 통과할 수 있다.

```
public class UserRegister {
    private WeakPasswordChecker passwordChecker;
    private UserRepository userRepository;

    …생성자 생략

    public void register(String id, String pw, String name) {
        if (passwordChecker.checkPasswordWeak(pw)) {
            throw new WeakPasswordException();
        }
        throw new DupIdException();
    }
}
```

테스트를 통과시킨 뒤에는 구현을 일반화하자. 이미 존재하는 ID를 가진 사용자가 존재하는지 확인하는 것이므로 [리스트 7.26]의 08~11행과 같은 코드를 사용하면 구현을 일반화할 수 있다.

[리스트 7.26] 이미 동일한 사용자가 존재하는 경우를 일반화한 구현

```
01 public class UserRegister {
02     …필드, 생성자 생략
```

```
03
04     public void register(String id, String pw, String email) {
05         if (passwordChecker.checkPasswordWeak(pw)) {
06             throw new WeakPasswordException();
07         }
08         User user = userRepository.findById(id);
09         if (user != null) {
10             throw new DupIdException();
11         }
12     }
13 }
```

아직 UserRepository 인터페이스는 findById() 메서드가 없으므로 08행에서 컴파일 에러가 발생한다. 이 메서드를 UserRepository 인터페이스에 추가하고 대역 클래스에 findById() 메서드를 구현한다.

[리스트 7.27] UserRepository 인터페이스에 findById() 메서드 추가

```
public interface UserRepository {
    void save(User user);

    User findById(String id);
}
```

[리스트 7.28] MemoryUserRepository 클래스에 findById() 메서드 구현

```
public class MemoryUserRepository implements UserRepository {
    private Map<String, User> users = new HashMap<>();

    @Override
    public void save(User user) {
        users.put(user.getId(), user);
    }

    @Override
    public User findById(String id) {
        return users.get(id);
    }
}
```

구현을 일반화했으니 다시 테스트를 실행하자. 테스트가 깨지지 않고 통과할 것이다.

중복 아이디가 존재하지 않을 경우 회원 가입에 성공하는 경우도 테스트하자. 이 테스트도 가짜 대역을 사용한다. 코드는 [리스트 7.29]와 같다.

[리스트 7.29] 회원 가입에 성공하는 테스트

```
01 public class UserRegisterTest {
02     …생략
03     @DisplayName("같은 ID가 없으면 가입 성공함")
04     @Test
05     void noDupId_RegisterSuccess() {
06         userRegister.register("id", "pw", "email");
07 
08         User savedUser = fakeRepository.findById("id"); // 가입 결과 확인
09         assertEquals("id", savedUser.getId());
10         assertEquals("email", savedUser.getEmail());
11     }
12 }
```

회원 가입에 성공했는지 여부를 확인하려면 리포지토리에 새로운 사용자 정보가 올바르게 저장되었는지 확인하면 된다. 08행은 가짜 대역을 이용해서 저장된 User 객체를 구하고 이 객체가 원하는 값을 갖는지 검증한다.

이 테스트를 실행하면 09행에서 NullPointerException이 발생하면서 실패한다. 이는 08행에서 대역을 이용해서 구한 User가 null임을 의미한다. 이 테스트를 통과시키는 가장 간단한 방법은 다음 코드처럼 상수를 이용해서 생성한 User 객체를 리포지토리에 저장하는 것이다.

```
public class UserRegister {
    …생략

    public void register(String id, String pw, String email) {
        if (passwordChecker.checkPasswordWeak(pw)) {
            throw new WeakPasswordException();
        }
        User user = userRepository.findById(id);
        if (user != null) {
            throw new DupIdException();
        }
        userRepository.save(new User("id", "pw", "email"));
    }
}
```

다시 테스트를 실행하면 통과한다. 이제 구현을 일반화하자. 상수 대신에 파라미터로 전달받은 값을 사용해서 User 객체를 생성하면 된다. 수정한 코드는 [리스트 7.30]과 같다.

[리스트 7.30] 생성한 User 객체를 리포지토리에 저장해서 테스트 통과

```
public class UserRegister {
```

```
    …생략

    public void register(String id, String pw, String email) {
        if (passwordChecker.checkPasswordWeak(pw)) {
            throw new WeakPasswordException();
        }
        User user = userRepository.findById(id);
        if (user != null) {
            throw new DupIdException();
        }
        userRepository.save(new User(id, pw, email));
    }
}
```

테스트를 실행하자. 통과되는 것을 알 수 있다.

> **NOTE**
>
> 이 장에서는 구현을 빨리 진행했는데 TDD에서 속도 조절은 중요하다. 상수를 이용해서 테스트를 통과시킨 다음에 구현을 일반화할 방법이 떠오르지 않으면 예를 추가하면서 점진적으로 구현을 완성해 나가면 된다.

이메일 발송 여부를 확인하기 위해 스파이를 사용

회원 가입에 성공하면 이메일로 회원 가입 안내 메일을 발송한다고 하자. 이를 검증하기 위한 테스트 코드의 골격은 다음과 같다.

```
// 실행
userRegister.register("id", "pw", "email@somedomain.com");

// 결과
email@somedomain.com으로 이메일 발송을 요청했는지 확인
```

이메일 발송 여부를 어떻게 확인할 수 있을까? 이를 확인할 수 있는 방법 중 하나는 UserRegister가 EmailNotifier의 메일 발송 기능을 실행할 때 이메일 주소로 "email@somedomain.com"을 사용했는지 확인하는 것이다. 이런 용도로 사용할 수 있는 것이 스파이 대역이다. EmailNotifier의 스파이 대역을 이용한 테스트 코드를 만들어보자.

회원 가입 시 이메일을 올바르게 발송했는지 확인할 수 있으려면 EmailNotifier의 스파이 대역이 이메일 발송 여부와 발송을 요청할 때 사용한 이메일 주소를 제공할 수 있어야 한다.

이를 위한 스파이 구현은 [리스트 7.31]과 같다.

[리스트 7.31] EmailNotifier의 스파이 대역 구현

```
public class SpyEmailNotifier implements EmailNotifier {
    private boolean called;
    private String email;

    public boolean isCalled() {
        return called;
    }

    public String getEmail() {
        return email;
    }
}
```

EmailNotifier 인터페이스는 [리스트 7.32]와 같이 작성한다. 아직 메서드를 정의하지 않았다.

[리스트 7.32] EmailNotifier 인터페이스

```
public interface EmailNotifier {
}
```

이제 스파이 대역을 이용해서 메일 발송 여부를 확인하는 테스트를 작성하자. 작성한 코드는 [리스트 7.33]과 같다.

[리스트 7.33] 스파이 대역을 이용해서 메일 전송 여부를 확인하는 테스트 코드

```
public class UserRegisterTest {
    private UserRegister userRegister;
    private StubWeakPasswordChecker stubPasswordChecker =
            new StubWeakPasswordChecker();
    private MemoryUserRepository fakeRepository =
            new MemoryUserRepository();
    private SpyEmailNotifier spyEmailNotifier = new SpyEmailNotifier();

    @BeforeEach
    void setUp() {
        userRegister = new UserRegister(stubPasswordChecker,
                fakeRepository,
                spyEmailNotifier);
    }

    ...생략
    @DisplayName("가입하면 메일을 전송함")
    @Test
```

```
19     void whenRegisterThenSendMail() {
20         userRegister.register("id", "pw", "email@email.com");
21
22         assertTrue(spyEmailNotifier.isCalled());
23         assertEquals(
24                 "email@email.com",
25                 spyEmailNotifier.getEmail());
26     }
27 }
```

UserRegister 클래스의 생성자는 파라미터가 두 개이므로 11~13행의 코드에서 컴파일 에러가 발생한다. [리스트 7.34]와 같이 파라미터를 추가해서 컴파일 에러를 없애자.

[리스트 7.34] UserRegister의 생성자에 EmailNotifier 타입 파라미터 추가

```
public class UserRegister {
    private WeakPasswordChecker passwordChecker;
    private UserRepository userRepository;
    private EmailNotifier emailNotifier;

    public UserRegister(WeakPasswordChecker passwordChecker,
                        UserRepository userRepository,
                        EmailNotifier emailNotifier) {
        this.passwordChecker = passwordChecker;
        this.userRepository = userRepository;
        this.emailNotifier = emailNotifier;
    }
```

컴파일 에러를 없앴다면 테스트를 실행하자. 그러면 다음과 같은 이유로 테스트에 실패한다.

```
org.opentest4j.AssertionFailedError: expected: <true> but was: <false>
```

단언에 실패한 위치는 아래 코드에서 assertTrue() 코드이다.

```
@Test
void whenRegisterThenSendMail() {
    userRegister.register("id", "pw", "email@email.com");

    assertTrue(spyEmailNotifier.isCalled());
    assertEquals(
            "email@email.com",
            spyEmailNotifier.getEmail());
}
```

이 단언을 통과하려면 다음 두 가지를 해야 한다.

- UserRegister가 EmailNotifier의 이메일 발송 기능을 호출
- 스파이의 이메일 발송 기능 구현에서 호출 여부 기록

먼저 UserRegister가 EmailNotifier의 이메일 발송 기능을 호출하는 코드를 추가하자.

[리스트 7.35] UserRegister에 이메일 발송 코드 추가

```
01 public class UserRegister {
02     private WeakPasswordChecker passwordChecker;
03     private UserRepository userRepository;
04     private EmailNotifier emailNotifier;
05 
06     ...생략
07 
08     public void register(String id, String pw, String email) {
09         if (passwordChecker.checkPasswordWeak(pw)) {
10             throw new WeakPasswordException();
11         }
12         User user = userRepository.findById(id);
13         if (user != null) {
14             throw new DupIdException();
15         }
16         userRepository.save(new User(id, pw, email));
17 
18         emailNotifier.sendRegisterEmail(email);
19     }
20 }
```

아직 EmailNotifier 인터페이스에 sendRegisterEmail() 메서드가 존재하지 않으므로 18행에서 컴파일 에러가 발생한다. EmailNotifier 인터페이스 메서드를 추가해서 컴파일 에러를 없앤다.

[리스트 7.36] EmailNotifier 인터페이스 메서드 추가

```
public interface EmailNotifier {
    void sendRegisterEmail(String email);
}
```

EmailNotifier 인터페이스에 메서드를 추가했으니 SpyEmailNotifier 클래스에 메서드를 구현한다.

[리스트 7.37] SpyEmailNotifier 클래스에 sendRegisterEmail() 메서드 구현

```
01 public class SpyEmailNotifier implements EmailNotifier {
02     private boolean called;
03     private String email;
04 
05     public boolean isCalled() {
06         return called;
07     }
08 
09     public String getEmail() {
10         return email;
11     }
12 
13     @Override
14     public void sendRegisterEmail(String email) {
15         this.called = true;
16     }
17 }
```

15행에서 메서드가 호출됐을 때 called 필드를 true로 설정했는데 이는 앞서 실패한 assert True를 통과시키기 위함이다.

필요한 코드를 작성했으니 테스트를 실행하자. 이번에도 테스트에 실패하는 데 그 이유는 다음과 같다.

```
org.opentest4j.AssertionFailedError:
Expected :email@email.com
Actual   :null
```

이 에러가 발생한 위치는 아래 코드에서 assertEquals() 부분이다.

```
@Test
void whenRegisterThenSendMail() {
    userRegister.register("id", "pw", "email@email.com");

    assertTrue(spyEmailNotifier.isCalled());
    assertEquals(
            "email@email.com",
            spyEmailNotifier.getEmail());
}
```

이 테스트를 통과시키기 위한 코드를 스파이에 추가하자. 추가한 코드는 [리스트 7.38]의 16

행이다.

[리스트 7.38] 스파이 대역에 테스트를 통과시키기 위한 코드 추가

```
public class SpyEmailNotifier implements EmailNotifier {
    private boolean called;
    private String email;

    public boolean isCalled() {
        return called;
    }

    public String getEmail() {
        return email;
    }

    @Override
    public void sendRegisterEmail(String email) {
        this.called = true;
        this.email = email;
    }
}
```

다시 테스트를 실행하자. 모든 테스트가 통과되는 것을 확인할 수 있다.

모의 객체로 스텁과 스파이 대체

앞서 작성한 테스트 코드를 모의 객체를 이용해서 다시 작성하자. 모의 객체를 위한 몇 가지 도구가 존재하는데 이 책에서는 Mockito를 사용한다. Mockito에 대한 내용은 [부록 C]에서 설명하고 있다. Mockito에 대한 기본 지식이 없으면 코드가 이해가 안 될 수 있으니 [부록 C]를 읽고 나서 다음 내용을 읽도록 하자.

먼저 약한 암호인 경우 가입에 실패하는 테스트를 모의 객체를 이용해서 작성해보자. 테스트 코드는 [리스트 7.39]와 같다.

[리스트 7.39] Mockito를 이용한 모의 객체 생성과 사용

```
import org.junit.jupiter.api.BeforeEach;
import org.junit.jupiter.api.Test;
import org.mockito.BDDMockito;
import org.mockito.Mockito;

import static org.junit.jupiter.api.Assertions.*;

```

```
08 public class UserRegisterMockTest {
09     private UserRegister userRegister;
10     private WeakPasswordChecker mockPasswordChecker =
11             Mockito.mock(WeakPasswordChecker.class);
12     private MemoryUserRepository fakeRepository = new MemoryUserRepository();
13     private EmailNotifier mockEmailNotifier =
14             Mockito.mock(EmailNotifier.class);
15 
16     @BeforeEach
17     void setUp() {
18         userRegister = new UserRegister(mockPasswordChecker,
19                 fakeRepository,
20                 mockEmailNotifier);
21     }
22 
23     @DisplayName("약한 암호면 가입 실패")
24     @Test
25     void weakPassword() {
26         BDDMockito.given(mockPasswordChecker.checkPasswordWeak("pw"))
27             .willReturn(true);
28 
29         assertThrows(WeakPasswordException.class, () -> {
30             userRegister.register("id", "pw", "email");
31         });
32     }
```

10~11행과 13~14행은 Mockito.mock()을 이용한다. Mockito.mock() 메서드는 인자로 전달받은 타입의 모의 객체를 생성한다.

26~27행 코드는 모의 객체를 이용해서 스텁을 대신한다. 이 코드는 모의 객체가 다음과 같이 행동하도록 설정한다.

```
BDDMockito
    // "pw" 인자를 사용해서 모의 객체의 checkPasswordWeak 메서드를 호출하면
    .given(mockPasswordChecker.checkPasswordWeak("pw"))
    // 결과로 true를 리턴하라
    .willReturn(true);
```

테스트 코드에서 UserRegister#register() 메서드는 모의 객체인 mockPasswordChecker를 사용하므로 30행 코드는 결과적으로 약한 암호에 대한 테스트를 진행한다.

대역 객체가 기대하는 대로 상호작용했는지 확인하는 것이 모의 객체의 주요 기능이다. Mockito를 사용하면 [리스트 7.40]과 같이 모의 객체가 기대한 대로 불렸는지 검증할 수 있다.

[리스트 7.40] 모의 객체가 기대한 대로 불렸는지 검증하는 코드

```
01 @DisplayName("회원 가입시 암호 검사 수행함")
02 @Test
03 void checkPassword() {
04     userRegister.register("id", "pw", "email");
05
06     BDDMockito.then(mockPasswordChecker)
07             .should()
08             .checkPasswordWeak(BDDMockito.anyString());
09 }
```

위 코드의 06~08행은 다음의 의미를 갖는다.

- 06행 BDDMockito.then() : 인자로 전달한 mockPasswordChecker 모의 객체의
- 07행 should() : 특정 메서드가 호출됐는지 검증하는데
- 08행 : 임의의 String 타입 인자를 이용해서 checkPasswordWeak() 메서드 호출 여부를 확인한다.

모의 객체를 사용하면 스파이도 가능하다. [리스트 7.41]은 모의 객체의 sendRegisterEmail() 메서드를 호출할 때 사용한 인자 값을 구하는 코드 예를 보여준다.

[리스트 7.41] 모의 객체의 메서드를 호출할 때 전달한 인자를 구하는 코드

```
01 @DisplayName("가입하면 메일을 전송함")
02 @Test
03 void whenRegisterThenSendMail() {
04     userRegister.register("id", "pw", "email@email.com");
05
06     ArgumentCaptor<String> captor = ArgumentCaptor.forClass(String.class);
07     BDDMockito.then(mockEmailNotifier)
08             .should().sendRegisterEmail(captor.capture());
09
10     String realEmail = captor.getValue();
11     assertEquals("email@email.com", realEmail);
12 }
```

Mockito의 ArgumentCaptor는 모의 객체를 메서드를 호출할 때 전달한 객체를 담는 기능을 제공한다. BDDMockito.then().should()로 모의 객체의 메서드가 호출됐는지 확인할 때 08행과 같이 ArgumentCaptor#capture() 메서드를 사용하면 메서드를 호출할 때 전달한 인자가 ArgumentCaptor에 담긴다.

10행과 같이 ArgumentCaptor#getValue() 메서드를 사용해서 보관한 인자를 구할 수 있다.

이렇게 구한 값을 11행과 같이 검증에 활용한다.

상황과 결과 확인을 위한 협업 대상(의존) 도출과 대역 사용

한 테스트는 특정한 상황에서 기능을 실행하고 그 결과를 확인한다. 6장에서 얘기한 것처럼 실제 구현을 이용하면 상황을 만들기 어려울 때가 많다. 자동이체 정보 등록 예가 이에 해당한다. 다음 코드를 보자. 만약 autoDebitRegister.register() 메서드 내부에서 직접 RestTemplate과 같은 클라이언트를 이용해서 외부의 카드 정보 API를 직접 연동한다면 테스트 코드에서 유효하지 않은 카드번호를 위한 상황을 구성하기가 힘들다.

```
@Test
void invalidCardNumber() {
    // 상황: 유효하지 않은 카드번호
    실제로 카드 정보 API를 연동하면 테스트 코드에서 상황을 제어할 수 없음

    // 실행
    AutoDebitReq req = new AutoDebitReq("user1", 카드번호필요);
    RegisterResult result = autoDebitRegister.register(req);

    // 결과 확인
    assertEquals(VALID, result.getValidity());
}
```

이렇게 제어하기 힘든 외부 상황이 존재하면 다음과 같은 방법으로 의존을 도출하고 이를 대역으로 대신할 수 있다.

- 제어하기 힘든 외부 상황을 별도 타입으로 분리
- 테스트 코드는 별도로 분리한 타입의 대역을 생성
- 생성한 대역을 테스트 대상의 생성자 등을 이용해서 전달
- 대역을 이용해서 상황 구성

자동이체 정보 등록 기능의 경우 외부의 카드 정보 API를 사용하고 있어 카드번호에 대한 상황을 테스트 코드에서 제어하기 힘들고 이 때문에 카드번호가 유효한지 검사하는 부분을 원하는 대로 테스트할 수 없다. 따라서 [그림 7.6]과 같이 카드번호가 유효한지 검사하는 기능을

별도 타입으로 분리하고 이를 이용해서 대역을 생성한다.

```
private AutoDebitRegister register = new AutoDebitRegister();

@Test
void invalidCardNumber() {
    // 상황: 유효하지 않은 카드 번호
    실제로 카드 정보 API를 연동하면 테스트 코드에서 상황을 제어할 수 없음

    AutoDebitReq req = new AutoDebitReq("user1", 카드번호필요);
    RegisterResult result = register.register(req);
    assertEquals(VALID, result.getValidity());
}
```

테스트 코드에서 상황을 제어하기 힘들면
별도 타입으로 분리하고 대역 사용 검토

```
private StubCardValidator stubValidator = new StubCardValidator();
private AutoDebitRegister register = new AutoDebitRegister(stubValidator);

@Test
void invalidCardNumber() {
    stubValidator.setInvalidNo("11223344")

    AutoDebitReq req = new AutoDebitReq("user1", "11223344");
    RegisterResult result = autoDebitRegister.register(req);

    assertEquals(VALID, result.getValidity());
}
```

[그림 7.6] 상황 구성을 위해 카드번호 검사 기능을 별도 타입으로 분리

결과 확인을 위해서도 의존을 도출할 수 있다. 예를 들어 회원 가입에 성공한 경우 이메일을 발송하는 기능을 테스트한다고 하자. 이 경우 회원 가입 기능 실행 이후에 이메일 발송 여부를 확인할 수단이 필요하다.

```
@DisplayName("가입하면 메일을 전송함")
@Test
void whenRegisterThenSendMail() {
    userRegister.register("id", "pw", "email@email.com");

    // 이메일 발송 여부를 확인할 방법 필요
}
```

이메일 발송 자체를 UserRegister에서 구현하면 테스트 코드에서 발송 여부를 확인하기 어렵다. 이 경우 결과 확인과 관련된 기능을 별도 타입으로 분리하고 이를 대역으로 대체하면 된다.

```
private SpyEmailNotifier spyEmailNotifier = new SpyEmailNotifier();

@BeforeEach
void setUp() {
    userRegister = new UserRegister(stubPasswordChecker,
            fakeRepository,
            spyEmailNotifier);
}

@DisplayName("가입하면 메일을 전송함")
@Test
void whenRegisterThenSendMail() {
    userRegister.register("id", "pw", "email@email.com");

    // 결과 확인을 위해 대역을 이용
    assertTrue(spyEmailNotifier.isCalled());
    assertEquals(
            "email@email.com",
            spyEmailNotifier.getEmail());
}
```

당장 구현하는 데 시간이 오래 걸리는 로직도 분리하기에 좋은 후보이다. 구현에 시간이 걸리는 로직을 별도 타입으로 분리하면 지금 당장 로직을 구현하지 않아도 관련 테스트를 통과시킬 수 있다. 암호가 약한지 여부를 UserRegister#register() 메서드에서 직접 구현한다고 하자. 그러면 다음 코드처럼 테스트 코드는 다양한 예를 추가하면서 약한 암호인지 확인하는 코드를 점진적으로 완성해야 한다.

```
@DisplayName("약한 암호면 가입 실패")
@Test
void weakPassword() {
    assertThrows(WeakPasswordException.class, () -> {
        userRegister.register("id", "pw", "email");
    });

    assertThrows(WeakPasswordException.class, () -> {
        userRegister.register("id", "pw3", "email");
    });
    …약한 암호 예를 추가하면서 기능 구현
}
```

암호 검사하는 기능을 협업 대상으로 분리하면 스텁이나 모의 객체 등의 대역을 이용해서 약한 암호에 대한 상황을 쉽게 구성할 수 있으므로 테스트를 원활하게 진행할 수 있게 된다.

대역과 개발 속도

TDD 과정에서 대역을 사용하지 않고 실제 구현을 사용한다면 다음과 같은 일이 벌어지게 된다.

- 카드 정보 제공 업체에서 도난 카드번호를 받을 때까지 테스트를 기다린다.
- 카드 정보 제공 API가 비정상 응답을 주는 상황을 테스트하기 위해 업체의 변경 대응을 기다린다.
- 회원 가입 테스트를 한 뒤에 편지가 도착할 때까지 메일함을 확인한다.
- 약한 암호 검사 기능을 개발할 때까지 회원 가입 테스트를 대기한다.

네 경우 모두 대기 시간이 발생한다. 도난 카드에 대한 테스트를 진행하기 위해 업체로부터 도난 카드번호를 받아야 한다. 바로 카드번호를 받을 수 있으면 좋지만 1~2일 이상 소요되는 경우도 있다.

회원 가입할 때 메일이 발송되는지 확인하려면 실제 이메일 주소를 이용해서 테스트를 진행해야 한다. 또한, 메일이 도착할 때까지 메일함을 확인해야 한다. 이메일 특성상 테스트를 실행하고 몇 분 뒤에 메일이 도착하기도 한다.

약한 암호 검사 기능을 다른 개발자가 구현하고 있다면 그 개발자가 구현을 완료할 때까지 약한 암호에 대한 회원 가입 테스트를 진행할 수 없다.

대역을 사용하면 실제 구현이 없어도 다양한 상황에 대해 테스트할 수 있다. 외부의 카드 정보 제공 API와 연동할 수 없는 경우에도 유효한 카드번호나 도난 카드번호에 대한 테스트를 진행할 수 있다. DB가 없어도 동일 ID가 이미 존재하는 상황을 테스트할 수 있다.

또한, 대역을 사용하면 실제 구현이 없어도 실행 결과를 확인할 수 있다. DB가 없어도 회원 데이터가 올바르게 저장되는지 확인할 수 있고 메일 서버가 없어도 이메일 발송 요청을 하는지 확인할 수 있다.

즉, 대역은 의존하는 대상을 구현하지 않아도 테스트 대상을 완성할 수 있게 만들어주며 이는 대기 시간을 줄여주어 개발 속도를 올리는 데 도움이 된다.

모의 객체를 과하게 사용하지 않기

모의 객체는 스텁과 스파이를 지원하므로 대역으로 모의 객체를 많이 사용한다. 하지만 모의 객체를 과하게 사용하면 오히려 테스트 코드가 복잡해지는 경우도 발생한다. 회원 가입 성공 테스트를 모의 객체를 이용해서 작성해보자.

```
public class UserRegisterMockOvercaseTest {
    private UserRegister userRegister;
    private UserRepository mockRepository = Mockito.mock(UserRepository.class);
    ...생략

    @BeforeEach
    void setUp() {
        userRegister = new UserRegister(mockPasswordChecker,
                mockRepository,
                mockEmailNotifier);
    }

    @Test
    void noDupId_RegisterSuccess() {
        userRegister.register("id", "pw", "email");

        ArgumentCaptor<User> captor = ArgumentCaptor.forClass(User.class);
        BDDMockito.then(mockRepository).should().save(captor.capture());

        User savedUser = captor.getValue();
        assertEquals("id", savedUser.getId());
        assertEquals("email", savedUser.getEmail());
    }

}
```

성공 여부를 확인하기 위해 mockRepository의 save() 메서드가 호출되었는지 여부를 검증하고(BDDMockito.then()과 should()로 호출 여부 확인) ArgumentCaptor를 이용해서 save() 메서드를 호출할 때 전달한 인자를 저장했다. 이렇게 저장한 객체를 이용해서 값이 유효한지 검증한다.

이 코드는 결과적으로 회원 데이터가 올바르게 저장되었는지 검증하므로 원하는 결과를 확인한다. 하지만 결과를 확인하기 위해 테스트 코드가 복잡해졌다. save() 메서드가 호출되었는지 확인해야 하고 ArgumentCaptor를 이용해서 호출할 때 전달한 인자를 저장해야 한다.

메모리를 이용한 가짜 구현을 사용하면 다음과 같이 결과 확인 코드가 단순해진다.

```
@Test
void 같은_ID가_없으면_가입() {
    userRegister.register("id", "pw", "email");

    User savedUser = fakeRepository.findById("id");
    assertEquals("id", savedUser.getId());
    assertEquals("email", savedUser.getEmail());
}
```

결과를 확인하는 코드가 단순해질 뿐만 아니라 테스트 코드의 의미도 더 명확하다. 모의 객체를 사용했을 때는 "리포지토리의 save() 메서드를 호출해야 하고 이때 전달한 객체의 값이 어때야 한다"는 식으로 결과를 검증했다면 가짜 구현을 사용하면 "리포지토리에 저장된 객체의 값이 어때야 한다"는 식으로 실제 검증할 내용에 더 가까워진다.

모의 객체를 이용하면 대역 클래스를 만들지 않아도 되니까 처음에는 편할 수 있다. 하지만 결과 값을 확인하는 수단으로 모의 객체를 사용하기 시작하면 결과 검증 코드가 길어지고 복잡해진다. 특히 하나의 테스트를 위해 여러 모의 객체를 사용하기 시작하면 결과 검증 코드의 복잡도는 배로 증가한다. 게다가 모의 객체는 기본적으로 메서드 호출 여부를 검증하는 수단이기 때문에 테스트 대상과 모의 객체 간의 상호 작용이 조금만 바뀌어도 테스트가 깨지기 쉽다.

이런 이유로 모의 객체의 메서드 호출 여부를 결과 검증 수단으로 사용하는 것은 주의해야 한다. 특히 DAO나 리포지토리와 같이 저장소에 대한 대역은 모의 객체를 사용하는 것보다 메모리를 이용한 가짜 구현을 사용하는 것이 테스트 코드 관리에 유리하다. 물론 처음에는 가짜 대역을 구현해야 하니까 귀찮을 수 있는데 일단 가짜 대역을 구현하면 모의 객체를 사용할 때보다 테스트 코드가 간결해지고 관리하기 쉬워진다.

CHAPTER

8

테스트 가능한 설계

테스트가 어려운 코드
테스트 가능한 설계

CHAPTER

8 테스트 가능한 설계

- 테스트가 어려운 코드
- 테스트 가능한 설계

테스트가 어려운 코드

모든 코드를 테스트할 수 있는 것은 아니다. 개발을 진행하다 보면 테스트하기 어려운 코드를 만나게 된다. 이 장에서는 먼저 자주 보게 되는 테스트하기 어려운 사례를 살펴보고 뒤이어 이를 어떻게 하면 테스트 가능하게 바꿀 수 있는지 알아보겠다.

하드 코딩된 경로

결제 대행업체가 결제 내역이 유효한지 확인할 수 있도록 익일 오전에 결제 결과를 파일로 제공한다고 하자. 이 파일을 읽어와 DB에 결제 내역을 반영하는 코드는 [리스트 8.1]과 같이 작성할 수 있다.

[리스트 8.1] 파일 경로가 하드 코딩되어 있는 테스트 대상

```
public class PaySync {
    private PayInfoDao payInfoDao = new PayInfoDao();

    public void sync() throws IOException {
        Path path = Paths.get("D:\\data\\pay\\cp0001.csv");
        List<PayInfo> payInfos = Files.lines(path)
                .map(line -> {
                    String[] data = line.split(",");
                    PayInfo payInfo = new PayInfo(
                            data[0], data[1], Integer.parseInt(data[2])
                    );
                    return payInfo;
                })
                .collect(Collectors.toList());

```

```
16            payInfos.forEach(pi -> payInfoDao.insert(pi));
17        }
18    }
```

이 코드에서 05행을 보면 파일 경로가 하드 코딩되어 있다. 이 코드를 테스트하려면 해당 경로에 파일이 반드시 위치해야 한다. 만약 윈도우에 D 드라이브가 없다면 테스트를 할 수 없다. 또한, 윈도우 전용 파일 경로를 사용하고 있기 때문에 맥OS나 리눅스를 사용하는 개발자 역시 테스트할 수 없다. 테스트하려면 경로를 알맞게 수정해야 한다.

하드 코딩된 경로뿐만 아니라 하드 코딩된 IP 주소, 포트 번호도 테스트를 어렵게 만든다.

의존 객체를 직접 생성

[리스트 8.1]에서 테스트를 어렵게 만드는 또 다른 요인은 의존 대상을 직접 생성하고 있다는 점이다.

```
public class PaySync {
    // 의존 대상을 직접 생성
    private PayInfoDao payInfoDao = new PayInfoDao();

    public void sync() throws IOException {
        ...생략
        payInfos.forEach(pi -> payInfoDao.insert(pi));
    }
}
```

이 코드를 테스트하려면 PayInfoDao가 올바르게 동작하는데 필요한 모든 환경을 구성해야 한다. DB를 준비해야 하고 필요한 테이블도 만들어야 한다.

테스트를 실행하면 데이터가 DB에 추가되므로 같은 테스트를 다시 실행하기 전에 기존에 들어간 데이터를 삭제해야 한다. 그렇지 않으면 중복 데이터로 인해 데이터 삽입에 실패하게 된다.

정적 메서드 사용

정적 메서드를 사용해도 테스트가 어려워질 수 있다. [리스트 8.2]를 보자.

[리스트 8.2] 정적인 메서드로 인해 테스트하기 어려운 코드

```
01 public class LoginService {
02     private String authKey = "somekey";
03     private CustomerRepository customerRepo;
04 
05     public LoginService(CustomerRepository customerRepo) {
06         this.customerRepo = customerRepo;
07     }
08 
09     public LoginResult login(String id, String pw) {
10         int resp = 0;
11         boolean authorized = AuthUtil.authorize(authKey);
12         if (authorized) {
13             resp = AuthUtil.authenticate(id, pw);
14         } else {
15             resp = -1;
16         }
17         if (resp == -1) return LoginResult.badAuthKey();
18 
19         if (resp == 1) {
20             Customer c = customerRepo.findOne(id);
21             return LoginResult.authenticated(c);
22         } else {
23             return LoginResult.fail(resp);
24         }
25     }
26 
27 }
```

이 코드는 11행과 13행에서 AuthUtil 클래스의 정적 메서드를 사용하고 있다. AuthUtil 클래스가 인증 서버와 통신하는 경우 이 코드를 테스트하려면 동작하고 있는 인증 서버가 필요하다. AuthUtil 클래스가 통신할 인증 서버 정보를 시스템 프로퍼티에서 가져온다면 시스템 프로퍼티도 테스트 환경에 맞게 설정해야 한다. 게다가 다양한 상황을 테스트하려면 인증 서버에 저장되어 있는 유효한 아이디와 암호를 사용해야 한다. 인증 서버 담당자가 휴가라도 가면 돌아올 때까지 기다려야 할 수도 있다.

실행 시점에 따라 달라지는 결과

[리스트 8.3]을 보자. 이 코드는 특정 사용자의 포인트를 계산하는 로직을 담고 있다.

[리스트 8.3] 기능 구현이 섞여 있어 특정한 부분만 테스트하기 어려운 코드

```
public class UserPointCalculator {
```

```
02     private SubscriptionDao subscriptionDao;
03     private ProductDao productDao;
04
05     public UserPointCalculator(SubscriptionDao subscriptionDao,
06                                ProductDao productDao) {
07         this.subscriptionDao = subscriptionDao;
08         this.productDao = productDao;
09     }
10
11     public int calculatePoint(User u) {
12         Subscription s = subscriptionDao.selectByUser(u.getId());
13         if (s == null) throw new NoSubscriptionException();
14         Product p = productDao.selectById(s.getProductId());
15         LocalDate now = LocalDate.now();
16         int point = 0;
17         if (s.isFinished(now)) {
18             point += p.getDefaultPoint();
19         } else {
20             point += p.getDefaultPoint() + 10;
21         }
22         if (s.getGrade() == GOLD) {
23             point += 100;
24         }
25         return point;
26     }
27 }
```

calculatePoint() 메서드는 사용자의 구독 상태나 제품에 따라 계산한 결과 값을 리턴한다. 여기서 테스트를 어렵게 만드는 코드는 15행과 17행의 코드이다. 15행은 현재 시간을 기준으로 LocalDate 값을 구하고 17행은 이 값을 기준으로 구독이 끝났는지 확인한다.

같은 테스트 코드라도 15행의 LocalDate.now()에 따라 실행 결과가 달라진다. 어제까지는 문제 없이 성공하던 테스트가 오늘은 깨질 수 있는 것이다.

Random을 이용해서 임의 값을 사용하는 코드도 비슷하다. Random이 생성한 값에 따라 실행 결과가 달라질 수 있다. 이렇게 테스트를 실행하는 시점에 따라 테스트 결과가 달라진다면 그 테스트는 믿을 수 없게 된다.

역할이 섞여 있는 코드

[리스트 8.3]의 또 다른 문제는 포인트 계산 로직만 테스트하기 어렵다는 점이다. 포인트 계산 결과를 테스트하려면 SubscriptionDao와 ProductDao에 대한 대역을 구성해야 한다. 사실

포인트 계산 자체는 이 두 DAO와 상관이 없다. 포인트 계산에 필요한 것은 17행에서 사용하는 Subscription과 시간 그리고 18행과 20행에서 사용하는 Product이다. 하지만 포인트 계산만 테스트할 수 없다. SubscriptionDao와 ProductDao의 대역을 알맞게 설정해야만 포인트 계산도 가능해진다.

그 외 테스트가 어려운 코드

이 외에 테스트 대상이 다음과 같다면 테스트가 어려울 수 있다.

- 메서드 중간에 소켓 통신 코드가 포함되어 있다.
- 콘솔에서 입력을 받거나 결과를 콘솔에 출력한다.
- 테스트 대상이 사용하는 의존 대상 클래스나 메서드가 final이다. 이 경우 대역으로 대체가 어려울 수 있다.
- 테스트 대상의 소스를 소유하고 있지 않아 수정이 어렵다.

NOTE

소켓 통신이나 HTTP 통신은 실제를 대체할 서버를 로컬에 띄워서 처리할 수 있다. 서버 수준에서 대역을 사용한다고 생각하면 된다. HTTP 서버를 대역으로 대신하는 예는 9장에서 소개한다.

테스트 가능한 설계

앞에서 살펴본 코드의 테스트가 어려운 주된 이유는 의존하는 코드를 교체할 수 있는 수단이 없기 때문이다. 상황에 따라 알맞은 방법을 적용하면 의존 코드를 교체할 수 있게 만들 수 있다. 이 절에서는 몇 가지 주요 방법을 설명한다.

하드 코딩된 상수를 생성자나 메서드 파라미터로 받기

하드 코딩된 경로가 테스트가 어려운 이유는 테스트 환경에 따라 경로를 다르게 줄 수 있는 수단이 없기 때문이다. 하드 코딩된 상수 때문에 테스트가 힘들다면 해당 상수를 교체할 수 있는 기능을 추가하면 된다. 쉬운 방법은 생성자나 세터를 이용해서 경로를 전달받는 것이다. [리스트 8.4]는 세터를 사용한 예를 보여준다. 파일 경로를 필드에 보관하도록 수정했다.

[리스트 8.4] 세터를 이용해서 값을 교체 가능하게 함으로써 테스트가 쉬워짐

```
public class PaySync {
    private String filePath = "D:\\data\\pay\\cp0001.csv";

    public void setFilePath(String filePath) {
        this.filePath = filePath;
    }

    public void sync() throws IOException {
        Path path = Paths.get(filePath);
        ...
    }

}
```

파일 경로를 변경할 수 있게 세터 메서드를 추가했다면 테스트 코드는 알맞게 파일 경로를 변경해서 테스트할 수 있다. 다음은 그 예이다.

```
@Test
void someTest() throws IOException {
    PaySync paySync = new PaySync();
    paySync.setFilePath("src/test/resources/c0111.csv");

    paySync.sync();

    ...결과 검증
}
```

파일 경로를 변경하는 또 다른 방법은 [리스트 8.5]와 같이 메서드를 실행할 때 인자로 전달받는 것이다.

[리스트 8.5] 하드 코딩된 경로를 파라미터로 전달받아 테스트 가능하게 변경

```
public class PaySync {

    public void sync(String filePath) throws IOException {
        Path path = Paths.get(filePath);
        ...생략
    }

```

상수 대신 메서드 파라미터로 값을 전달받도록 수정하면 다음과 같이 테스트 코드에서 파일 경로를 제어할 수 있게 된다.

```
@Test
void someTest() throws IOException {
    PaySync paySync = new PaySync();

    paySync.sync("src/test/resources/c0111.csv");

    ...결과 검증
}
```

NOTE

테스트 코드에서 데이터를 읽을 때 사용하는 파일은 소스 코드 리포지토리에 함께 등록해야 한다. 메이븐 프로젝트를 사용한다면 src/test/file 폴더나 src/test/resources 폴더가 테스트 용도의 파일을 저장하기에 적당한 위치이다.

의존 대상을 주입 받기

의존 대상은 주입 받을 수 있는 수단을 제공해서 교체할 수 있도록 한다. 생성자나 세터를 주입 수단으로 이용하면 된다. 생성자나 세터를 통해 의존 대상을 교체할 수 있게 되면 실제 구현 대신에 대역을 사용할 수 있어 테스트를 보다 원활하게 작성할 수 있다. [리스트 8.6]은 생성자를 이용해서 의존 대상을 주입하게 수정한 코드이다.

[리스트 8.6] 생성자를 통해서 의존 대상을 주입하게 수정해서 테스트 가능하게 함

```
public class PaySync {
    private PayInfoDao payInfoDao;
    private String filePath = "D:\\data\\pay\\cp0001.csv";

    public PaySync(PayInfoDao payInfoDao) {
        this.payInfoDao = payInfoDao;
    }

    public void setFilePath(String filePath) {
        this.filePath = filePath;
    }

    public void sync() throws IOException {
        Path path = Paths.get(filePath);
        List<PayInfo> payInfos = Files.lines(path)
```

```
                .map(…생략)
                .collect(Collectors.toList());

        payInfos.forEach(pi -> payInfoDao.insert(pi));
    }

}
```

만약 많은 레거시 코드에서 생성자 없는 버전을 사용하고 있다면 [리스트 8.7]과 같이 기존 코드는 그대로 유지하고 세터를 이용해서 의존 대상을 교체할 수 있도록 하면 된다.

[리스트 8.7] 세터를 이용해서 의존 대상을 교체할 수 있게 만든 코드

```
public class PaySync {
    private PayInfoDao payInfoDao = new PayInfoDao();
    private String filePath = "D:\\data\\pay\\cp0001.csv";

    public void setPayInfoDao(PayInfoDao payInfoDao) {
        this.payInfoDao = payInfoDao;
    }

    public void sync() throws IOException {
        Path path = Paths.get(filePath);
        List<PayInfo> payInfos = Files.lines(path)
                .map(...생략)
                .collect(Collectors.toList());

        payInfos.forEach(pi -> payInfoDao.insert(pi));
    }

}
```

의존 대상을 교체할 수 있도록 코드를 수정했다면 이제 대역을 사용해서 테스트를 진행할 수 있다.

```
public class PaySyncTest {
    // 대역 생성
    private MemoryPayInfoDao memoryDao = new MemoryPayInfoDao();

    @Test
    void allDataSaved() throws IOException {
        PaySync paySync = new PaySync();
        paySync.setPayInfoDao(memoryDao); // 대역으로 교체
        paySync.setFilePath("src/test/resources/c0111.csv");
```

```
        paySync.sync();

        // 대역을 이용한 결과 검증
        List<PayInfo> savedInfos = memoryDao.getAll();
        assertEquals(2, savedInfos.size());
    }
}
```

테스트하고 싶은 코드를 분리하기

[리스트 8.3]의 일부 코드를 다시 보자.

```
public int calculatePoint(User u) {
    Subscription s = subscriptionDao.selectByUser(u.getId());
    if (s == null) throw new NoSubscriptionException();
    Product p = productDao.selectById(s.getProductId());
    LocalDate now = LocalDate.now();
    int point = 0;
    if (s.isFinished(now)) {
        point += p.getDefaultPoint();
    } else {
        point += p.getDefaultPoint() + 10;
    }
    if (s.getGrade() == GOLD) {
        point += 100;
    }
    return point;
}
```

위 코드에서 굵게 표시한 포인트 계산 기능만 테스트하려면 SubscriptionDao과 ProductDao에 대한 대역 또는 실제 구현이 필요하고 LocalDate에 대한 값이 필요하다. 테스트하고 싶은 코드는 포인트 계산인데 나머지 코드가 올바르게 동작해야 비로소 포인트 계산에 대한 테스트가 가능하다.

이렇게 기능의 일부만 테스트하고 싶다면 해당 코드를 별도 기능으로 분리해서 테스트를 진행할 수 있다. 예를 들어 포인트를 계산하는 코드를 [리스트 8.8]과 같이 별도 클래스로 분리할 수 있다.

[리스트 8.8] 테스트하고 싶은 코드만 별도로 분리하면 테스트할 수 있다

```
public class PointRule {

    public int calculate(Subscription s, Product p, LocalDate now) {
        int point = 0;
        if (s.isFinished(now)) {
            point += p.getDefaultPoint();
        } else {
            point += p.getDefaultPoint() + 10;
        }
        if (s.getGrade() == GOLD) {
            point += 100;
        }
        return point;
    }
}
```

이제 다음과 같이 포인트 계산 기능만 테스트할 수 있다.

```
public class PointRuleTest {
    @Test
    void 만료전_GOLD등급은_130포인트() {
        PointRule rule = new PointRule();
        Subscription s = new Subscription(
                LocalDate.of(2019, 5, 5),
                Grade.GOLD);
        Product p = new Product();
        p.setDefaultPoint(20);

        int point = rule.calculate(s, p, LocalDate.of(2019, 5, 1));

        assertEquals(130, point);
    }
}
```

원래 포인트 계산을 포함하던 코드는 분리한 기능을 사용하도록 수정한다.

```
public int calculatePoint(User u) {
    Subscription s = subscriptionDao.selectByUser(u.getId());
    if (s == null) throw new NoSubscriptionException();
    Product p = productDao.selectById(s.getProductId());
    LocalDate now = LocalDate.now();
    return new PointRule().calculate(s, p, now);
}
```

포인트 계산 기능 자체를 대역으로 변경하고 싶다면 '의존 대상을 주입 받기'에서 설명한 것처럼 세터를 이용해서 의존 대상을 주입할 수 있게 하면 된다.

```
public class UserPointCalculator {
    private PointRule pointRule = new PointRule(); // 기본 구현을 사용
    private SubscriptionDao subscriptionDao;
    private ProductDao productDao;

    ...생략

    // 별도로 분리한 계산 기능을 주입할 수 있는 세터 추가
    // 테스트 코드에서 대역으로 계산 기능을 대체할 수 있게 함
    public void setPointRule(PointRule pointRule) {
        this.pointRule = pointRule;
    }

    public int calculatePoint(User u) {
        Subscription s = subscriptionDao.selectByUser(u.getId());
        if (s == null) throw new NoSubscriptionException();
        Product p = productDao.selectById(s.getProductId());
        LocalDate now = LocalDate.now();
        return pointRule.calculate(s, p, now);
    }
}
```

시간이나 임의 값 생성 기능 분리하기

테스트 대상이 시간이나 임의 값을 사용하면 테스트 시점에 따라 테스트 결과가 달라진다. 이 경우 테스트 대상이 사용하는 시간이나 임의 값을 제공하는 기능을 별도로 분리해서 테스트 가능성을 높일 수 있다. 다음 코드에서 LocalDate.now() 코드는 테스트를 실행하는 일자에 따라 값이 달라지므로 테스트 결과도 함께 달라지게 만든다.

```
public class DailyBatchLoader {
    private String basePath = ".";

    public int load() {
        LocalDate date = LocalDate.now();
        DateTimeFormatter formatter = DateTimeFormatter.ofPattern("yyyy/MM/dd");
        Path batchPath = Paths.get(basePath, date.format(formatter), "batch.txt");

        ...batchPath에서 데이터를 읽어와 저장하는 코드
```

```
        return result;
    }
}
```

현재 일자를 구하는 기능을 분리하고 분리한 대상을 주입할 수 있게 변경하면 테스트를 원하는 상황으로 쉽게 제어할 수 있다. 먼저 현재 일자를 구하는 기능을 다음과 같이 분리하자.

```
public class Times {

    public LocalDate today() {
        return LocalDate.now();
    }
}
```

이제 DailyBatchLoader가 분리한 Times를 이용해서 오늘 일자를 구하도록 수정한다. 수정한 결과는 [리스트 8.9]와 같다.

[리스트 8.9] 시간을 구하는 기능을 별도로 분리하면 테스트를 하기 수월해진다.

```
public class DailyBatchLoader {
    private String basePath = ".";
    private Times times = new Times();

    public void setTimes(Times times) {
        this.times = times;
    }

    public int load() {
        LocalDate date = times.today();
        DateTimeFormatter formatter =
            DateTimeFormatter.ofPattern("yyyy/MM/dd");
        Path batchPath = Paths.get(basePath, date.format(formatter), "batch.txt");

        // ...batchPath에서 데이터를 읽어와 저장하는 코드
        return result;
    }
```

테스트 코드는 Times 대역을 이용해서 원하는 상황을 쉽게 구성할 수 있다. 예를 들어 테스트에 사용할 파일을 src/test/resources/2019/01/01 폴더에 저장했다면 다음과 같이 Times의 대역을 이용해서 DailyBatchLoader가 사용할 일자를 지정할 수 있다.

```
public class DailyBatchLoaderTest {
    private Times mockTimes = Mockito.mock(Times.class);
    private final DailyBatchLoader loader = new DailyBatchLoader();

    @BeforeEach
    void setUp() {
        loader.setBasePath("src/test/resources");
        loader.setTimes(mockTimes);
    }

    @Test
    void loadCount() {
        given(mockTimes.today()).willReturn(LocalDate.of(2019, 1, 1));
        int ret = loader.load();
        assertEquals(3, ret);
    }
}
```

임의 값도 비슷하다. 임의 값을 제공하는 라이브러리를 직접 사용하지 말고 별도로 분리한 타입을 사용해서 대역으로 처리할 수 있어야 테스트 가능하게 만들 수 있다.

외부 라이브러리는 직접 사용하지 말고 감싸서 사용하기

테스트 대상이 사용하는 외부 라이브러리를 쉽게 대체할 수 없는 경우도 있다. 외부 라이브러리가 정적 메서드를 제공한다면 대체할 수 없다. [리스트 8.2]의 코드를 다시 보자.

```
public LoginResult login(String id, String pw) {
    int resp = 0;
    boolean authorized = AuthUtil.authorize(authKey);
    if (authorized) {
        resp = AuthUtil.authenticate(id, pw);
    } else {
        resp = -1;
    }
    if (resp == -1) return LoginResult.badAuthKey();

    if (resp == 1) {
        Customer c = customerRepo.findOne(id);
        return LoginResult.authenticated(c);
    } else {
        return LoginResult.fail(resp);
    }
}
```

이 코드에서 AuthUtil 클래스가 외부에서 제공한 라이브러리에 포함되어 있다고 하자. AuthUtil.authorize() 메서드와 AuthUtil.authenticate() 메서드는 정적 메서드이기 때문에 대역으로 대체하기 어렵다.

이렇게 대역으로 대체하기 어려운 외부 라이브러리가 있다면 외부 라이브러리를 직접 사용하지 말고 외부 라이브러리와 연동하기 위한 타입을 따로 만든다. 그리고 테스트 대상은 이렇게 분리한 타입을 사용하게 바꾼다. 테스트 대상 코드는 새로 분리한 타입을 사용함으로써 외부 연동이 필요한 기능을 쉽게 대역으로 대체할 수 있게 된다.

예를 들어 AuthUtil을 사용하는 코드는 [리스트 8.10]과 같은 클래스로 분리할 수 있다.

[리스트 8.10] 외부 라이브러리를 감싼 클래스

```
public class AuthService {
    private String authKey = "somekey";

    public int authenticate(String id, String pw) {
        boolean authorized = AuthUtil.authorize(authKey);
        if (authorized) {
            return AuthUtil.authenticate(id, pw);
        } else {
            return -1;
        }
    }
}
```

테스트 대상은 [리스트 8.11]과 같이 분리한 타입을 사용하도록 변경한다.

[리스트 8.11] 대역 사용이 어려운 외부 라이브러리를 직접 사용하지 않게 변경

```
public class LoginService {
    private AuthService authService = new AuthService();
    ...생략

    public void setAuthService(AuthService authService) {
        this.authService = authService;
    }

    public LoginResult login(String id, String pw) {
        int resp = authService.authenticate(id, pw);
        if (resp == -1) return LoginResult.badAuthKey();

        if (resp == 1) {
            Customer c = customerRepo.findOne(id);
            return LoginResult.authenticated(c);
```

```
        } else {
            return LoginResult.fail(resp);
        }
    }

}
```

AuthService를 대역으로 대체할 수 있게 되었으므로 인증 성공 상황과 실패 상황에 대해 LoginService가 올바르게 동작하는지 검증하는 테스트 코드를 만들 수 있다.

의존하는 대상이 Final 클래스이거나 의존 대상의 호출 메서드가 final이어서 대역으로 재정의할 수 없는 경우에도 동일한 기법을 적용해서 테스트 가능하게 만들 수 있다.

CHAPTER

9

테스트 범위와 종류

테스트 범위

통합 테스트 예

CHAPTER

9 테스트 범위와 종류

- 테스트 범위
- 통합 테스트 예

테스트 범위

일반적인 웹 어플리케이션은 [그림 9.1]과 같은 구성 요소를 갖는다.

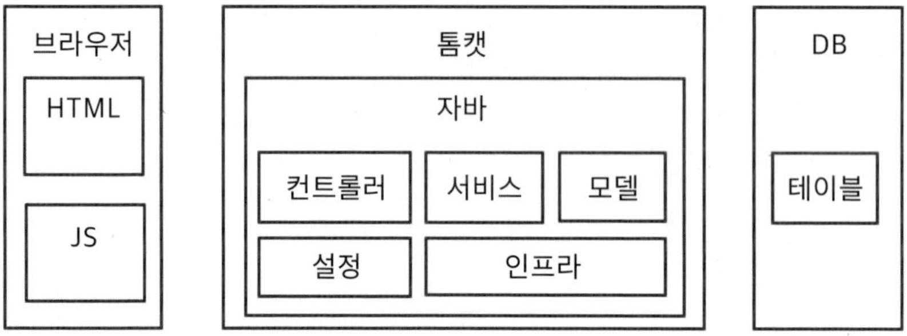

[그림 9.1] 웹 어플리케이션의 일반적인 구성 요소

하나의 기능이 올바르게 동작하려면 컨트롤러, 서비스, 모델과 같은 자바 코드와 프레임워크 설정에 문제가 없어야 할 뿐 아니라 브라우저에서 실행되는 자바스크립트 코드, HTML과 CSS 등이 정상 동작해야 한다. 또한, DB의 테이블도 올바르게 생성되어 있어야 한다.

개발자가 코드를 조금씩 수정할 때마다 브라우저부터 DB까지의 전 범위를 테스트해야 하는 것은 아니며 출시 전에 DB와 연동할 때 사용한 쿼리만 확인해서도 안 된다. 테스트의 범위는 테스트의 목적과 수행하는 사람에 따라 달라진다. 테스트 범위에 따른 테스트 종류는 [그림 9.2]와 같이 세 가지로 나눠볼 수 있다.

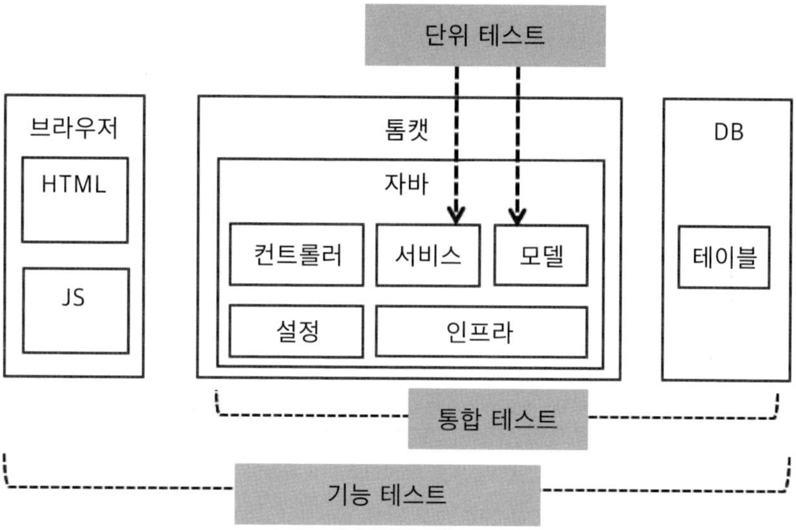

[그림 9.2] 테스트 범위에 따른 테스트 종류

NOTE

테스트 관련 용어는 문맥이나 사용자에 따라 의미가 다를 때도 있다. 예를 들어 개발 완료 후에 진행하는 최종 테스트를 '통합 테스트'라고 부르기도 한다. 고객의 입장에서 요구한 기능을 올바르게 구현했는지 수행하는 테스트를 '인수 테스트'라고 부르는데 요건을 완료했는지 정의하기 위해 작성한 테스트를 '인수 테스트'라고 부르기도 한다.

기능 테스트와 E2E 테스트

기능 테스트(Functional Testing)는 사용자 입장에서 시스템이 제공하는 기능이 올바르게 동작하는지 확인한다. 이 테스트를 수행하려면 시스템을 구동하고 사용하는데 필요한 모든 구성 요소가 필요하다. 예를 들어 회원 가입 기능이 올바르게 작동하는지 확인하려면 웹 서버, 데이터베이스, 웹 브라우저가 필요하다. 회원 가입 과정에서 문자 발송 기능이 필요하다면 외부의 문자 발송 서비스도 필요하다.

기능 테스트는 사용자가 직접 사용하는 웹 브라우저나 모바일 앱부터 시작해서 데이터베이스나 외부 서비스에 이르기까지 모든 구성 요소를 하나로 엮어서 진행한다. 이는 끝(브라우저)에서 끝(데이터베이스)까지 모든 구성 요소를 논리적으로 완전한 하나의 기능으로 다룬다. 기능 테스트는 끝에서 끝까지 올바른지 검사하기 때문에 E2E(End to end) 테스트로도 볼 수 있다.

QA 조직에서 수행하는 테스트가 주로 기능 테스트이다. 이때 테스트는 시스템이 필요로 하는 데이터를 입력하고 결과가 올바른지 확인한다. 회원 가입을 예로 들면, 회원 가입 폼을 통해서 가입했을 때 해당 정보로 로그인이 잘 되는지, 회원 정보를 조회할 때 가입할 때 입력한 데이터가 올바르게 표시되는지 등을 확인한다.

NOTE

기능 테스트를 자동화했다면 DB에 보관된 데이터를 삭제하거나 수정하는 것과 같이 DB 데이터를 테스트 코드에서 조작할 수 있지만, 이는 반복적인 기능 테스트를 위한 것이지 기능 테스트 결과를 검증하기 위한 용도는 아니다. 물론 기능 테스트의 결과를 검증하기 위해 DB 데이터를 직접 조회할 수는 있지만, 이것은 마치 테스터가 브라우저로 회원 가입 기능을 실행한 뒤에 DB에 SELECT 쿼리를 보내서 데이터가 잘 들어갔는지 확인하는 것과 같다. 보통의 기능 테스트라면 회원 가입을 실행한 후에 데이터가 올바르게 들어갔는지 확인하기 위해 개인 정보 조회 화면을 실행하거나 관리 도구의 회원 정보 조회 기능을 실행할 것이다. 부득이한 경우를 제외하면 기능 테스트는 사용자와 동일한 방식으로 기능을 검증해야 한다.

통합 테스트

통합 테스트(Integration Testing)는 시스템의 각 구성 요소가 올바르게 연동되는지 확인한다. 기능 테스트가 사용자 입장에서 테스트하는 데 반해 통합 테스트는 소프트웨어의 코드를 직접 테스트한다. 모바일 앱을 예로 들면 기능 테스트는 앱을 통해 가입 기능을 테스트한다면 통합 테스트는 서버의 회원 가입 코드를 직접 테스트하는 식이다.

일반적인 웹 어플리케이션은 프레임워크, 라이브러리, 데이터베이스, 구현한 코드가 주요 통합 테스트 대상이다. 스프링 프레임워크, JPA, MariaDB를 이용해서 회원 가입 관련된 서비스 클래스, DAO 인터페이스, SQL 쿼리를 구현했다면 이들을 통합한 회원 가입 서비스 클래스에 대한 테스트가 통합 테스트 예가 될 수 있다. 회원 가입 코드에 대한 통합 테스트를 수행하면 스프링 프레임워크나 마이바티스 설정이 올바른지, SQL 쿼리가 맞는지, DB 트랜잭션이 잘 동작하는지 등을 검증할 수 있다.

단위 테스트

단위 테스트(Unit Testing)는 개별 코드나 컴포넌트가 기대한대로 동작하는지 확인한다. 지금까지 이 책에서 살펴본 테스트가 주로 단위 테스트 코드이다. 단위 테스트는 한 클래스나 한 메서드와 같은 작은 범위를 테스트한다. 일부 의존 대상은 스텁이나 모의 객체 등을 이용해서 대역으로 대체한다.

테스트 범위 간 차이

각 테스트는 다음과 같은 차이가 있다.

- 통합 테스트를 실행하려면 DB나 캐시 서버와 같은 연동 대상을 구성해야 한다. 기능 테스트를 실행하려면 웹 서버를 구동하거나 모바일 앱을 폰에 설치해야 할 수도 있다. 또한, 통합 테스트나 기능 테스트는 테스트 상황을 만들어내기 위해 많은 노력이 필요하다. 반면에 단위 테스트는 테스트 코드를 빼면 따로 준비할 것이 없다.
- 통합 테스트는 DB 연결, 소켓 통신, 스프링 컨테이너 초기화와 같이 테스트 실행 속도를 느리게 만드는 요인이 많다. 기능 테스트는 추가로 브라우저나 앱을 구동하고 화면의 흐름에 따라 알맞은 상호 작용을 해야 한다. 반면에 단위 테스트는 서버를 구동하거나 DB를 준비할 필요가 없다. 테스트 대상이 의존하는 기능을 대역으로 처리하면 되므로 테스트 실행 속도가 빠르다.
- 통합 테스트나 기능 테스트로는 상황을 준비하거나 결과 확인이 어렵거나 불가능할 때가 있다. 외부 시스템과 연동해야 하는 기능이 특히 그렇다. 이런 경우에는 단위 테스트와 대역을 조합해서 상황을 만들고 결과를 확인해야 한다.

TDD를 하는지 여부에 상관없이 테스트 코드를 작성하는 개발자는 단위 테스트와 통합 테스트를 섞어서 작성한다. 어떤 테스트를 더 많이 작성해야 한다는 절대적인 규칙은 없지만, 위와 같은 차이로 통합 테스트 코드보다는 단위 테스트 코드를 더 많이 작성한다.

통합 테스트를 실행하려면 준비할 것이 많고 단위 테스트에 비해 실행 시간도 길지만, 그래도 통합 테스트는 필요하다. 아무리 단위 테스트를 많이 만든다고 해도 결국은 각 구성 요소가 올바르게 연동되는 것을 확인해야 하는데 이를 자동화하기 좋은 수단이 통합 테스트 코드이기 때문이다.

테스트 범위에 따른 테스트 코드 개수와 시간

기능 테스트, 통합 테스트, 단위 테스트 등 전 범위에 대해 테스트를 자동화하는 시도가 증가하고 있다. 테스트를 자동화하는 만큼 고품질의 소프트웨어를 더 빠르게 출시할 수 있기 때문이다. 테스트를 자동화한다는 것은 결국 코드로 작성한 테스트를 실행한다는 것을 의미한다.

기능 테스트를 수행하려면 브라우저나 모바일 앱과 같은 클라이언트부터 DB까지 모든 환경이 갖춰져야 하기에 자동화하거나 다양한 상황별로 테스트하기 가장 어렵다. 이런 이유로 정기적으로 수행하는 기능 테스트는 정상적인 경우와 몇 가지 특수한 상황만 테스트 범위로 잡는다. 기능 테스트를 수행하기 위한 알맞은 도구가 없으면 기능 테스트 코드를 만들기 힘들 수도 있다.

통합 테스트는 기능 테스트에 비해 제약이 덜하다. 또한, 시스템의 내부 구성 요소에 대한 테스트도 가능하다. 통합 테스트는 기능 테스트에 비해 상대적으로 실행 시간이 짧고 상황을 보다 유연하게 구성할 수 있기 때문에 보통 기능 테스트보다 통합 테스트를 더 많이 작성한다.

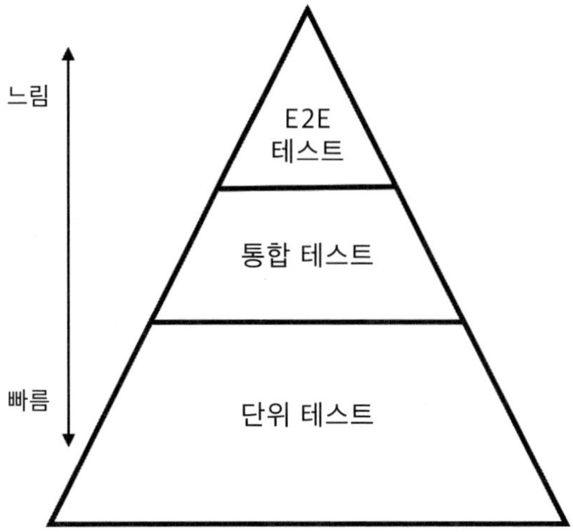

[그림 9.3] 테스트 피라미드

단위 테스트는 통합 테스트로도 만들기 힘든 상황을 쉽게 구성할 수 있다. 더 작은 단위를 대상으로 테스트 코드를 만들고 더 다양한 상황을 다루기 때문에 통합 테스트보다 단위 테스트 코드를 더 많이 작성하게 된다.

기능 테스트나 통합 테스트에서 모든 예외 상황을 테스트하면 단위 테스트는 줄어든다. 왜냐면 각 테스트가 다루는 내용이 중복되기 때문이다. 예를 들어 회원 가입 통합 테스트에서 중복 ID에 대한 테스트를 진행한다면 회원 가입 기능에 대한 단위 테스트에서는 중복 ID에 대한 테스트를 중복해서 작성할 필요가 없다.

하지만 테스트 속도는 통합 테스트보다 단위 테스트가 빠르기 때문에 가능하면 단위 테스트에서 다양한 상황을 다루고, 통합 테스트나 기능 테스트는 주요 상황에 초점을 맞춰야 한다. 그래야 테스트 실행 시간이 증가해 피드백이 느려지는 것을 방지할 수 있다. 테스트 실행 속도가 느려지면 테스트를 작성하지 않거나 테스트 실행을 생략하는 상황이 벌어진다. 이는 결국 소프트웨어의 품질 저하로 이어질 수 있기 때문에 가능하면 빠른 시간 내에 테스트를 실행할 수 있도록 해야 한다.

외부 연동이 필요한 테스트 예

소프트웨어는 다양한 외부 연동이 필요하다. 대부분 웹 어플리케이션은 DB와의 연동을 필요로 한다. HTTP를 이용한 통신도 증가하고 있다. 카프카를 이용한 메시지 송수신도 늘어나고 있다. 외부 연동 대상은 쉽게 제어할 수 없기 때문에 연동해야 할 대상이 늘어날수록 통합 테스트도 힘들어진다.

모든 외부 연동 대상을 통합 테스트에서 다룰 수 없지만, 일부 외부 대상은 어느 정도 수준에서 제어가 가능하다. 그중에서 이 장에서는 DB 연동과 HTTP 연동을 위한 테스트 코드 작성 예를 살펴본다.

스프링 부트와 DB 통합 테스트

통합 테스트 예를 살펴보자. 먼저 살펴볼 예는 7장에서 대역을 설명할 때 사용한 회원 가입 예이다. 기억을 되살리는 의미에서 7장에서 사용한 UserRegister 클래스와 관련 타입의 구조를 [그림 9.4]에 표시했다.

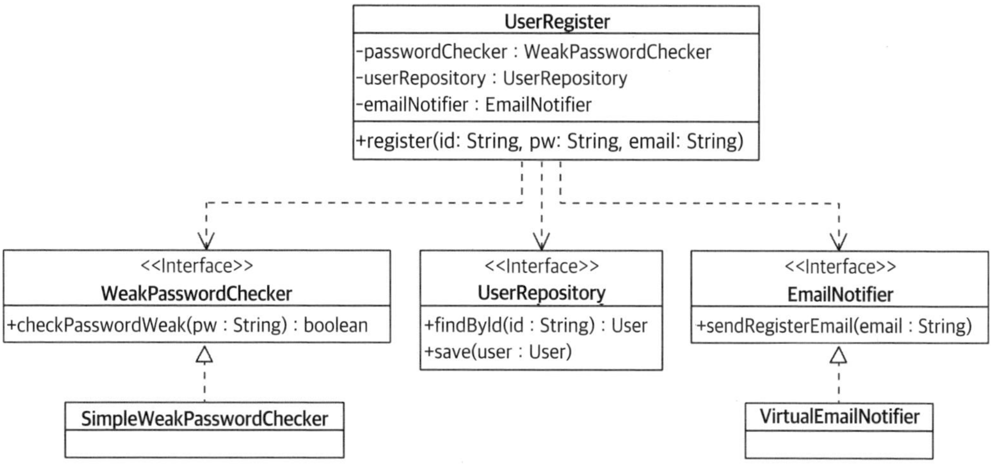

[그림 9.4] UserRegister 및 관련 타입

각 인터페이스를 상속한 클래스는 간단하게 구현했다. 예를 들어 SimpleWeakPasswordChecker는 암호 길이가 5가 안 되면 약한 암호라고 리턴하고 VirtualEmailNotifier는 콘솔에 간단한 문자열을 출력하게 구현했다. 실제 코드는 책의 예제 코드를 담은 깃 리포지토리를 참고한다.

사용한 기술은 스프링 부트와 스프링 데이터 JPA이다. DB는 MySQL을 사용했다. 참고로 이 책에서 사용한 스프링 부트 버전은 2.1.5이다.

스프링에 빈 객체로 등록된 타입은 다음과 같다.

- UserRegister
- SimpleWeakPasswordChecker
- UserRepository (스프링 데이터 JPA를 이용해서 등록)
- VirtualEmailNotifier

스프링을 이용해서 각 빈 객체를 생성하고 연결한 뒤에 UserRegister를 테스트하는 코드는 [리스트 9.1]과 같이 작성할 수 있다.

[리스트 9.1] 스프링 테스트 지원 기능을 이용한 UserRegister 통합 테스트

```
@SpringBootTest
public class UserRegisterIntTest {
    @Autowired
    private UserRegister register;
    @Autowired
    private JdbcTemplate jdbcTemplate;

    @Test
    void 동일ID가_이미_존재하면_익셉션() {
        // 상황 : INSERT 쿼리 실행
        jdbcTemplate.update(
                "insert into user values (?,?,?) " +
                "on duplicate key update password = ?, email = ?",
                "cbk", "pw", "cbk@cbk.com", "pw", "cbk@cbk.com");

        // 실행, 결과 확인
        assertThrows(DupIdException.class,
                () -> register.register("cbk", "strongpw", "email@email.com")
        );
    }

    @Test
    void 존재하지_않으면_저장함() {
        // 상황 : DELETE 쿼리 실행
        jdbcTemplate.update("delete from user where id = ?", "cbk");
        // 실행
        register.register("cbk", "strongpw", "email@email.com");
        // 결과 확인 : SELECT 쿼리 실행
        SqlRowSet rs = jdbcTemplate.queryForRowSet(
            "select * from user where id = ?", "cbk");
```

```
31        rs.next();
32        assertEquals("email@email.com", rs.getString("email"));
33    }
34 }
```

통합 테스트는 실제로 DB를 사용한다. 동일한 테스트를 여러 번 실행도 결과가 같게 나와야 하므로 테스트 코드에서 DB 데이터를 알맞게 제어해야 한다. 데이터가 존재하는 상황을 만들기 위해 DB에 데이터를 추가해야 하고 존재하지 않는 상황을 만들기 위해 DB에서 데이터를 삭제해야 한다.

먼저 동일 ID가 존재할 때 가입에 실패하는지 검증하는 테스트 메서드를 보자. 이 메서드는 동일한 ID가 존재한다는 상황을 만들기 위해 11~14행과 같이 해당 테이블에 데이터를 삽입한다. 실제로 ID가 "cbk"인 데이터가 이미 존재할 수도 있으므로 ON DUPLICATE KEY를 사용해서 INSERT 쿼리에서 오류가 발생하지 않도록 했다.

동일 ID가 존재하지 않을 때 회원 정보를 올바르게 저장하는지 검증하는 테스트 메서드를 보자. 테스트에서 사용할 ID를 가진 데이터가 실제로 존재할 수도 있기 때문에 25행과 같이 DELETE 쿼리를 실행해서 동일 ID를 가진 회원 데이터가 존재하지 않는 상황을 만든다.

기능을 실행한 뒤에는 회원 데이터가 올바르게 저장되었는지 확인하기 29~30행과 같이 SELECT 쿼리로 데이터를 읽어와 기대한 값과 같은지 확인한다.

단위 테스트와 비교해보자. 단위 테스트는 상황을 만들기 위해 대역을 사용한다. 다음은 7장에서 사용한 예인데 메모리를 이용한 가짜 구현을 사용해서 동일 ID가 존재하는 상황을 만들었다.

```
public class UserRegisterTest {
    private UserRegister userRegister;
    private MemoryUserRepository fakeRepository = new MemoryUserRepository();
    ...생략

    @Test
    void 이미_같은ID_존재하면_가입_실패() {
        // 단위 테스트는 대역을 이용한 상황 구성
        fakeRepository.save(new User("id", "pw1", "email@email.com"));

        assertThrows(DupIdException.class, () -> {
            userRegister.register("id", "pw2", "email");
        });
    }
```

통합 테스트와 단위 테스트는 실행 시간에도 차이가 있다. 스프링 부트를 이용한 통합 테스트는 테스트 메서드를 실행하기 전에 스프링 컨테이너를 생성하는 과정이 필요하다. 필자가 사용하는 노트북에서는 이 시간이 약 9~10초 정도가 걸린다. 반면에 단위 테스트는 이런 과정이 없으므로 테스트를 실행하는 시간이 매우 짧다.

WireMock을 이용한 REST 클라이언트 테스트

통합 테스트하기 어려운 대상이 외부 서버이다. 7장에서 예로 든 외부 카드사 API를 이용해서 카드번호가 유효한지 확인하는 코드를 [리스트 9.2]에 표시했다.

[리스트 9.2] 외부의 HTTP 서버를 이용하는 코드

```java
public class CardNumberValidator {

    private String server;

    public CardNumberValidator(String server) {
        this.server = server;
    }

    public CardValidity validate(String cardNumber) {
        HttpClient httpClient = HttpClient.newHttpClient();
        HttpRequest request = HttpRequest.newBuilder()
                .uri(URI.create(server + "/card"))
                .header("Content-Type", "text/plain")
                .POST(BodyPublishers.ofString(cardNumber))
                .timeout(Duration.ofSeconds(3))
                .build();
        try {
            HttpResponse<String> response =
                    httpClient.send(request, BodyHandlers.ofString());
            switch (response.body()) {
                case "ok": return CardValidity.VALID;
                case "bad": return CardValidity.INVALID;
                case "expired": return CardValidity.EXPIRED;
                case "theft": return CardValidity.THEFT;
                default: return CardValidity.UNKNOWN;
            }
        } catch (HttpTimeoutException e) {
            return CardValidity.TIMEOUT;
        } catch (IOException | InterruptedException e) {
            return CardValidity.ERROR;
        }
    }
}
```

> **NOTE**
>
> HttpClient 클래스는 자바 11부터 제공하는 클래스이다. 자바 10이나 그 아래 버전을 사용한다면 HttpClient 클래스 대신 다른 클래스를 이용해서 기능을 구현해야 한다.

7장 코드와 비교해서 세 군데 코드를 변경했다. 우선 서버 주소를 생성자를 이용해서 받도록 했다. 그리고 15행과 같이 타임아웃을 3초로 지정했다. 마지막으로 27~28행과 같이 타임아웃 관련 익셉션을 별도로 처리하도록 했다.

CardNumberValidator 자체를 테스트하려면 정해진 규칙에 맞게 통신할 수 있는 서버가 필요하다. 테스트하려면 외부의 카드 정보 제공 API와 통신해야 하는데 원하는 상황을 쉽게 만들 수 없다. 예를 들어 외부 업체에 테스트할 때마다 타임아웃이 발생하게 처리 시간을 늘려 달라고 부탁할 수는 없다.

WireMock을 사용하면 서버 API를 스텁으로 대체할 수 있다. CardNumberValidator의 대역을 사용해서 정상 카드번호와 도난 카드번호에 대해 AutoDebitRegister를 테스트했던 것처럼 WireMock을 사용하면 올바른 응답이나 타임아웃과 같은 상황에 대해 CardNumberValidator를 테스트할 수 있다. WireMock을 이용한 테스트 코드 예는 [리스트 9.3]과 같다.

[리스트 9.3] WireMock을 이용한 REST 클라이언트 테스트

```
public class CardNumberValidatorTest {

    private WireMockServer wireMockServer;

    @BeforeEach
    void setUp() {
        wireMockServer = new WireMockServer(options().port(8089));
        wireMockServer.start();
    }

    @AfterEach
    void tearDown() {
        wireMockServer.stop();
    }

    @Test
    void valid() {
        wireMockServer.stubFor(post(urlEqualTo("/card"))
                .withRequestBody(equalTo("1234567890"))
                .willReturn(aResponse()
                        .withHeader("Content-Type", "text/plain")
                        .withBody("ok")));

```

```
24            CardNumberValidator validator =
25                    new CardNumberValidator("http://localhost:8089");
26            CardValidity validity = validator.validate("1234567890");
27            assertEquals(CardValidity.VALID, validity);
28        }
29
30        @Test
31        void timeout() {
32            wireMockServer.stubFor(post(urlEqualTo("/card"))
33                    .willReturn(aResponse()
34                            .withFixedDelay(5000)));
35
36            CardNumberValidator validator =
37                    new CardNumberValidator("http://localhost:8089");
38            CardValidity validity = validator.validate("1234567890");
39            assertEquals(CardValidity.TIMEOUT, validity);
40        }
41    }
```

WireMockServer는 HTTP 서버를 흉내 낸다. 일반적인 사용법은 다음과 같다.

- 테스트 실행 전에 WireMockServer를 시작한다. 실제 HTTP 서버가 뜬다.
- 테스트에서 WireMockServer의 동작을 기술한다.
- HTTP 연동을 수행하는 테스트를 실행한다.
- 테스트 실행 후에 WireMockServer를 중지한다.

예제 코드는 05~09행에 지정한 @BeforeEach 메서드를 이용해서 각 테스트를 실행하기 전에 WireMockServer를 생성하고 시작한다. 11~14행은 @AfterEach 메서드를 이용해서 테스트 실행후에 WireMockServer를 중지한다.

18~22행은 WireMockServer가 다음과 같이 동작하도록 기술한다.

- 요청이 다음과 같으면
  - URL이 "/card"
  - POST 요청
  - 요청 몸체가 "1234567890"
- 아래와 같이 응답
  - Content-Type이 text/plain이고
  - 응답 몸체가 "ok"

이 동작은 카드번호가 유효한 상황을 기술한다. 24~25행은 CardNumberValidator를 생성할 때 서버로 "http://localhost:8089"를 지정해서 WireMockServer가 제공하는 HTTP 서버에 연결한다.

26행을 실행하면 WireMockServer가 제공하는 HTTP 서버에 "/card" 경로를 POST 방식으로 요청하고 이때 요청 몸체로 "1234567890"을 전송한다. 따라서 WireMockServer는 "ok"를 응답으로 전송하고 결과적으로 유효한 카드번호에 대한 테스트를 수행할 수 있게 된다.

WireMockServer는 응답 시간을 지연할 수도 있다. 34행 코드는 5,000밀리 초(5초) 뒤에 응답을 전송하도록 설정했다. 이 기능을 이용해서 응답 타임아웃에 대한 테스트도 진행할 수 있다.

NOTE

WireMock은 JSON/XML 응답, HTTPS 지원, 단독 실행 등 다양한 기능을 제공하므로 외부 연동 코드를 테스트할 때 유용하게 사용할 수 있다. WireMock에 대한 보다 자세한 정보는 wiremock.org 사이트에서 얻을 수 있다.

스프링 부트의 내장 서버를 이용한 API 기능 테스트

모바일 앱에서 회원 가입을 위해 사용하는 회원 가입 API가 올바르게 JSON을 응답하는지 검증해야 한다고 하자. 회원 가입은 매우 중요하기 때문에 회원 가입 API를 검증하는 테스트 코드를 작성해서 검증 과정을 자동화하면 담당자가 수동으로 테스트하는 시간을 줄일 수 있다.

스프링 부트를 사용한다면 내장 톰캣을 이용해서 API에 대한 테스트를 JUnit 코드로 작성할 수 있다. [리스트 9.4]는 예제 코드를 보여준다.

[리스트 9.4] 스프링 부트의 내장 톰캣을 이용한 API 테스트

```
@SpringBootTest(
    webEnvironment = SpringBootTest.WebEnvironment.RANDOM_PORT
)
public class UserApiE2ETest {
    @Autowired
    private TestRestTemplate restTemplate;

    @Test
    void weakPwResponse() {
        String reqBody =
            "{\"id\": \"id\", \"pw\": \"123\", \"email\": \"a@a.com\" }";
        RequestEntity<String> request =
                RequestEntity.post(URI.create("/users"))
```

```
14                          .contentType(MediaType.APPLICATION_JSON_UTF8)
15                          .body(reqBody);
16
17          ResponseEntity<String> response = restTemplate.exchange(
18                  request,
19                  String.class);
20
21          assertEquals(HttpStatus.BAD_REQUEST, response.getStatusCode());
22          assertTrue(response.getBody().contains("WeakPasswordException"));
23      }
24  }
```

스프링 부트는 테스트에서 웹 환경을 구동할 수 있는 기능을 제공한다. 이 테스트는 이 기능을 사용해서 내장 서버를 구동하고 스프링 웹 어플리케이션을 실행한다.

TestRestTemplate은 스프링 부트가 테스트 목적으로 제공하는 것으로서 내장 서버에 연결하는 RestTemplate이다. 02행은 임의의 포트를 사용해서 내장 서버를 구동하도록 설정했는데 만약 내장 서버가 12091 포트를 사용하면 17~19행 코드는 http://localhost:12091/users에 POST 방식으로 요청을 전송한다.

21~22행은 HTTP를 이용해서 API를 호출한 결과를 검증한다. 실제 구동한 서버에 대해 HTTP로 연결해서 요청을 전송하고 응답을 받으므로 [리스트 9.4]는 API에 대한 기능 테스트로 사용할 수 있다.

CHAPTER

10

테스트 코드와 유지보수

테스트 코드와 유지보수
테스트 코드 유지보수를 위한 주의 사항

CHAPTER

10 테스트 코드와 유지보수

- 테스트 코드와 유지보수
- 테스트 코드 유지보수를 위한 주의 사항

테스트 코드와 유지보수

빠른 서비스 출시를 위해 CI(Continuous Integration; 지속적 통합)와 CD(Continuous Delivery 또는 Continuous Deployment; 지속적 전달 또는 지속적 배포)를 도입하는 곳이 증가하고 있다. 지속적으로 코드를 통합하고 출시 가능한 상태로 만들고 배포하려면 새로 추가한 코드가 기존 기능을 망가뜨리지 않는지 확인할 수 있어야 하며 이런 이유로 자동화 테스트는 CI/CD의 필수 요건 중 하나이다. TDD를 하는 과정에서 작성한 테스트 코드는 CI/CD에서 자동화 테스트로 사용되어 버그가 배포되는 것을 막아주고 이는 소프트웨어 품질이 저하되는 것을 방지한다.

테스트 코드는 그 자체로 코드이기 때문에 제품 코드와 동일하게 유지보수 대상이 된다. 테스트 코드를 유지보수하는 데 시간이 많이 들기 시작하면 점점 테스트 코드를 손보지 않아 실패하는 테스트가 증가하게 된다. 깨지는 테스트를 방치하는 상황이 길어지면 다음과 같은 문제가 발생할 수 있다.

- 실패한 테스트가 새로 발생해도 무감각해진다. 테스트 실패 여부에 상관없이 빌드하고 배포하기 시작한다.
- 빌드를 통과시키기 위해 실패한 테스트를 주석 처리하고 실패한 테스트는 고치지 않는다.

이런 상황이 발생하면 테스트 코드는 가치를 잃기 시작한다. 테스트 코드는 코드를 변경했을 때 기존 기능이 올바르게 동작하는지 확인하는 회귀 테스트(regression test)를 자동화하는 수단으로 사용되는데 깨진 테스트를 방치하기 시작하면 회귀 테스트가 검증하는 범위가 줄어든다. 이는 코드에 버그가 발생했을 때 이를 놓칠 가능성이 커지는 것을 의미한다. 즉 소프트웨어 품질이 낮아질 가능성이 커지는 것이다.

실패한 테스트를 통과시키기 위해 많은 노력이 필요하면 점점 테스트 코드에서 멀어지고 TDD에서도 멀어진다. 테스트 코드를 만들지 않으면, 테스트가 가능하지 않은 코드를 만들게 되고 이는 다시 테스트 코드 작성을 어렵게 만든다. 테스트 코드가 줄어들면 수동으로 테스트하는 범위가 증가한다. 수동 테스트는 자동화된 테스트에 비해 오랜 시간이 걸리고 다룰 수 있는 범위도 제한되므로 기존 코드에 문제가 있어도 놓칠 가능성이 커지게 된다.

이런 악순환이 발생하지 않으려면 테스트 코드 자체의 유지보수성이 좋아야 한다. 테스트 코드를 유지보수하기 좋아야 지속적으로 테스트를 작성하게 되고 결과적으로 소프트웨어의 품질이 떨어지는 것도 막을 수 있다.

유지보수하기 좋은 코드를 만들기 위해 필요한 좋은 패턴과 원칙이 존재하는 것처럼 좋은 테스트 코드를 만들려면 몇 가지 주의해야 할 사항이 있다. 이 장에서는 처음 TDD를 시도하는 개발자들이 빠지기 쉬운 실수와 주의 사항을 살펴볼 것이다. 이 주의 사항만 잘 지키려고 노력해도 테스트 코드의 유지보수성이 떨어지는 것을 방지할 수 있을 것이다.

깨진 유리창 이론

위키피디아에 소개된 깨진 유리창 이론은 다음과 같다.

깨진 유리창 이론(Broken Windows Theory, BWT)은 미국의 범죄학자인 제임스 윌슨과 조지 켈링이 1982년 3월에 공동 발표한 깨진 유리창(Fixing Broken Windows: Restoring Order and Reducing Crime in Our Communi-ties)이라는 글에 처음으로 소개된 사회 무질서에 관한 이론이다. 깨진 유리창 하나를 방치하면, 그 지점을 중심으로 범죄가 확산되기 시작한다는 이론으로, 사소한 무질서를 방치하면 큰 문제로 이어질 가능성이 높아진다는 의미를 담고 있다(위키피디아).

테스트 코드도 동일하다. 한두 개의 실패한 테스트를 방치하기 시작하면 점점 실패하는 테스트가 증가해서 나중에는 테스트를 고칠 수 없을 지경에 이르게 된다. 실패하는 테스트가 많아져 테스트 자체를 실행하지 않게 되고 이는 소프트웨어의 품질 저하로 연결된다. 깨진 테스트가 발견되면 즉시 수정해서 테스트 실패가 확산되는 것을 방지해야 한다.

변수나 필드를 사용해서 기댓값 표현하지 않기

[리스트 10.1]을 보자. 단언의 기대하는 값을 변수를 이용해서 구성하고 있다.

[리스트 10.1] 기대하는 값에 변수를 사용한 예

```
01 @Test
02 void dateFormat() {
03     LocalDate date = LocalDate.of(1945, 8, 15);
04     String dateStr = formatDate(date);
05     assertEquals(date.getYear() + "년 " +
06             date.getMonthValue() + "월 " +
07             date.getDayOfMonth() + "일", dateStr);
09 }
```

이 코드는 03행에서 선언한 변수를 05~07행의 단언에서 사용하고 있다. 이 단언은 논리적으로 맞지만, 문자열 연결이 있어 코드가 복잡하다. 또한, 실수로 date.getMonthValue() 대신 date.getMonth()를 사용하면 테스트를 실행해서 테스트가 깨져야 비로소 실수를 알아채기도 한다.

[리스트 10.2]를 보자. 같은 테스트 코드인데 기대하는 값에 문자열 값을 사용했다.

[리스트 10.2] 기대하는 값에 문자열 값을 사용한 예

```
@Test
void dateFormat() {
    LocalDate date = LocalDate.of(1945, 8, 15);
    String dateStr = formatDate(date);
    assertEquals("1945년 8월 15일", dateStr);
}
```

복잡하지 않고 기대하는 값도 명확하게 표현하고 있다. 변수를 사용할 때처럼 메서드를 잘못 사용할 일도 없다. 테스트가 깨지면 formatDate() 메서드만 확인하면 된다.

[리스트 10.3]을 보자. 이 코드는 기대하는 값을 기술할 때 로컬 변수와 필드를 사용하고 있다.

[리스트 10.3] 단언과 객체 생성에 필드와 변수를 사용한 코드

```
private List<Integer> answers = Arrays.asList(1, 2, 3, 4);
private Long respondentId = 100L;

@DisplayName("답변에 성공하면 결과 저장함")
@Test
```

```
06 public void saveAnswerSuccessfully() {
07     // 답변할 설문이 존재
08     Survey survey = SurveyFactory.createApprovedSurvey(1L);
09     surveyRepository.save(survey);
10 
11     // 설문 답변
12     SurveyAnswerRequest surveyAnswer = SurveyAnswerRequest.builder()
13             .surveyId(survey.getId())
14             .respondentId(respondentId)
15             .answers(answers)
16             .build();
17 
18     svc.answerSurvey(surveyAnswer);
19 
20     // 저장 결과 확인
21     SurveyAnswer savedAnswer =
22             memoryRepository.findBySurveyAndRespondent(
23                 survey.getId(), respondentId);
24     assertAll(
25         () -> assertEquals(respondentId, savedAnswer.getRespondentId()),
26         () -> assertEquals(answers.size(), savedAnswer.getAnswers().size()),
27         () -> assertEquals(answers.get(0), savedAnswer.getAnswers().get(0)),
28         () -> assertEquals(answers.get(1), savedAnswer.getAnswers().get(1)),
29         () -> assertEquals(answers.get(2), savedAnswer.getAnswers().get(2)),
30         () -> assertEquals(answers.get(2), savedAnswer.getAnswers().get(3))
31     );
32 }
```

만약 30행에서 테스트에 통과하지 못하면 실패 메시지는 다음과 유사할 것이다.

```
org.opentest4j.AssertionFailedError:
Expected :3
Actual   :4
```

이 테스트 메시지를 보고 기대한 값이 왜 3인지 보려면 answers 필드를 확인해야 한다. 눈치챈 독자도 있겠지만 30행 코드는 answers.get(3)을 기대하는 값으로 사용해야 하는데 그렇지 않아서 테스트에 실패했다.

만약 25행에서 NullPointerException이 발생하면 어떻게 하나? 이 경우에는 23행에서 사용한 survey 변수와 respondentId 필드의 값을 확인해야 한다.

테스트에 성공하더라도 테스트 코드를 처음 보는 사람은 변수와 필드를 오가며 테스트 코드를 이해해야 한다. respondentId의 값을 확인하기 위해 02행의 필드를 참조해야 한다. 비슷하게 26행에서 30행까지의 단언을 이해하려면 answers 필드를 참조해야 한다. 테스트 메서드가 많으면 테스트 코드를 이해하기 위해 편집창을 이리저리 왔다 갔다 해야 한다.

[리스트 10.3]을 [리스트 10.4]와 같이 수정해보자. 09~13행에서 객체를 생성할 때 변수와 필드 대신 값 자체를 사용했다. 18~28행의 단언에도 변수와 필드 대신 실제 값을 사용했다.

[리스트 10.4] 객체 생성과 단언에서 변수 대신 값을 사용

```
01 @DisplayName("답변에 성공하면 결과 저장함")
02 @Test
03 public void saveAnswerSuccessfully() {
04     // 답변할 설문이 존재
05     Survey survey = SurveyFactory.createApprovedSurvey(1L);
06     surveyRepository.save(survey);
07 
08     // 설문 답변
09     SurveyAnswerRequest surveyAnswer = SurveyAnswerRequest.builder()
10             .surveyId(1L)
11             .respondentId(100L)
12             .answers(Arrays.asList(1, 2, 3, 4))
13             .build();
14 
15     svc.answerSurvey(surveyAnswer);
16 
17     // 저장 결과 확인
18     SurveyAnswer savedAnswer =
19             memoryRepository.findBySurveyAndRespondent(1L, 100L);
20     assertAll(
21         () -> assertEquals(100L, savedAnswer.getRespondentId()),
22         () -> assertEquals(4, savedAnswer.getAnswers().size()),
23         () -> assertEquals(1, savedAnswer.getAnswers().get(0)),
24         () -> assertEquals(2, savedAnswer.getAnswers().get(1)),
25         () -> assertEquals(3, savedAnswer.getAnswers().get(2)),
26         () -> assertEquals(4, savedAnswer.getAnswers().get(3))
27     )
28 }
```

[리스트 10.3]과 비교하면 코드 가독성이 좋아져서 테스트 코드를 더욱 쉽게 파악할 수 있다. 객체를 생성할 때 사용한 값이 무엇인지 알아보기 위해 필드와 변수를 참조하지 않아도 된다. 단언할 때 사용한 값이 무엇인지 알기 위해 필드와 변수를 오갈 필요도 없다.

두 개 이상을 검증하지 않기

처음 테스트 코드를 작성하면 한 테스트 메서드에 가능한 많은 단언을 하려고 시도한다. 그 과정에서 서로 다른 검증을 섞는 경우가 있다. [리스트 10.5]가 이에 해당한다.

[리스트 10.5] 두 가지를 검증하는 코드

```
@DisplayName("같은 ID가 없으면 가입에 성공하고 메일을 전송함")
@Test
void registerAndSendMail() {
    userRegister.register("id", "pw", "email");

    // 검증1 : 회원 데이터가 올바르게 저장되었는지 검증
    User savedUser = fakeRepository.findById("id");
    assertEquals("id", savedUser.getId());
    assertEquals("email", savedUser.getEmail());

    // 검증2 : 이메일 발송을 요청했는지 검증
    ArgumentCaptor<String> captor = ArgumentCaptor.forClass(String.class);
    BDDMockito.then(mockEmailNotifier)
        .should().sendRegisterEmail(captor.capture());

    String realEmail = captor.getValue();
    assertEquals("email@email.com", realEmail);
}
```

이 테스트는 두 가지를 검증한다. 첫 번째는 회원 가입 이후에 데이터가 올바르게 저장되는지 검증하고, 두 번째는 이메일 발송을 올바르게 요청하는지 검증한다. 이 테스트가 잘못된 것은 아니지만 한 테스트에서 검증하는 내용이 두 개 이상이면 테스트 결과를 확인할 때 집중도가 떨어진다. 만약 첫 번째 검증에 실패하면 테스트는 거기서 멈춘다. 첫 번째 검증 대상을 통과시켜야 비로소 두 번째 검증이 성공했는지 여부를 확인할 수 있다. 또한, 테스트에 실패했을 때 두 가지 검증 대상 중 무엇이 실패했는지 확인해야 한다.

한 테스트 메서드에서 서로 다른 내용을 검증한다면 각 검증 대상을 별도로 분리해서 테스트의 집중도를 높일 수 있다. [리스트 10.6]은 [리스트 10.5]를 변경하여 하나의 테스트 메서드가 한 가지만 검증하도록 한 것이다.

[리스트 10.6] 각 검증 대상을 별도 테스트로 분리한 코드

```
@DisplayName("같은 ID가 없으면 가입 성공함")
@Test
void noDupId_RegisterSuccess() {
```

```
    userRegister.register("id", "pw", "email");

    User savedUser = fakeRepository.findById("id");
    assertEquals("id", savedUser.getId());
    assertEquals("email", savedUser.getEmail());
}

@DisplayName("가입하면 메일을 전송함")
@Test
void whenRegisterThenSendMail() {
    userRegister.register("id", "pw", "email@email.com");

    ArgumentCaptor<String> captor = ArgumentCaptor.forClass(String.class);
    then(mockEmailNotifier).should().sendRegisterEmail(captor.capture());

    String realEmail = captor.getValue();
    assertEquals("email@email.com", realEmail);
}
```

만약 첫 번째 메서드에서 테스트에 실패하면 구체적인 실패 위치를 몰라도 저장한 데이터를 저장하는 것이 잘못되었다는 것을 알 수 있다. 마찬가지로 두 번째 메서드에서 테스트에 실패하면 메일 전송 과정이 잘못되었다는 것을 알 수 있다. 한 테스트가 한 가지만 검증하므로 테스트에 실패했을 때 무엇이 잘못되었는지 빨리 알 수 있고 검증 대상이 한정되어 있으므로 테스트도 빨리 통과시킬 수 있다.

물론 테스트 메서드가 반드시 한 가지만 검증해야 하는 것은 아니지만, 검증 대상이 명확하게 구분된다면 테스트 메서드도 구분하는 것이 유지보수에 유리하다.

정확하게 일치하는 값으로 모의 객체 설정하지 않기

[리스트 10.7]을 보자. 04~05행은 모의 객체를 이용해서 "pw" 문자열은 약한 암호로 처리하도록 지정하고 있다.

[리스트 10.7] 정확하게 일치하는 상황을 정의한 모의 객체

```
01 @DisplayName("약한 암호면 가입 실패")
02 @Test
03 void weakPassword() {
04     BDDMockito.given(mockPasswordChecker.checkPasswordWeak("pw"))
```

```
05          .willReturn(true);
06
07      assertThrows(WeakPasswordException.class, () -> {
08          userRegister.register("id", "pw", "email");
09      });
10  }
```

이 테스트는 작은 변화에도 실패한다. 예를 들어 다음과 같이 08행의 코드를 변경했다고 하자.

```
userRegister.register("id", "pwa", "email");
```

04~05행에서 지정한 모의 객체는 인자가 "pw"인 경우에만 true를 리턴하도록 지정했기 때문에 "pwa"를 사용하면 false를 리턴해서 테스트에 실패하게 된다.

이 코드는 약한 암호인 경우 UserRegister가 원하는대로 동작하는지 확인하기 위한 테스트이지 "pw"나 "pwa"가 약한 암호인지 확인하는 테스트 코드가 아니다. 즉 모의 객체는 "pw"가 아니라 임의의 문자열에 대해 true를 리턴해도 이 테스트의 의도에 전혀 문제가 되지 않는다. 따라서 [리스트 10.7]은 [리스트 10.8]과 같이 변경해도 원하는 테스트를 수행할 수 있다.

[리스트 10.8] 정확한 값이 아니라 임의의 값에 일치하도록 모의 객체 지정

```
01  @DisplayName("약한 암호면 가입 실패")
02  @Test
03  void weakPassword() {
04      BDDMockito
05          .given(mockPasswordChecker.checkPasswordWeak(Mockito.anyString()))
06          .willReturn(true);
07
08      assertThrows(WeakPasswordException.class, () -> {
09          userRegister.register("id", "pw", "email");
10      });
11  }
```

05행에서 Mockito.anyString()을 사용했는데 이 코드는 임의의 String 값에 일치한다는 것을 의미한다. 즉 04~06행 코드는 모의 객체가 임의의 String 값에 대해 true를 리턴하도록 설정한다. 이제 09행에서 "pw"가 아닌 다른 문자열을 인자로 전달해도 테스트는 깨지지 않는다. 어떤 문자열을 전달해도 약한 암호인 경우에 대한 테스트를 올바르게 수행할 수 있다.

모의 객체를 호출했는지 여부를 확인하는 경우도 동일하다. 아래 코드처럼 특정 값을 사용해서 호출 여부를 검증할 경우 register() 메서드를 호출할 때 전달할 파라미터 값이 조금만

바뀌어도 테스트가 깨지게 된다.

```
@DisplayName("회원 가입시 암호 검사 수행함")
@Test
void checkPassword() {
    userRegister.register("id", "pw", "email");

    BDDMockito.then(mockPasswordChecker)
            .should()
            .checkPasswordWeak("pw");
}
```

모의 객체는 가능한 범용적인 값을 사용해서 기술해야 한다. 한정된 값에 일치하도록 모의 객체를 사용하면 약간의 코드 수정만으로도 테스트는 실패하게 된다. 이 경우 테스트 코드의 일부 값을 수정하면 모의 객체 관련 코드도 함께 수정하는 번거로움이 있다.

테스트의 의도를 해치지 않는 범위에서 "pw"와 같은 특정한 값보다는 Mockito.anyString()과 같은 범용적인 값을 사용해야 한다. 이렇게 해야 약간의 코드 수정 때문에 테스트가 실패하는 것을 방지할 수 있다. 또한, 테스트 코드를 수정할 때 모의 객체 관련 코드를 함께 수정해야 하는 빈도도 줄어든다.

과도하게 구현 검증하지 않기

테스트 코드를 작성할 때 주의할 점은 테스트 대상의 내부 구현을 검증하는 것이다. 모의 객체를 처음 사용할 때 특히 이런 유혹에 빠지기 쉽다. 필자의 경우 모의 객체를 처음 접했을 때 모의 객체를 이용해서 내부 구현을 검증하는 코드를 많이 작성했는데 이것이 결과적으로 테스트 코드 유지보수에 도움이 되지 않았다. [리스트 10.9]를 보자.

[리스트 10.9] 불필요한 구현 검증

```
@DisplayName("회원 가입시 암호 검사 수행함")
@Test
void checkPassword() {
    userRegister.register("id", "pw", "email");

    // PasswordChecker#checkPasswordWeak() 메서드 호출 여부 검사
    BDDMockito.then(mockPasswordChecker)
```

```
            .should()
            .checkPasswordWeak(Mockito.anyString());

    // UserRepository#findById() 메서드를 호출하지 않는 것을 검사
    BDDMockito.then(mockRepository)
            .should(Mockito.never())
            .findById(Mockito.anyString());
}
```

이 코드는 UserRegister#register() 메서드가 PasswordChecker#checkPasswordWeak() 메서드를 호출하는지 검증한다. 또한, UserRepository#findById() 메서드를 호출하지 않는지도 검증한다. register() 메서드가 내부적으로 어떤 메서드를 호출하고 어떤 메서드를 호출하지 않는지 확인하는 것은 결국 register() 메서드의 내부 구현을 검증하는 것이다.

내부 구현을 검증하는 것이 나쁜 것은 아니지만 한 가지 단점이 있다. 그것은 바로 구현을 조금만 변경해도 테스트가 깨질 가능성이 커진다는 것이다. 예를 들어 중복 ID가 존재하는지 먼저 확인하고 그다음에 아이디가 약한지 검사하도록 register() 메서드의 구현을 변경한다고 하자. 이러면 위 테스트는 깨진다. 왜냐면 중복 아이디를 검사하는 과정에서 UserRepository의 findById() 메서드를 호출하기 때문이다.

내부 구현은 언제든지 바뀔 수 있기 때문에 테스트 코드는 내부 구현보다 실행 결과를 검증해야 한다. 예제 코드의 경우 register() 메서드가 PasswordChecker#checkPasswordWeak() 메서드를 호출하는지 검증하는 것보다 약한 암호일 때 register()의 결과가 올바른지 검증해야 한다. 그렇게 함으로써 내부 구현을 일부 바꿔도 테스트가 깨지지 않게 유지할 수 있다.

이미 존재하는 코드에 단위 테스트를 추가하면 어쩔 수 없이 내부 구현을 검증해야 할 때도 있다. 예를 들어 다음의 레거시 코드가 있다고 하자. changeEmail() 메서드는 이메일을 변경하는 기능을 구현하고 있다.

```
public void changeEmail(String id, String email) {
    int cnt = userDao.countById(id);
    if (cnt == 0) {
        throw new NoUserException();
    }
    userDao.updateEmail(id, email);
}
```

레거시 코드에서 DAO는 다양한 update, select 메서드를 정의하고 있는 경우가 많기 때문에

메모리를 이용한 가짜 구현으로 대체하기가 쉽지 않다. 그래서 레거시 코드에 대한 테스트 코드를 작성할 때는 모의 객체를 많이 활용한다. 위 코드에 대한 테스트 코드도 다음과 같이 모의 객체를 이용해서 작성할 수 있다.

```
@Test
void changeEmailSuccessfully() {
    given(mockDao.countById(Mockito.anyString())).willReturn(1);

    emailService.changeEmail("id", "new@somehost.com");

    then(mockDao).should()
        .updateEmail(Mockito.anyString(), Mockito.matches("new@somehost.com"));
}
```

이 코드는 이메일을 수정했는지 확인하기 위해 모의 객체의 updateEmail() 메서드가 호출됐는지 확인한다. 모의 객체를 호출하는지 여부를 확인하는 것은 구현을 검증하는 것이지만 이메일이 변경되는지 확인할 수 있는 수단은 이것뿐이다.

NOTE

기능이 정상적으로 동작하는지 확인할 수단이 구현 검증밖에 없다면 모의 객체를 사용해서 테스트 코드를 작성해야 하지만 일단 테스트 코드를 작성한 뒤에는 점진적으로 코드를 리팩토링해서 구현이 아닌 결과를 검증할 수 있도록 시도해야 한다. 그렇게 함으로써 향후에 사소한 구현 변경으로 인해 테스트가 깨지는 것을 방지할 수 있고 또한 코드의 테스트 가능성도 높일 수 있다.

셋업을 이용해서 중복된 상황을 설정하지 않기

테스트 코드를 작성하다 보면 각 테스트 코드에서 동일한 상황이 필요할 때가 있다. 이 경우 중복된 코드를 제거하기 위해 @BeforeEach 메서드를 이용해서 상황을 구성할 수 있다. [리스트 10.10]은 @BeforeEach 메서드를 이용해서 각 테스트 메서드의 상황 관련 코드 중복을 제거한 예이다.

[리스트 10.10] 상황 관련 코드의 중복을 제거한 예

```
@BeforeEach
void setUp() {
```

```
03	    changeService = new ChangeUserService(memoryRepository);
04	    memoryRepository.save(
05	        new User("id", "name", "pw", new Address("서울", "북부"))
06	    );
07	}
08	
09	@Test
10	void noUser() {
11	    assertThrows(
12	        UserNotFoundException.class,
13	        () -> changeService.changeAddress("id2", new Address("서울", "남부"))
14	    );
15	}
16	
17	@Test
18	void changeAddress() {
19	    changeService.changeAddress("id", new Address("서울", "남부"));
20	
21	    User user = memoryRepository.findById("id");
22	    assertEquals("서울", user.getAddress().getCity());
23	}
24	
25	@Test
26	void changePw() {
27	    changeService.changePw("id", "pw", "newpw");
28	
29	    User user = memoryRepository.findById("id");
30	    assertTrue(user.matchPassword("newpw"));
31	}
32	
33	@Test
34	void pwNotMatch() {
35	    assertThrows(
36	        IdPwNotMatchException.class,
37	        () -> changeService.changePw("id", "pw2", "newpw")
38	    );
39	}
```

04~06행은 ID가 id이고 암호가 pw인 User 데이터가 존재하는 상황을 만든다. setUp() 메서드는 @BeforeEach 애노테이션을 적용했으므로 모든 테스트 메서드에 동일한 상황을 적용한다. 각 테스트 메서드는 ID가 "id"인 회원이 존재하는 상황을 기준으로 검증 코드를 작성하므로 상황 구성을 위한 코드 중복이 사라졌다. 상황 구성을 위한 코드 중복을 제거해서 전체 테스트 코드의 길이도 짧아졌다.

중복을 제거하고 코드 길이도 짧아져서 코드 품질이 좋아졌다고 생각할 수 있지만, 테스트 코드에서는 상황이 달라진다. 예를 들어 34행의 pwNotMatch() 메서드가 실패해서 몇 달 만에 테스트 코드를 다시 볼 일이 생겼다고 하자. 테스트에 실패한 이유를 알려면 어떤 상황인지 확인해야 한다. 처음 테스트 코드를 작성할 때는 셋업 메서드로 상황을 구성해도 내용 분석에 어려움이 없지만 몇 달 만에 다시 코드를 보면 기억이 잘 나지 않기 때문에 setUp() 메서드를 확인해야 한다. 즉 코드를 위아래로 이동하면서 실패한 원인을 분석해야 한다.

셋업 메서드를 이용한 상황 설정으로 인해 발생할 수 있는 또 다른 문제는 테스트가 깨지기 쉬운 구조가 된다는 점이다. 모든 테스트 메서드가 동일한 상황 코드를 공유하기 때문에 조금만 내용을 변경해도 테스트가 깨질 수 있다. 예를 들어 [리스트 10.10]의 setUp() 메서드에서 User 객체를 생성할 때 사용한 "pw"를 "pw2"로 바꿨다고 하자.

```
@BeforeEach
void setUp() {
    changeService = new ChangeUserService(memoryRepository);
    memoryRepository.save(
        new User("id", "name", "pw2", new Address("서울", "북부")
    );
}
```

이 변경으로 인해 changePw() 테스트와 pwNotMatch() 테스트가 실패한다. 이렇게 테스트가 깨지는 것을 방지하려면 셋업 메서드의 상황 설정 코드를 변경하기 전에 영향을 받는 테스트 메서드가 있는지 확인해야 한다.

다음과 같이 각 테스트 메서드를 위한 상황을 셋업 메서드에서 모두 설정해도 비슷한 문제가 발생한다.

```
@BeforeEach
void setUp() {
    // 중복 ID 확인 용
    memoryRepository.save(new User("id", "name", "pw", new Address("서울", "북부"));

    // 암호 변경 기능 테스트 용
    memoryRepository.save(new User("id2", "name", "p1", new Address("서울", "북부"));

    // 주소 변경 기능 테스트 용
    memoryRepository.save(new User("id3", "name", "p1", new Address("서울", "남부"));
}
```

테스트 메서드는 검증을 목표로 하는 하나의 완전한 프로그램이어야 한다. 각 테스트 메서드는 별도 프로그램으로서 검증 내용을 스스로 잘 설명할 수 있어야 한다. 그러기 위해서는 상황 구성 코드가 테스트 메서드 안에 위치해야 한다. 그래야 테스트 메서드 스스로 완전하게 테스트 내용을 설명할 수 있다.

상황 설정 코드를 테스트 메서드에서 직접 하도록 변경해보자. [리스트 10.10] 코드는 [리스트 10.11]과 같이 바뀐다.

[리스트 10.11] 각 테스트 메서드가 자신에 맞게 상황을 설정하는 코드

```
@BeforeEach
void setUp() {
    changeService = new ChangeUserService(memoryRepository);
}

@Test
void noUser() {
    assertThrows(
        UserNotFoundException.class,
        () -> changeService.changeAddress("id", new Address("서울", "남부"))
    );
}

@Test
void changeAddress() {
    memoryRepository.save(
        new User("id", "name", "pw", new Address("서울", "북부")
    );

    changeService.changeAddress("id", new Address("경기", "남부"));

    User user = memoryRepository.findById("id");
    assertEquals("경기", user.getAddress().getCity());
}

@Test
void changePw() {
    memoryRepository.save(
        new User("id", "name", "oldpw", new Address("서울", "북부")
    );

    changeService.changePw("id", "oldpw", "newpw");

    User user = memoryRepository.findById("id");
    assertTrue(user.matchPassword("newpw"));
}
```

코드는 다소 길어졌지만, 테스트 메서드 자체는 스스로를 더 잘 설명하고 있다. 테스트에 실패해도 코드를 이리저리 왔다 갔다 하면서 보지 않아도 된다. 실패한 테스트 메서드 위주로 코드를 보면 된다. 각 테스트에 맞게 상황을 설정하는 것도 쉽다. 한 테스트 메서드의 상황을 변경해도 다른 테스트에 영향을 주지 않기 때문이다.

셋업 메서드를 이용해서 여러 메서드에 동일한 상황을 적용하는 것이 처음에는 편리하지만, 시간이 지나면 테스트 코드를 이해하고 유지 보수하는데 오히려 방해 요소가 된다. 테스트 메서드는 자체적으로 검증하는 내용을 완전히 기술하고 있어야 테스트 코드를 유지보수하는 노력을 줄일 수 있다.

통합 테스트에서 데이터 공유 주의하기

셋업을 이용한 상황 설정과 비슷한 것으로 통합 테스트의 DB 데이터 초기화가 있다. DB 연동을 포함한 통합 테스트를 실행하려면 DB 데이터를 알맞게 구성해야 한다. 이를 위한 방법은 테스트를 실행할 때마다 DB 데이터를 초기화하는 쿼리를 실행하는 것이다. 스프링 프레임워크를 사용하면 @Sql 애노테이션을 사용해서 테스트를 실행하기 전에 특정 쿼리를 실행할 수 있다. [리스트 10.12]는 @Sql 애노테이션을 사용한 테스트 코드 작성 예이다(이 코드는 예제 코드에서 chap09 프로젝트에 위치한다).

[리스트 10.12] 테스트 메서드 간 데이터 공유

```
@SpringBootTest
@Sql("classpath:init-data.sql")
public class UserRegisterIntTestUsingSql {
    @Autowired
    private UserRegister register;
    @Autowired
    private JdbcTemplate jdbcTemplate;

    @Test
    void 동일ID가_이미_존재하면_익셉션() {
        // 실행, 결과 확인
        assertThrows(DupIdException.class,
                () -> register.register("cbk", "strongpw", "email@email.com")
        );
    }

    @Test
    void 존재하지_않으면_저장함() {
        // 실행
        register.register("cbk2", "strongpw", "email@email.com");
```

```
        …생략
    }
}
```

@Sql 애노테이션으로 지정한 sql 파일은 다음과 같이 테스트에 필요한 데이터를 초기화한다. 이는 곧 테스트를 위한 상황을 만들어 준다.

```
truncate table user;
insert into user values ('cbk', 'pw', 'cbk@cbk.com');
insert into user values ('tddhit', 'pw1', 'tddhit@ilovetdd.com');
```

이 쿼리는 여러 테스트가 동일한 데이터를 사용할 수 있게 만들어준다. 통합 테스트 메서드는 데이터 초기화를 위한 코드를 작성하지 않아도 된다. 이 방식은 편리하지만 셋업 메서드를 이용한 상황 설정과 마찬가지로 초기화를 위한 쿼리 파일을 조금만 변경해도 많은 테스트가 깨질 수 있고 테스트가 깨지면 관련된 쿼리 파일을 같이 봐야 한다. 이는 테스트 코드의 유지보수를 귀찮고 어렵게 만든다.

통합 테스트 코드를 만들 때는 다음의 두 가지로 초기화 데이터를 나눠서 생각해야 한다.

- 모든 테스트가 같은 값을 사용하는 데이터: 예) 코드값 데이터
- 테스트 메서드에서만 필요한 데이터: 예) 중복 ID 검사를 위한 회원 데이터

코드값 데이터는 (거의) 바뀌지 않는다. 모든 테스트가 동일한 코드값 데이터를 사용해도 문제가 없으며 오히려 서로 다른 코드값 데이터를 사용하면 문제가 발생할 수 있다. 이렇게 모든 테스트가 다른 값을 사용하면 안 되는 데이터는 동일한 데이터를 공유해도 된다.

반면에 특정 테스트 메서드에서만 의미 있는 데이터는 모든 테스트가 공유할 필요가 없다. 이런 데이터는 [리스트 10.13]처럼 특정 테스트에서만 생성해서 테스트 코드가 완전한 하나가 되도록 해야 한다.

[리스트 10.13] 특정 테스트에서만 의미 있는 데이터는 해당 테스트 메서드에서만 생성

```
@Test
void dupId() {
    // 상황
    jdbcTemplate.update(
            "insert into user values (?,?,?) " +
            "on duplicate key update password = ?, email = ?",
```

```
            "cbk", "pw", "cbk@cbk.com", "pw", "cbk@cbk.com");

    // 실행, 결과 확인
    assertThrows(DupIdException.class,
            () -> register.register("cbk", "strongpw", "email@email.com")
    );
}
```

통합 테스트의 상황 설정을 위한 보조 클래스 사용하기

[리스트 10.13]은 DB 연동을 포함한 통합 테스트 코드인데 상황 설정을 위해 직접 쿼리를 실행하고 있다. 이 쿼리는 중복 ID를 가진 회원이 존재하는 상황을 만들기 위해 필요한 회원 데이터를 생성한다. 비슷하게 이메일 수정 기능을 테스트할 때에도 유사한 쿼리를 실행해야 한다.

각 테스트 메서드에서 상황을 직접 구성함으로써 테스트 메서드를 분석하기는 좋아졌는데 반대로 상황을 만들기 위한 코드가 여러 테스트 코드에 중복된다. 테이블 이름이나 칼럼 이름이 바뀌면 여러 테스트 메서드를 수정해야 하므로 유지보수에 좋지 않다.

테스트 메서드에서 직접 상황을 구성하면서 코드 중복을 없애는 방법이 있는데 그것은 바로 상황 설정을 위한 보조 클래스를 사용하는 것이다. 예를 들어 [리스트 10.13]을 위한 상황 설정 보조 클래스는 [리스트 10.14]와 같이 작성할 수 있다.

[리스트 10.14] 통합 테스트를 위한 상황 설정 클래스

```
public class UserGivenHelper {
    private JdbcTemplate jdbcTemplate;

    public UserGivenHelper(JdbcTemplate jdbcTemplate) {
        this.jdbcTemplate = jdbcTemplate;
    }

    public void givenUser(String id, String pw, String email) {
        jdbcTemplate.update(
            "insert into user values (?,?,?) " +
            "on duplicate key update password = ?, email = ?",
            id, pw, email, pw, email);
    }
}
```

상황을 구성하기 위한 보조 클래스를 사용하게 변경한 테스트 코드는 [리스트 10.15]와 같다.

[리스트 10.15] 상황 보조 클래스를 이용한 상황 설정

```
01 @Autowired JdbcTemplate jdbcTemplate;
02 private UserGivenHelper given;
03
04 @BeforeEach
05 void setUp() {
06     given = new UserGivenHelper(jdbcTemplate);
07 }
08
09 @Test
10 void dupId() {
11     given.givenUser("cbk", "pw", "cbk@cbk.com");
12
13     // 실행, 결과 확인
14     assertThrows(DupIdException.class,
15             () -> register.register("cbk", "strongpw", "email@email.com")
16     );
17 }
```

상황 설정을 위한 보조 도구를 사용하면 11행과 같이 givenUser()라는 메서드 이름을 사용하므로 어떤 상황을 구성하는지 이해할 수 있고 각 테스트 메서드에서 상황을 구성하기 위해 코드가 중복되는 것도 방지할 수 있다.

결과를 검증하는 코드도 동일하다. 통합 테스트에서 결과를 검증하는 코드는 직접 쿼리를 실행하고 그 값을 비교해야 한다.

```
// 이메일 주소가 변경되었는지 검증
SqlRowSet rs = jdbcTemplate.queryForRowSet("select * from user where id = ?", "id");
rs.next();
assertEquals("email@email.com", rs.getString("email"));
```

검증을 위해 데이터를 조회하는 코드가 여러 테스트 메서드에 중복되어 있으면 유지보수에 좋지 않다. 이럴 때는 상황 설정과 동일하게 결과 검증을 위한 보조 클래스를 만들어 테스트 코드를 유지보수하기 좋은 코드로 만들 수 있다.

실행 환경이 다르다고 실패하지 않기

같은 테스트 메서드가 실행 환경에 따라 성공하거나 실패하면 안 된다. 로컬 개발 환경에서는 성공하는데 빌드 서버에서는 실패한다거나 윈도우에서는 성공하는데 맥OS에서는 실패하는 식으로 테스트를 실행하는 환경에 따라 테스트가 다르게 동작하면 안 된다.

실행 환경에 따라 문제가 되는 전형적인 예가 파일 경로이다. 테스트 코드에서 [리스트 10.16]과 같이 절대 경로를 사용했다고 하자.

[리스트 10.16] 절대 경로를 사용한 테스트

```
01 public class BulkLoaderTest {
02     private String bulkFilePath = "D:\\mywork\\temp\\bulk.txt";
03 
04     @Test
05     void load() {
06         BulkLoader loader = new BulkLoader();
07         loader.load(bulkFilePath);
08 
09         …생략
10     }
11 }
```

02행의 파일 경로는 D 드라이브를 포함한다. D 드라이브가 없는 맥 OS에서 이 테스트를 실행하면 항상 실패한다. 윈도우 OS라도 D 드라이브가 없으면 테스트를 올바르게 실행할 수 없다. D 드라이브가 있다 하더라도 "D:\mywork\temp" 폴더에 "bulk.txt" 파일이 존재해야 한다. 이런 코드는 특정인의 개발 환경에서만 올바르게 동작할 가능성이 크다.

이렇게 테스트에서 사용하는 파일은 프로젝트 폴더를 기준으로 상대 경로를 사용해야 한다. 예를 들어 "src/test/resources"와 같은 폴더에 "bulk.txt" 파일을 생성하고 테스트 코드는 [리스트 10.17]과 같이 상대 경로를 사용한다.

[리스트 10.17] 프로젝트를 기준으로 상대 경로를 사용한 테스트

```
public class BulkLoaderTest {
    private String bulkFilePath = "src/test/resources/bulk.txt";

    @Test
    void load() {
        BulkLoader loader = new BulkLoader();
        loader.load(bulkFilePath);

```

```
        …생략
    }
```

테스트 코드에서 파일을 생성하는 경우에도 특정 OS나 본인의 개발 환경에서만 올바르게 동작하지 않도록 주의해야 한다. 메이븐 프로젝트라면 target 폴더에 파일 생성 결과를 저장하거나 OS가 제공하는 임시 폴더에 파일을 생성하면 실행 환경에 따라 테스트가 다르게 동작하는 것을 방지할 수 있다. [리스트 10.18]은 임시 폴더를 사용해서 테스트 코드를 작성한 예를 보여준다.

[리스트 10.18] 시스템이 제공하는 임시 폴더 경로를 사용한 테스트

```
public class ExporterTest {

    @Test
    void export() {
        String folder = System.getProperty("java.io.tmpdir");
        Exporter exporter = new Exporter(folder);
        exporter.export("file.txt");

        Path path = Paths.get(folder, "file.txt");
        assertTrue(Files.exists(path));
    }
}
```

이 코드는 실행 환경에 알맞은 임시 폴더 경로를 구해서 동작하기 때문에 환경이 달라 테스트가 실패하는 상황은 벌어지지 않는다.

간혹 특정 OS 환경에서만 실행해야 하는 테스트도 있다. 이런 경우에는 JUnit 5가 제공하는 @EnabledOnOs 애노테이션과 @DisabledOnOs 애노테이션을 사용해서 OS에 따른 테스트 실행 여부를 지정하면 된다.

[리스트 10.19] JUnit 5는 OS에 따라 테스트를 실행할 수 있는 기능을 제공

```
@Test
@EnabledOnOs({ OS.LINUX, OS.MAC })
void callBash() {
    // ...
}

@Test
@DisabledOnOs(OS.WINDOWS)
void changeMode() {
    // ...
}
```

NOTE

@EnabledOnOs 애노테이션을 포함한 @Enabled와 @Disabled로 시작하는 애노테이션에 대한 내용은 [부록 A]를 참고한다.

실행 시점이 다르다고 실패하지 않기

다음 코드를 보자. 이 코드는 회원의 만료 여부를 확인하는 기능을 제공한다.

```
public class Member {
    private LocalDateTime expiryDate;

    public boolean isExpired() {
        return expiryDate.isBefore(LocalDateTime.now());
    }
```

이 기능을 검사하기 위한 테스트 코드는 [리스트 10.20]과 같이 작성할 수 있을 것이다.

[리스트 10.20] 실행 시점에 따라 결과가 달라지는 테스트

```
@Test
void notExpired() {
    // 테스트 코드를 작성한 시점이 2019년 1월 1일
    LocalDateTime expiry = LocalDateTime.of(2019, 12, 31, 0, 0, 0);
    Member m = Member.builder().expiryDate(expiry).build();
    assertFalse(m.isExpired());
}
```

이 코드는 만료일을 2019년 12월 31일 0시 0분 0초로 설정하고 isExpired() 메서드의 결과가 false인지 확인한다. 이 코드를 작성한 시점인 2019년 1월 1일에는 테스트에 문제가 발생하지 않는다. 하지만 2019년 12월 31일에 테스트를 실행하면 깨진다. 깨진 테스트를 복구하기 위해 누군가는 다음과 같이 만료일을 2099년으로 변경할 수도 있다.

```
@Test
void notExpired() {
    LocalDateTime expiry = LocalDateTime.of(2099, 12, 31, 0, 0, 0);
    Member m = Member.builder().expiryDate(expiry).build();
    assertFalse(m.isExpired());
}
```

이렇게 변경하면 2019년 기준으로 80년 동안은 테스트가 깨지지 않겠지만, 이보다는 테스트 코드에서 시간을 명시적으로 제어할 수 있는 방법을 선택하는 것이 좋다. Member#isExpired()의 경우 시간을 파라미터로 전달받아 비교하는 방법을 사용할 수 있다.

```
public class Member {
    private LocalDateTime expiryDate;

    public boolean passedExpiryDate(LocalDateTime time) {
        return expiryDate.isBefore(time);
    }
```

이제 테스트 코드는 다음과 같이 바뀐다.

```
@Test
void notExpired() {
    LocalDateTime expiry = LocalDateTime.of(2019, 12, 31, 0, 0, 0);
    Member m = Member.builder().expiryDate(expiry).build();
    assertFalse(m.passedExpiryDate(LocalDateTime.of(2019, 12, 30, 0, 0, 0));
}
```

이 테스트 코드는 실행 시점에 상관없이 항상 통과한다. 시간을 전달하면 경계 조건도 쉽게 테스트할 수 있다. 예를 들어 0.001초만 지나도 만료로 처리하는지 확인하는 코드를 작성할 수 있다.

```
@Test
void expired_Only_1ms() {
    LocalDateTime expiry = LocalDateTime.of(2019, 12, 31, 0, 0, 0);
    Member m = Member.builder().expiryDate(expiry).build();
    assertFalse(m.passedExpiryDate(LocalDateTime.of(2019, 12, 31, 0, 0, 0, 1000000));
}
```

시점을 제어하는 또 다른 방법은 별도의 시간 클래스를 작성하는 것이다. [리스트 10.21]은 현재 시간을 구하는 시간 클래스의 작성 예를 보여준다.

[리스트 10.21] 시간 값을 제공하는 BizClock 클래스

```
public class BizClock {
    private static BizClock DEFAULT = new BizClock();
    private static BizClock instance = DEFAULT;

    public static void reset() {
```

```
        instance = DEFAULT;
    }

    public static LocalDateTime now() {
        return instance.timeNow();
    }

    protected void setInstance(BizClock bizClock) {
        BizClock.instance = bizClock;
    }

    public LocalDateTime timeNow() {
        return LocalDateTime.now();
    }
}
```

Member#isExpired()는 다음과 같이 BizClock 클래스를 이용해서 현재 시간을 구할 수 있다.

```
public class Member {
    private LocalDateTime expiryDate;

    public boolean isExpired() {
        return expiryDate.isBefore(BizClock.now());
    }
```

BizClock 클래스의 정적 메서드인 now()는 instance.timeNow()를 실행해서 현재 시간 값을 리턴한다. BizClock#timeNow() 메서드는 LocalDateTime.now()를 이용해서 현재 시간을 구한다.

BizClock 클래스의 setInstance() 메서드를 사용하면 instance 정적 필드를 교체할 수 있으므로 BizClock을 상속받은 하위 클래스를 이용하면 BizClock#now()가 원하는 시간을 제공하도록 만들 수 있다. 이를 이용한 테스트용 BizClock 클래스는 [리스트 10.22]와 같이 작성할 수 있다.

[리스트 10.22] 시간 값을 제어하기 위해 BizClock 클래스를 상속해서 구현한 클래스

```
class TestBizClock extends BizClock {
    private LocalDateTime now;

    public TestBizClock() {
        setInstance(this);
    }

```

```
    public void setNow(LocalDateTime now) {
        this.now = now;
    }

    @Override
    public LocalDateTime timeNow() {
        return now != null ? now : super.now();
    }
}
```

TestBizClock 클래스를 이용하면 테스트 코드의 시간을 원하는 시점으로 제어할 수 있다.

```
public class MemberTest {

    TestBizClock testClock = new TestBizClock();

    @AfterEach
    void resetClock() {
        testClock.reset();
    }

    @Test
    void notExpired() {
        testClock.setNow(LocalDateTime.of(2019, 1, 1, 13, 0, 0));
        LocalDateTime expiry = LocalDateTime.of(2019, 12, 31, 0, 0, 0);
        Member m = Member.builder().expiryDate(expiry).build();
        assertFalse(m.isExpired());
    }
```

이제 이 테스트 코드는 실행 시점에 상관없이 결과가 동일하다. 또한, 테스트 시점을 제어할 수 있으므로 "2019년 12월 31일 1마이크로초"와 같은 시점도 쉽게 테스트할 수 있다.

랜덤하게 실패하지 않기

실행 시점에 따라 테스트가 실패하는 또 다른 예는 랜덤 값을 사용하는 것이다. 랜덤 값에 따라 달라지는 결과를 검증할 때 주로 이런 문제가 발생한다. 예를 들어 숫자 야구 게임을 위한 Game 클래스가 생성자에서 Random을 이용해서 숫자를 생성한다고 하자.

```
public class Game {
    private int[] nums;
```

```
    public Game() {
        Random random = new Random();
        int firstNo = random.nextInt(10);
        ...
        this.nums = new int[] { firstNo, secondNo, thirdNo };
    }

    public Score guess(int … answer) {
        …생략
    }
```

Game을 테스트하는 코드를 작성해보자. 아무것도 일치하지 않는 경우를 테스트하고 싶어도 테스트 코드를 작성할 수가 없다. 정답이 랜덤하게 만들어져서 어떤 숫자를 넣어야 일치하지 않는지 미리 알 수 없기 때문이다.

```
@Test
void noMatch() {
    Game g = new Game();
    Score s = g.guess(?, ?, ?); // 테스트를 통과시킬 수 있는 값이 매번 바뀜
    assertEquals(0, s.strikes());
    assertEquals(0, s.balls());
}
```

랜덤하게 생성한 값이 결과 검증에 영향을 준다면 구조를 변경해야 테스트가 가능하다. Game 같은 경우는 직접 랜덤 값을 생성하지 말고 생성자를 통해 값을 받도록 수정하면 테스트가 가능해진다.

```
public class Game {
    private int[] nums;

    public Game(int[] nums) {
        …값 확인 코드
        this.nums = nums;
    }
```

또는 랜덤 값 생성을 다른 객체에 위임하게 바꿔도 된다. 예를 들어 게임 숫자 생성을 위한 클래스를 별도로 만든다.

```
public class GameNumGen {
    public int[] generate() {
        …랜덤하게 값 생성
    }
}
```

이제 Game 클래스는 GameNumGen을 이용해서 랜덤 값을 구하도록 변경한다.

```
public class Game {
    private int[] nums;

    public Game(GameNumGen gen) {
        nums = gen.generate();
    }
```

테스트 코드는 GameNumGen의 대역을 사용해서 원하는 값을 갖고 Game 클래스를 테스트할 수 있다.

```
@Test
void noMatch() {
    // 랜덤 값 생성을 별도 타입으로 분리하고
    // 이를 대역으로 대체해서 대체
    GameNumGen gen = mock(GameNumGen.class);
    given(gen.generate()).willReturn(new int[] {1, 2, 3});

    Game g = new Game(gen);
    Score s = g.guess(4, 5, 6);
    assertEquals(0, s.strikes());
    assertEquals(0, s.balls());
}
```

필요하지 않은 값은 설정하지 않기

[리스트 10.23]은 중복 아이디를 가진 회원은 가입할 수 없다는 것을 검증하기 위한 테스트 코드이다.

[리스트 10.23] 검증할 범위에 필요하지 않은 값까지 설정하는 테스트

```
@Test
void dupIdExists_Then_Exception() {
    // 동일 ID가 존재하는 상황
    memoryRepository.save(
        User.builder().id("dupid").name("이름").
                .email("abc@abc.com")
                .password("abcd")
                .regDate(LocalDateTime.now())
                .build()
    );

    RegisterReq req = RegisterReq.builder()
        .id("dupid").name("다른이름")
        .email("dupid@abc.com")
        .password("abcde")
        .build()

    assertThrows(DupIdException.class,
        () -> userRegisterSvc.register(req)
    )
}
```

이 테스트 코드를 잘못 만든 것은 아니지만 검증할 내용에 비하면 필요하지 않은 값까지 설정하고 있다. 이 테스트는 동일 ID가 존재하는 경우에 가입할 수 없는지를 검증하는 것이 목적이기 때문에 동일 ID가 존재하는 상황을 만들 때 이메일, 이름, 가입일과 같은 값은 필요하지 않다. RegisterReq 객체를 생성할 때에도 검증에 필요한 값만 지정하면 된다.

테스트할 범위에 필요한 값만 설정하도록 [리스트 10.23]을 변경한 코드는 [리스트 10.24]와 같다.

[리스트 10.24] 테스트에 필요한 값만 설정

```
@Test
void dupIdExists_Then_Exception() {
    // 동일 ID가 존재하는 상황
    memoryRepository.save(User.builder().id("dupid").build());

    RegisterReq req = RegisterReq.builder()
        .id("dupid")
        .build()

    assertThrows(DupIdException.class,
        () -> userRegisterSvc.register(req)
    )
}
```

테스트에 필요한 값만 설정하면 필요하지 않은 값을 설정하느라 고민할 필요가 없다. 또한, 테스트 코드가 짧아져서 한눈에 내용을 파악할 수 있다.

단위 테스트를 위한 객체 생성 보조 클래스

단위 테스트 코드를 작성하다 보면 상황 구성을 위해 필요한 데이터가 다소 복잡할 때가 있다. 예를 들어 설문에 답변하는 기능을 구현하기 위해 다음에 해당하는 설문이 존재하는 상황이 필요하다고 가정하자.

- 설문이 공개 상태임
- 설문 조사 기간이 끝나지 않음
- 설문 객관식 문항이 두 개임
- 각 객관식 문항의 보기가 두 개임

테스트 코드는 상황을 구성하기 위해 다음과 같은 코드를 사용해야 한다. null이면 안 되는 필수 속성이 많다면 상황 구성 코드는 더 복잡해질 것이다.

```
@Test
void answer() {
    memorySurveyRepository.save(
        Survey.builder().id(1L)
            .status(SurveyStatus.OPEN)
            .endOfPeriod(LocalDateTime.now().plusDays(5))
            .questions(asList(
                new Question(1, "질문1",
                    asList(Item.of(1, "보기1"), Item.of(2, "보기2"))),
                new Question(1, "질문2",
                    asList(Item.of(1, "답1"), Item.of(2, "답2")))
                )
            ).build()
    );

    answerService.answer(…생략);
    …생략
}
```

테스트를 위한 객체 생성 클래스를 따로 만들면 이런 복잡함을 줄일 수 있다. 다음은 테스트 코드에서 필요한 객체를 생성할 때 사용할 수 있는 팩토리 클래스의 예를 보여준다.

```
public class TestSurveyFactory {
    public static Survey createAnswerableSurvey(Long id) {
        return Survey.builder()
            .id(id).status(SurveyStatus.OPEN)
            .endOfPeriod(LocalDateTime.now().plusDays(5))
            .questions(asList(
                new Question(1, "질문1",
                    asList(Item.of(1, "보기1"), Item.of(2, "보기2"))),
                new Question(1, "질문2",
                    asList(Item.of(1, "답1"), Item.of(2, "답2")))
                )
            ).build()
    }
}
```

TestSurveyFactory는 답변 가능한 상태인 Survey 객체를 생성한다. 답변 가능한 설문이 필요한 테스트 코드는 이 팩토리 클래스를 이용해서 간결하게 상황을 구성할 수 있다.

```
@Test
void answer() {
    memorySurveyRepository.save(
        TestSurveyFactory.createAnswerableSurvey(1L)
    );

    answerService.answer(…생략);
    …생략
}
```

답변 가능한 Survey 객체뿐만 아니라 기간이 지난 Survey, 아직 설문을 시작하지 않은 Survey 등을 팩토리가 제공하게 함으로써 테스트 코드에서 다양한 상황을 간단하게 구성할 수 있다.

빌더 패턴을 사용하면 유연함을 더할 수 있다. 다음은 테스트용 객체를 생성하는 기능을 빌더 패턴으로 구현하는 예를 보여준다.

```
public class TestSurveyBuilder {
    private Long id = 1L;
    private String title = "제목";
    private LocalDateTime endOfPeriod = LocalDateTime.now().plusDays(5);
    private List<Question> questions = asList(
            new Question(1, "질문1",
                asList(Item.of(1, "보기1"), Item.of(2, "보기2"))),
            new Question(1, "질문2",
```

```
                asList(Item.of(1, "답1"), Item.of(2, "답2")))
            );
    private SurveyStatus status = SurveyStatus.READY;
    …필수 속성에 대한 기본 값

    public TestSurveyBuilder id(Long id) {
        this.id = id;
        return this;
    }
    public TestSurveyBuilder title(String value) {
        this.title = value;
        return this;
    }
    public TestSurveyBuilder open() {
        this.status = SurveyStatus.OPEN;
        return this;
    }
    ….생략(questions(), endOfPeriod() 등 메서드

    public Survey build() {
        return Survey.builder()
            .id(id).title(title).status(status)
            .endOfPeriod(endOfPeriod)
            .questions(questions)
            …생략
            .build()
    }
}
```

TestSurveyBuilder 클래스의 필드는 기본값을 가지며 id(), title(), open() 등의 메서드는 기본값을 지정한 값으로 변경한다. build() 메서드는 해당 필드를 이용해서 Survey 객체를 생성한다. 따라서 TestSurveyBuilder를 사용하면 기본 값 대신에 변경하고 싶은 속성만 설정할 수 있다.

```
memorySurveyRepo.save(new TestSurveyBuilder().title("새로운 제목").open().build());
```

빌더를 사용하면 코드의 간결함은 유지하면서 팩토리 메서드에 비해 유연하게 값을 변경할 수 있는 장점이 있다.

파라미터의 기본 값을 지원하는 언어와 팩토리 메서드

코틀린은 파라미터에 기본값을 줄 수 있고 메서드를 호출할 때 파라미터 이름을 이

용해서 값을 전달할 수 있다. 이런 언어를 사용하면 빌더와 팩토리 메서드를 하나로 합칠 수 있다. 다음은 그 예이다.

```
fun createTestSurvey(
        id: Long = 1L, title: String = "제목", status = SurveyStatus.READY,
        endOfPeriod: LocalDateTime = LocalDateTime.now().plusDays(5),
        questions: List<Question> = listOf(
            Question(1, "질문1", listOf(Item(1, "보기1"), Item(1, "보기2"))),
            Question(2, "질문2", listOf(Item(1, "답1"), Item(1, "답2")))
            )
        ): Survey {
    return Survey.builder()
        .id(id).title(title).status(status)
        .endOfPeriod(endOfPeriod)
        .questions(questions)
        …생략
        .build()
}
```

다음은 위 함수를 이용해서 상황을 구성하는 테스트 코드 작성 예이다.

```
@Test
fun answer() {
    memorySurveyRepository.save(
        createTestSurvey(id = 10L, status = SurveyStatus.OPEN)
    )
```

조건부로 검증하지 않기

테스트는 성공하거나 실패해야 한다. 테스트가 성공하거나 실패하려면 반드시 단언을 실행해야 한다. 만약 조건에 따라서 단언을 하지 않으면 그 테스트는 성공하지도 실패하지도 않은 테스트가 된다. [리스트 10.25]는 이런 문제가 발생하는 예를 보여준다.

[리스트 10.25] 조건에 따라 단언을 하지 않는 테스트

```
@Test
void canTranslateBasicWord() {
    Translator tr = new Translator();
    if (tr.contains("cat")) {
```

```
05        assertEquals("고양이", tr.translate("cat"));
06    }
07 }
```

이 코드는 04행의 tr.contains("cat")이 true가 아니면 05행의 단언을 실행하지 않는다. 만약 이 코드의 목적이 "cat" 정도의 기본 단어는 번역을 할 수 있어야 한다는 것을 테스트하는 것이 목적이라면 이는 문제가 된다. 왜냐면 tr.contains("cat")가 false를 리턴하면 테스트가 실패하지 않기 때문이다.

다음은 비슷한 잘못을 저지르는 테스트 코드의 예를 보여준다.

```
@Test
void firstShoulBeAdminItem() {
    givenAdminItem(…);
    givenUserItem(…);

    List<Item> items = itemService.getItems();

    if (items.size() > 0) {
        assertEquals(ItemType.ADMIN, items.get(0).getType());
        assertEquals(ItemType.USER, items.get(1).getType());
    }
}
```

이 코드는 items.size()가 0보다 클 때만 단언을 실행한다. 만약 givenAdminItem() 메서드나 givenUserItem() 메서드를 잘못 수정해서 itemService.getItems()가 빈 List를 리턴하면 이 테스트 코드는 단언을 실행하지 않는다. 단언을 실행하지 않으면 테스트는 통과한 것처럼 보인다.

두 예는 실패해야 하는데 조건문 때문에 테스트가 실패하지 않는 문제가 있다. 이런 문제가 발생하지 않으려면 조건에 대한 단언도 추가해야 한다. 예를 들어 [리스트 10.25]는 [리스트 10.26]과 같이 수정할 수 있다.

[리스트 10.26] 조건도 단언을 하도록 수정

```
@Test
void canTranslateBasicWord() {
    Translator tr = new Translator();
    assertTranslationOfBasicWord(tr, "cat");
}

private void assertTranslationOfBasicWord(Translator tr, String word) {
```

```
08        assertTrue(tr.contains("cat"));
09        assertEquals("고양이", tr.translate("cat"));
10    }
```

08행은 tr.translate("cat")를 단언하기에 앞서 tr.contains("cat")이 true인지 검사한다. 이렇게 함으로써 실패한 테스트를 놓치는 것을 방지할 수 있다.

단언을 실행할 조건으로 List의 크기를 사용한 테스트 코드도 다음과 같이 변경할 수 있다. 이를 통해 List의 크기에 따라 실패해야 할 테스트가 실패하게 만들 수 있다.

```
@Test
void firstShoulBeAdminItem() {
    givenAdminItem(…);
    givenUserItem(…);

    List<Item> items = itemService.getItems();

    assertTrue(items.size() > 0);
    assertEquals(ItemType.ADMIN, items.get(0).getType());
    assertEquals(ItemType.USER, items.get(1).getType());
}
```

통합 테스트는 필요하지 않은 범위까지 연동하지 않기

다음 코드를 보자.

```
@Component
public class MemberDao {
    private JdbcTemplate jdbcTemplate;

    public MemberDao(JdbcTemplate jdbcTemplate) {
        this.jdbcTemplate = jdbcTemplate;
    }

    public List<Member> selectAll() {
        …생략
    }
}
```

이 코드는 스프링의 JdbcTemplate을 이용해서 데이터를 연동하고 있다. 스프링 부트 프로젝트를 사용한다면 다음과 같은 코드를 이용해서 DB 연동 테스트를 진행할 수 있다.

```
@SpringBootTest
public class MemberDaoIntTest {
    @Autowired
    MemberDao dao;

    @Test
    void findAll() {
        List<Member> members = dao.selectAll();
        assertTrue(members.size() > 0);
    }
}
```

이 테스트 코드는 잘못 만들지는 않았지만 한 가지 단점이 있다. 테스트하는 대상은 DB와 연동을 처리하는 MemberDao인데 @SpringBootTest 애노테이션을 사용하면 서비스, 컨트롤러 등 모든 스프링 빈을 초기화한다는 것이다. DB 관련된 설정 외에 나머지 설정도 처리하므로 스프링을 초기화하는 시간이 길어질 수 있다.

스프링 부트가 제공하는 @JdbcTest 애노테이션을 사용하면 DataSource, JdbcTemplate 등 DB 연동과 관련된 설정만 초기화한다. 다른 빈을 생성하지 않으므로 스프링을 초기화하는 시간이 짧아진다. 다음은 @JdbcTest 애노테이션을 이용하는 예를 보여준다.

```
@JdbcTest
@AutoConfigureTestDatabase(replace = AutoConfigureTestDatabase.Replace.NONE)
public class MemberDaoJdbcTest {

    @Autowired
    JdbcTemplate jdbcTemplate;

    private MemberDao dao;

    @BeforeEach
    void setUp() {
        dao = new MemberDao(jdbcTemplate);
    }

    @Test
    void findAll() {
        …생략
    }
}
```

이 코드는 MemberDao 객체를 직접 생성하고 있지만 대신 확인에 필요한 스프링 설정만 초기화하고 테스트할 수 있는 장점이 있다.

DataSource와 JdbcTemplate을 테스트 코드에서 직접 생성하면 스프링 초기화 과정이 빠지므로 테스트 시간은 더 짧아질 것이다.

더 이상 쓸모 없는 테스트 코드

LocalDateTime을 문자열로 변환하는 코드가 필요한데 LocalDateTime 클래스를 사용한 경험이 없다고 하자. 이 경우 테스트 코드를 사용해서 LocalDateTime의 포맷팅 방법을 익힐 수 있다.

```
@Test
void format() {
    LocalDateTime dt = LocalDateTime.of(2019, 8, 15, 12, 0, 0);
    assertEquals(
            "2019-08-15 12:00:00",
            dt.format(DateTimeFormatter.ofPattern("yyyy-MM-dd HH:mm:ss"))
    );
}
```

비슷하게 LocalDate를 사용할 때 2020년 1월 31일에서 한 달을 더하면 2020년 2월 29일이 나오는지 확인하고 싶다면 다음 테스트 코드를 작성해서 확인할 수 있다.

```
@Test
void diff() {
    LocalDate date = LocalDate.of(2020, 1, 31);
    assertEquals(LocalDate.of(2020, 2, 29), date.plusMonths(1));
}
```

이런 테스트 코드는 사용법을 익히고 나면 더 이상 필요가 없다. 소프트웨어가 제공할 기능을 검증하는 코드도 아니기 때문에 테스트 코드를 유지해서 얻을 수 있는 이점도 없다. 이렇게 특정 클래스의 사용법을 익히기 위해 작성한 테스트 코드는 오래 유지할 필요가 없으므로 삭제한다.

단지 테스트 커버리지를 높이기 위한 목적으로 작성한 테스트 코드도 유지할 필요가 없다. 코드 품질을 측정하는 수단으로 테스트 커버리지를 많이 사용하는데 이 수치를 높이기 위해 다음과 같은 테스트 코드를 작성할 때가 있다.

```
@Test
void testGetter() {
    User user = new User(1L, "이름");
    assertEquals(1L, user.getId());
    assertEquals("이름", user.getName());
}

// User 클래스
public class User {
    private Long id;
    private String name;
    …생략

    public Long getId() {
        return id;
    }
    public String getName() {
        return name;
    }
```

이 코드에서 User 클래스의 getId() 메서드나 getName() 메서드는 매우 단순해서 메서드를 검증할 목적으로 테스트 코드를 작성할 필요가 없다. 이 테스트 코드는 단지 테스트 커버리지를 높이기 위해서 존재할 뿐이다. 이런 테스트 코드 역시 실제 코드 유지보수에는 아무 도움이 되지 않으므로 삭제한다. 테스트 커버리지를 높여야 한다면 실제로 테스트 코드가 다루지 않는 if-else나 하위 타입 등을 찾아 테스트를 추가해야 한다. 그래야 의미 있는 테스트 커버리지 측정값을 얻을 수 있다.

테스트 커버리지

테스트 커버리지(test coverage)란 테스트하는 동안 실행하는 코드가 얼마나 되는지 설명하기 위해 사용하는 지표로 보통 비율을 사용한다. 예를 들어 단순하게 계산하면 한 메서드의 길이가 10줄인데 테스트하는 동안 8줄의 코드를 실행한다면 이때 테스트 커버리지는 80%가 된다. 물론 if-else 블록, 하위 타입, 반복문 등이 존재하므로 테스트 커버리지를 구하는 것은 복잡하다.

CHAPTER

11

마치며

테스트 우선하기
TDD 전파하기
TDD와 개발 시간
맺음말

CHAPTER

11 마치며

- 테스트 우선하기
- TDD 전파하기
- TDD와 개발 시간
- 맺음말

테스트 우선과 스트레스

많은 개발자가 일정 압박에 시달린다. 빨리 구현해야 한다는 압박은 높은 스트레스를 주며 이는 본인이 만든 코드를 충분히 테스트하지 않고 다음 기능을 구현하게 만든다. 코드를 충분히 테스트하지 않으면 버그를 포함할 가능성이 커진다. 구현한 코드를 제대로 테스트하지 못했다는 사실 또한 스트레스를 증가시킨다.

시간이 흐를수록 스트레스는 점점 커지고 개발자의 피로감도 증가한다. 충분하지 않은 테스트와 피로감은 판단력을 흐리게 해서 소프트웨어의 품질을 점점 망가뜨린다. 또한, 코드의 품질을 돌볼 여력이 없기에 코드는 점점 복잡해지고 가독성은 떨어진다.

그야말로 악순환이다. 개발이 진행될수록 악순환은 커지며 QA를 거치면서 악순환은 절정에 달한다. 개발 과정에서 충분한 테스트를 하지 못했으므로 QA 시점에 많은 버그가 쏟아져 나온다. 버그를 하나 잡으면 다른 새로운 버그가 만들어지는 일도 발생한다. 이 과정에서 개발자의 스트레스는 극에 달한다.

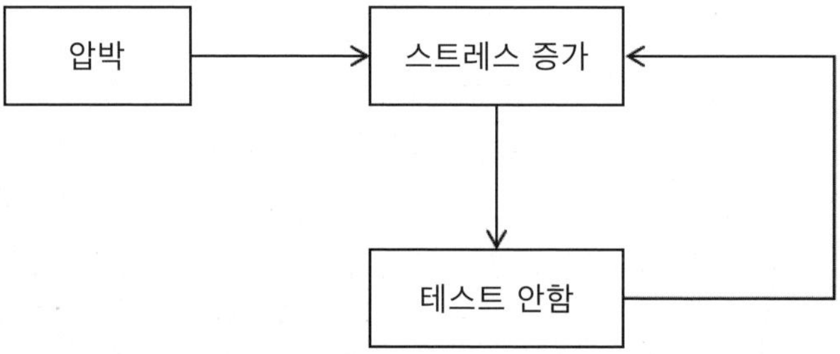

[그림 11.1] 스트레스는 테스트를 하지 않게 만들고 이는 다시 스트레스 증가로 이어진다.

TDD를 적용하면 이런 상황을 바꿀 수 있다. 테스트를 먼저 작성해야 한다는 간단한 규칙을 통해 이로운 개발 주기를 만들 수 있다. 테스트를 먼저 작성하면 적어도 해당 테스트를 통과한 만큼은 코드를 올바르게 구현했다는 사실을 알 수 있다. 테스트가 증가할수록 코드에 대한 신뢰도 함께 증가한다. 이는 개발자의 스트레스를 줄여주고 심리적 안정을 준다.

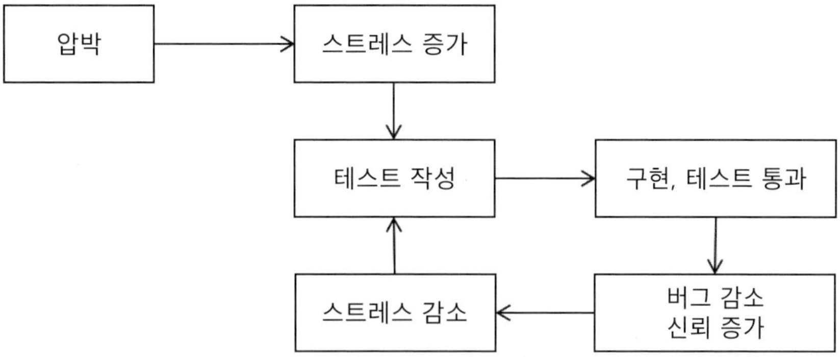

[그림 11.2] 테스트 코드는 스트레스를 줄여준다.

테스트 코드는 회귀 테스트로 사용할 수 있다. 코드를 수정하거나 새로 추가할 때 앞서 작성한 테스트 코드를 사용하면 다른 기능에 문제가 없는지 바로 확인할 수 있다. 테스트 코드는 안전장치가 되어 변경한 코드로 인해 소프트웨어가 비정상적으로 동작하는 것을 사전에 막아준다. 테스트 코드를 만든다고 완벽하게 버그를 없앨 수는 없지만, 테스트 코드가 다루는 범위가 넓을수록 버그가 발생할 가능성도 줄여준다.

버그 수정도 더 쉬워진다. 버그가 발생하는 상황에 대한 테스트 코드를 추가하고 이를 통과시키면 된다. 버그를 고치는 과정에서 발생할 수 있는 새로운 버그를 놓치지 않을까 걱정할 필요도 없다. 새로운 버그가 발생하면 다른 테스트를 실행하는 과정에서 알아낼 수 있기 때문이다.

회귀 테스트(Regression test)

회귀 테스트는 개발하고 테스트한 소프트웨어가 이후에 코드를 수정해도 기존 코드가 올바르게 동작하는지 확인하기 위한 테스트이다.

소프트웨어를 변경하면 이전에 고쳤던 결함이 재발하거나 새로운 결함이 발생하는 일이 종종 발생한다. 그래서 결함을 발견하면 결함을 수정하고 이를 확인할 테스트를 만든다. 이렇게 만든 테스트를 소프트웨어가 바뀔 때마다 실행해서 결함이 재발하지 않는지 확인한다.

TDD 전파하기

TDD가 어느 정도 몸에 붙으면 다음의 효과를 느낄 수 있다.

- 결함 감소
- 스트레스 감소
- 빠른 피드백

이런 효과를 혼자서만 누리는 것이 아깝게 느껴지면 TDD를 동료, 팀, 회사에 전파하고 싶어질 것이다. 필자 역시 TDD를 배우면서 이를 전파하고 싶은 마음이 컸고 동료들과 함께하고 싶었다. 하지만 무턱대고 TDD를 밀어붙이면 안 된다. 이는 오히려 TDD 전파를 방해할 수 있다.

TDD를 경험하지 않은 사람의 입장에서 TDD는 완전히 다른 방식이다. 이들은 그동안 만들지 않던 테스트 코드를 만드는 것 자체가 개발 시간을 늘린다고 생각한다. 이런 사람들은 TDD가 주는 이점을 설명해도 이해하지 못한다. 또한, 수동으로 테스트하는 시간과 버그를 잡기 위해 노력하는 시간도 개발 시간에 포함된다는 사실을 인지하지 못하는 경우도 있다. 나아가 스스로 아직 TDD에 익숙하지 않은 상태에서 남들에게 TDD를 해야 한다고 강요한다면 오히려 '당신도 TDD 때문에 개발이 느려지네요!'라고 공격받을 수 있다.

그래서 TDD를 전파하려면 본인이 먼저 TDD에 익숙해져야 한다. 그전까지는 전파에 조심해야 한다. 아직 TDD가 익숙하지 않다면 먼저 개인 프로젝트를 통해 TDD를 연마해야 한다. 잘 못하는 상태에서 회사 업무에 TDD를 적용하다가 일정에 영향을 주기 시작하면 주변 동료나 상사에게 부정적인 시각을 주어 전파할 기회를 잡을 수 없게 된다.

TDD가 익숙해지기 시작하면 업무에 적용한다. 이 시점이 되면 테스트 코드를 왜 만드냐는 주변의 물음에 더 적은 결함, 더 적은 스트레스, 더 빠른 개발이라는 실질적인 결과를 보여줄 수 있다. TDD의 이점을 누릴 수 있게 되면 주변에서 뭐라고 하건 신경 쓰지 말자. 일단 혼자만이라도 TDD의 이점을 개발에 녹여 넣어야 한다. 물론 100% TDD로 개발할 수는 없겠지만 할 수 있는 한 많은 범위를 TDD로 개발하는 것이 중요하다.

동조자 찾기

동조자가 있으면 함께 해야 한다. 함께 할 사람이 있으면 지속할 수 있는 힘이 생긴다. 동료와 함께 코드를 작성하고 리뷰하다 보면 테스트 코드를 만드는 역량도 증가하고 힘도 날 것이다.

짝 코딩을 통한 전파

하나둘 TDD에 관심을 두는 동료가 생기면 이들이 TDD에 입문할 수 있도록 도와야 한다. TDD를 못하는 주된 이유가 TDD를 하는 방법을 모르기 때문이다. 이런 개발자에게 TDD를 전파하는 가장 좋은 방법은 짝 코딩을 하는 것이다. 짝 코딩을 진행하면 다음이 가능하다.

- 테스트 코드를 만들고 실행하는 방법을 보여준다.
- 대역을 생성하고 사용하는 방법을 보여준다.
- 무엇보다 실제 업무에서 다루는 코드로 TDD를 경험하게 한다.

동료가 직접 테스트 코드를 만들지 못하는 상태라면 테스트 코드를 만들고 통과시키는 것까지 모두 직접 진행한다. 이 과정에서 동료가 눈으로 TDD를 경험하게 만든다.

동료의 눈에 TDD가 조금씩 들어오기 시작하면 이제 테스트 코드만 만들고 동료가 테스트를 통과시키게 한다. 한 번에 많은 코드를 만들려고 하면 테스트를 통과시키는데 필요한 코드만 만들어야 하는 점을 상기시킨다.

그다음은 테스트 코드를 동료가 직접 만들게 한다. 이때가 가장 어렵다. 조금씩 도움을 주면서 테스트 코드를 만들 수 있게 유도한다. 처음은 어렵겠지만 하나둘 테스트 코드를 추가하다 보면 점차 테스트 코드를 만드는 실력이 좋아진다.

남이 작성한 테스트 코드를 보기만 하는 것과 테스트 코드를 실제로 실행하고 그 결과를 체험하는 것은 다르다. 짝 코딩은 직접 테스트 코드를 경험하게 함으로써 테스트 코드 작성에 대한 거부감을 줄이고 테스트 코드가 주는 이점을 느낄 수 있는 기회를 제공한다.

레거시 코드에 대한 테스트 추가

레거시 코드처럼 TDD를 하기 힘든 코드는 테스트 코드라도 만들어보자. 레거시에 대한 테스트가 쌓이면 어떻게 테스트 코드를 만들어야 할지 감이 잡히기 시작한다. 테스트 코드를 만들기 힘들다면 일부 코드를 리팩토링해서 테스트 코드를 만들 수 있는 구조로 변경해야 한다. 테스트 코드 없이 리팩토링을 수행한다는 것은 위험하지만 앞으로 영원히 테스트 코드를 만들지 못하는 것보다 약간의 위험을 감수하더라도 테스트 코드를 만들 수 있게 리팩토링을 감행하는 것이 낫다고 생각한다.

필자가 자주 사용하는 방법은 테스트 코드를 만들고 싶은 코드를 별도 클래스로 분리하는 것이다. 그런 뒤에 분리한 클래스에 대해 테스트 코드를 작성한다. 분리하는 코드의 범위가 작을수록 테스트를 만들기도 쉬워진다.

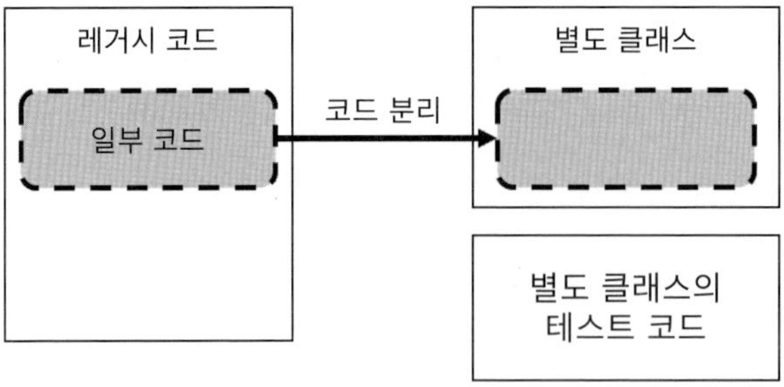

[그림 11.3] 레거시 코드는 일부 코드를 별도 타입으로 분리하는 방식으로 테스트 코드를 만들 수 있다.

이렇게 점진적으로 코드를 분리하고 테스트 코드를 만드는 과정을 반복하면 이미 동작하는 기능에 대한 영향은 최소화하면서 테스트를 추가할 수 있다. 테스트를 추가하는 만큼 리팩토링, 기능 변경, 테스트 추가가 더욱 수월해진다.

NOTE

레거시 코드에 대해 테스트를 작성하는 방법이 궁금한 독자는 다음 책을 읽어보자.

- Working Effectively with Legacy Code (번역서: 레거시 코드 활용 전략)

많은 영감을 얻을 수 있을 것이다.

일단 레거시 코드에 테스트가 들어가기 시작하면 이제 테스트 코드를 이용해서 동료들과 협업할 수 있게 된다. 예를 들면 테스트 코드를 이용해서 코드의 동작 방식을 설명할 수 있게 되고 수정사항이 들어오면 검증할 수 있는 테스트 코드를 같이 작성하고 이를 통과시키는 방식으로 협업이 가능해진다.

TDD와 개발 시간

TDD를 경험하지 않은 개발자는 다음과 같은 이야기로 TDD 적용을 반대한다.

- 개발할 시간도 없는데 언제 테스트 코드를 작성하냐?

얼핏 들으면 그럴듯하지만 실제로는 그렇지 않다. 오히려 개발 시간에 대한 이해가 부족한 개발자가 이런 말을 할 때가 많다. 개발 시간은 크게 세 가지로 나눌 수 있다.

- 처음 코딩 시간
- 테스트 시간
- 디버깅 시간

특정 기능을 구현하기 위해 코딩을 하면 그 뒤에는 그 기능을 잘 구현했는지 확인하기 위해 테스트를 해야 한다. 테스트를 수행하는 과정에서 문제를 발견하면 원인을 찾기 위해 디버깅을 한다. 디버깅하는 과정에서 다시 코드를 수정하고 테스트를 하고 디버깅을 한다. 이 과정은 개발을 완료할 때까지 반복된다. 즉 개발 시간은 테스트 전까지의 코딩 시간과 테스트 시간 그리고 문제를 없애기 위한 디버깅 시간을 포함한다.

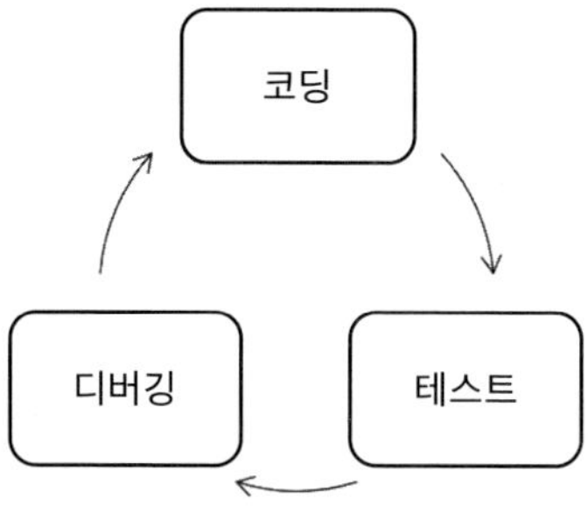

[그림 11.4] 코딩 → 테스트 → 디버깅은 개발을 완료할 때까지 반복된다.

전체 개발 시간을 줄이려면 코딩 시간뿐만 아니라 테스트 시간과 디버깅 시간을 줄여야 한다. 코딩만 한다고 개발 시간이 줄지는 않는다는 것이다. 테스트가 필요 없을 만큼 한 번에 완벽하게 구현할 수 있으면 좋겠지만 이는 아주 간단한 기능을 개발할 때나 가능한 일이다. 코드를 만들면 결국 만든 코드가 올바르게 동작하는지 테스트해야 한다. 이 테스트를 수동으로 진행하면 개발이 진행될수록 테스트 시간은 길어진다. 왜냐면 기능은 점점 많아지고 복잡해지기 때문이다.

테스트 시간을 줄이려면 테스트를 자동화해야 하는데 테스트를 자동화한다는 것은 테스트를 수행하는 코드를 만든다는 것을 의미한다. 그렇다! 테스트 시간을 줄이려면 테스트 코드를 만들어야 하는 것이다. TDD는 처음부터 테스트 코드를 만들기 때문에 반복적인 테스트 시간을 줄여준다. 처음에는 개발 시간을 늘리는 것처럼 보이는 테스트 코드가 뒤로 갈수록 반복되는 테스트 시간을 줄여주어 오히려 개발 시간을 줄여주는 것이다.

코드를 작성한 시점과 테스트를 하는 시점에 차이가 날수록 어떤 문제가 발생했을 때 원인을 찾는 데 시간이 필요하다. 아무리 코드를 잘 만들었다 해도 코드를 다시 읽고 분석해야 하기 때문이다. 반면에 TDD는 기능을 구현하자마자 테스트를 진행한다. 바로 전에 코드를 작성했기 때문에 테스트에 실패해도 원인을 빨리 찾을 수 있다. 즉 TDD는 디버깅 시간을 줄여준다.

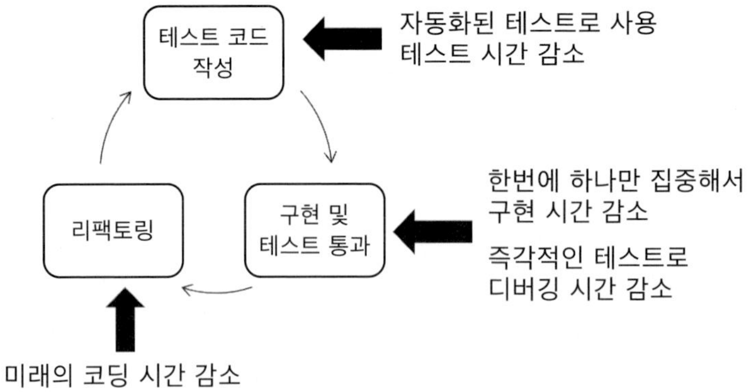

[그림 11.4] 코딩 → 테스트 → 디버깅은 개발을 완료할 때까지 반복된다.

또한, TDD는 리팩토링을 포함한다. 리팩토링을 통해 코드 구조와 가독성을 개선한다. 코드 개선은 향후 코드 수정과 추가를 쉽게 할 수 있게 해 준다. 즉 리팩토링은 미래의 코딩 시간을 줄여준다.

이렇게 TDD를 활용하면 테스트 시간, 디버깅 시간, 코딩 시간이 줄어 전반적인 개발 시간을 줄일 수 있다.

테스트와 개발 시간 이야기

몇 년 전 일이다. 동료 개발자가 DB에서 데이터를 조회해서 엑셀 파일로 만들어 제공하는 기능을 개발하고 있었다. 이 기능을 개발하기 위해 동료 개발자는 다음과 같은 과정을 반복하면서 코드를 작업하고 있었다.

1. 디버깅 또는 코드 구현
2. 톰캣 실행, 브라우저 실행
3. 폼 화면 이동, 폼 전송
4. 에러 발생, 과정 1로 이동
5. 다운로드한 엑셀 확인 후 이상 발견, 과정 1로 이동

동료 개발자와 같이 이 작업을 수행하면서 순서를 다음과 같이 바꾸었다.

1. DB 조회 기능에 대한 테스트 작성 → 통과할 때까지 구현
2. 엑셀 파일 생성하는 코드에 대한 테스트 작성 → 통과할 때까지 구현

3. 컨트롤러에서 파일 다운로드 처리 테스트 작성 → 통과할 때까지 구현
4. 마지막으로 톰캣 구동하고 브라우저 실행해서 테스트 진행

1~3번 과정은 테스트 코드를 통해서 빠르게 기능을 실행하고 검증할 수 있었다. 불필요하게 톰캣을 구동하거나 브라우저를 띄울 필요가 없었다. 테스트 대상이 명확해 집중해서 구현하고 디버깅할 수 있게 되어 개별 요소에 대한 개발 시간을 단축할 수 있었다.

마지막으로 4번 과정에서 기능 테스트를 수행했다. 이미 1~3번 과정에서 주요 코드에 대한 테스트를 마쳤기 때문에 4번 과정에서는 빠르게 수정할 수 있는 사소한 오류만 발생했다.

맺음말

TDD는 마치 운동과도 같다. 운동을 꾸준히 하면 건강해지고 체력이 좋아지는 것처럼 TDD도 꾸준히 연습하고 적용해야 실력이 늘고 효과를 볼 수 있다. 초반에 힘들다고 바로 포기하면 오히려 안 하는 것만 못하다. 처음엔 쉬운 것을 TDD로 시도해서 TDD에 익숙해지고 이후에 점진적으로 TDD 적용 범위를 늘려나가자. 지속적으로 TDD를 갈고 닦다 보면 머지않은 미래에 TDD가 주는 효과를 느끼게 될 것이다. 그러니 TDD가 습관이 될 때까지 연습하고 또 연습하자!

부 록

A

JUnit 5 추가 내용

부 록

A JUnit 5 추가 내용

- 조건에 따른 테스트
- 태깅과 필터링
- 중첩 구성
- 설명 달기

조건에 따른 테스트

JUnit 5는 조건에 따라 테스트를 실행할지 여부를 결정하는 기능을 제공하는데 이 책에서는 다음 애노테이션에 대해 살펴본다. 이들 애노테이션은 org.junit.jupiter.api.condition 패키지에 속해 있다.

- @EnabledOnOs, @DisabledOnOs
- @EnabledOnJre, @DisabledOnJre
- @EnabledIfSystemProperty, @DisabledIfSystemProperty
- @EnabledIfEnvironmentVariable, @DisabledIfEnvironmentVariable

테스트 메서드가 특정 운영체제에서만 동작해야 한다면 @EnabledOnOs 애노테이션을 사용한다. 반대의 경우는 @DisabledOnOs 애노테이션을 사용한다. 다음은 사용 예이다.

```
public class OsTmpPathTest {
    @Test
    @EnabledOnOs(OS.WINDOWS)
    void windowTmpPath() {
        Path tmpPath = Paths.get("C:\\Temp");
        assertTrue(Files.isDirectory(tmpPath));
    }

    @Test
    @EnabledOnOs(OS.LINUX)
    void linuxTmpPath() {
        Path tmpPath = Paths.get("/tmp");
```

```
        assertTrue(Files.isDirectory(tmpPath));
    }
}
```

OS 타입은 열거 타입으로 WINDOWS, MAC, LINUX와 같은 운영체제 이름을 값으로 정의하고 있다. @EnabledOnOs 애노테이션과 @DisabledOnOs 애노테이션은 OS 열거 타입을 사용해서 테스트를 실행하거나 실행하지 않을 운영체제 조건을 지정한다.

자바 버전에 따라 테스트를 실행하고 싶다면 @EnabledOnJre 애노테이션을 사용한다. 반대의 경우는 @DisabledOnJre 애노테이션을 사용한다. 다음은 사용 예이다.

```
@Test
@EnabledOnJre({JRE.JAVA_8, JRE.JAVA_9, JRE.JAVA_10, JRE.JAVA_11})
void testOnJre() {
    assertEquals(LocalDate.of(1919, 3, 1), LocalDate.of(2019, 3, 1).minusYears(100));
}
```

JRE 열거 타입은 자바 버전을 정의하고 있다. 5.4.0 기준으로 JRE 열거 타입은 JAVA_8 부터 JAVA_13까지 값을 정의하고 있고 추가로 OTHER 값을 정의하고 있다. 자바 7이나 자바 6을 사용할 때 JRE.OTHER를 사용할 수 있지만, 자바 8 버전부터 JUnit 5를 사용할 수 있기 때문에 실질적으로 JRE.OTHER를 사용할 일은 없다.

@EnabledIfSystemProperty 애노테이션과 @DisabledIfSystemProperty 애노테이션은 시스템 프로퍼티 값을 비교하여 테스트 실행 여부를 결정한다. 다음 코드는 사용 예를 보여준다. 이 코드는 java.vm.name 시스템 프로퍼티 값이 OpenJDK를 포함하고 있으면 해당 테스트를 실행한다.

```
@Test
@EnabledIfSystemProperty(named = "java.vm.name", matches = ".*OpenJDK.*")
void openJdk() {
    assertEquals(2, 1 + 1);
}
```

@EnabledIfSystemProperty 애노테이션의 named 속성은 시스템 프로퍼티의 이름을 지정하고 matches 속성에는 값의 일치 여부를 검사할 때 사용할 정규 표현식을 지정한다.

@EnabledIfEnvironmentVariable 애노테이션도 named 속성과 matches 속성을 사용한다.

차이점은 named 속성에 환경변수 이름을 사용한다는 것이다.

태깅과 필터링

@Tag 애노테이션은 테스트에 태그를 달 때 사용한다. @Tag 애노테이션은 클래스와 테스트 메서드에 적용할 수 있다. 다음 코드는 @Tag 애노테이션의 사용 예를 보여준다.

```
import org.junit.jupiter.api.Tag;

@Tag("intergration")
public class TagTest {

    @Tag("very-slow")
    @Test
    void verySlow() {
        int result = someVerySlowOp();
        assertEquals(result, 0);
    }
```

이 코드는 verySlow() 테스트 메서드에 이름이 "slow"인 태그를 붙였다. 여러 태그를 붙이고 싶다면 각 이름마다 @Tag 애노테이션을 사용하면 된다.

태그의 이름은 다음 규칙을 따라야 한다.

- null이나 공백이면 안 된다.
- 좌우 공백을 제거한 뒤에 공백을 포함하면 안 된다.
- ISO 제어 문자를 포함하면 안 된다.
- 다음 글자를 포함하면 안 된다: , ( ) & | !

@Tag 애노테이션을 이용하면 메이븐이나 그레이들에서 실행할 테스트를 선택할 수 있다. 다음은 태그 이름을 사용해서 실행할 테스트를 선택하는 메이븐 설정 예를 보여준다.

```
<plugin>
    <artifactId>maven-surefire-plugin</artifactId>
    <version>2.22.1</version>
```

```
    <configuration>
        <groups>integration</groups>
        <excludedGroups>slow | very-slow</excludedGroups>
    </configuration>
</plugin>
```

<groups> 요소는 실행에 포함할 태그를 지정하고 <excludedGroups> 요소는 실행에서 제외할 태그를 지정한다. 위 코드는 integration 태그를 테스트 대상에 포함하고 slow 태그나 very-slow 태그는 테스트 대상에서 제외한다. 제외 대상이 우선한다.

다음은 위 코드와 동일한 태그를 테스트 대상으로 선택하는 그레이들 설정 예이다.

```
test {
    useJUnitPlatform {
        includeTags 'integration'
        excludeTags 'slow | very-slow'
    }
}
```

테스트 포함 대상이나 제외 대상을 지정할 때 태그 식을 사용하는데 태그 식에서는 다음 연산을 이용해서 식을 조합할 수 있다.

- ! : NOT 연산, 예) !integration
- & : AND 연산, 예) slow & mock-server
- | : OR 연산, 예) slow | very-slow

이 연산을 사용하면 다양한 태그 조합을 사용해서 테스트 대상을 구분할 수 있다.

중첩 구성

@Nested 애노테이션을 사용하면 중첩 클래스에 테스트 메서드를 추가할 수 있다. 다음은 @Nested 애노테이션을 사용한 코드의 전형적인 구조를 보여준다.

```
import org.junit.jupiter.api.Nested;
```

```
public class Outer {

    @BeforeEach void outerBefore() { }

    @Test void outer() { }

    @AfterEach void outerAfter() { }

    @Nested
    class NestedA {

        @BeforeEach void nestedBefore() { }

        @Test void nested1() { }

        @AfterEach void nestedAfter() { }
    }
}
```

위 코드를 기준으로 중첩 클래스의 테스트 메서드인 nested1()을 실행하는 순서는 다음과 같다.

1. Outer 객체 생성
2. NestedA 객체 생성
3. outerBefore() 메서드 실행
4. nestedBefore() 메서드 실행
5. nested1() 테스트 실행
6. nextedAfter() 메서드 실행
7. outerAfter() 메서드 실행

중첩된 클래스는 내부 클래스이므로 외부 클래스의 멤버에 접근할 수 있다. 이 특징을 활용하면 상황별로 중첩 테스트 클래스를 분리해서 테스트 코드를 구성할 수 있다.

```
public class UserServiceTest {
    private MemoryUserRepository memoryRepo;
    private UserService userService;

    @BeforeEach
    void setup() {
        memoryRepo = new MemoryUserRepository();
        userService = new UserService(memoryRepo);
```

```
    }

    @Nested
    class GivenUser {
        @BeforeEach
        void givenUser() {
            memoryRepo.save(new User("user", "name"));
        }

        @Test
        void dupId() { … }
    }

    @Nested
    class GivenNoDupId {
        ...
    }
}
```

테스트 메시지

다음 코드를 보자.

```
List<Integer> ret = getResults();
List<Integer> expected = Arrays.asList(1, 2, 3);
for (int i = 0 ; i < expected.size() ; i++) {
    assertEquals(expected.get(i), ret.get(i));
}
```

이 테스트 코드는 for 구문을 이용해서 List에 대한 검증을 수행하고 있다. 루프를 도는 과정에서 값 검증에 실패하면 다음과 같은 검증 실패 메시지가 출력된다.

```
org.opentest4j.AssertionFailedError:
Expected :2
Actual   :6
```

이 에러 메시지만으로는 List의 몇 번째 요소를 검증하다가 실패했는지 알 수 없다. expected

에서 기댓값이 2인 요소가 몇 번인지 코드를 뒤져야 한다. 예제 코드에서는 2인 요소가 한 개뿐이지만 만약 2인 요소가 두 개 이상이면 찾기는 더 힘들어진다.

설명 문자열을 사용하면 이런 문제를 쉽게 해결할 수 있다. 다음 코드는 같은 테스트 코드에 assertEquals() 메서드의 세 번째 인자로 설명 문자열을 추가한 것이다.

```
List<Integer> ret = getResults();
List<Integer> expected = Arrays.asList(1, 2, 3);
for (int i = 0 ; i < expected.size() ; i++) {
    assertEquals(expected.get(i), ret.get(i), "ret[" + i + "]");
}
```

assertEquals() 메서드의 세 번째 인자는 테스트에 실패할 때 표시할 메시지로 사용된다. 위 테스트 코드가 실패하면 다음과 같이 메시지로 전달한 문자열이 실패 안내 문구에 함께 표시된다.

```
org.opentest4j.AssertionFailedError: ret[1] ==>
Expected :2
Actual   :6
```

실패 문구를 보면 ret의 1번 인덱스 값을 검증하다 실패했다는 것을 쉽게 알 수 있다. 이렇게 한 테스트 메서드에 구분이 쉽지 않은 단언을 여러 번 하는 경우 메시지를 사용해서 각 단언을 쉽게 구분할 수 있다.

@TempDir 애노테이션을 이용한 임시 폴더 생성

파일과 관련된 테스트 코드를 만들다 보면 임시로 사용할 폴더가 필요할 때가 있다. 테스트를 시작하기 전에 임시로 사용할 폴더를 만들고 임시 폴더에 파일을 생성하고 테스트가 끝나면 임시 폴더와 파일을 삭제하는 코드를 직접 만들 수 있지만, 이는 꽤 성가신 작업이다.

JUnit 5.4 버전에 추가된 @TempDir 애노테이션을 사용하면 임시 폴더 관련 작업을 테스트 코드에서 쉽게 처리할 수 있다. @TempDir 애노테이션을 필드 또는 라이프사이클 관련 메서드나 테스트 메서드의 파라미터로 사용하면 JUnit은 임시 폴더를 생성하고 @TempDir 애노테이션을 붙인 필드나 파라미터에 임시 폴더 경로를 전달한다. @TempDir 애노테이션은

File 타입이나 Path 타입에 적용할 수 있다.

다음은 사용 예이다.

```
import org.junit.jupiter.api.Test;
import org.junit.jupiter.api.io.TempDir;

import java.io.File;

public class TempDirTest {

    @TempDir
    File tempFolder;

    @Test
    void fileTest() {
        // tempFolder에 파일 생성 등 작업

    }
```

위 코드는 File 타입의 tempFolder 필드에 @TempDir 애노테이션을 적용했다. 이 경우 테스트 메서드를 실행하기 전에 임시 폴더를 생성하고 그 폴더 정보를 tempFolder 필드에 할당한다.

필드에 적용하면 각 테스트 메서드를 실행할 때마다 임시 폴더를 생성한다. 만약 특정 테스트 메서드에서만 임시 폴더를 생성해서 사용하고 싶다면 테스트 메서드의 파라미터에 @Temp Dir 애노테이션을 적용하면 된다.

```
@Test
void fileTest(@TempDir Path tempFolder) {
    ...테스트 코드
}
```

테스트를 실행한 뒤에는 생성한 임시 폴더를 삭제한다. 물론 이 과정에서 임시 폴더에 작성한 파일도 함께 삭제한다.

특정 테스트 클래스 단위로 임시 폴더를 생성하고 싶다면 정적 필드에 @TempDir 애노테이션을 붙인다. 정적 필드에 @TempDir 애노테이션을 적용하면 각 테스트 메서드마다 임시 폴더를 생성하지 않는다. 대신 테스트 클래스의 모든 테스트 메서드를 실행하기 전에 임시 폴더를 한번 생성하고 모든 테스트 메서드의 실행이 끝난 뒤에 임시 폴더를 삭제한다.

```
public class TempDirTest {

    @TempDir
    static File tempFolderPerClass;

    …생략
```

정적 필드 대신 @BeforeAll 메서드의 파라미터에 @TempDir 애노테이션을 적용해도 된다.

```
public class TempDirTest {

    @BeforeAll
    static void setup(@TempDir File tempFolder) {
        ...
    }
```

@Timeout 애노테이션을 이용한 테스트 실행 시간 검증

@Timeout 애노테이션은 JUnit 5.5 버전부터 지원하는 애노테이션으로 @Timeout 애노테이션을 사용하면 테스트가 일정 시간 내에 실행되는지 검증할 수 있다. 다음은 @Timeout 애노테이션을 이용해서 테스트 메서드가 1초 이내에 실행되는지 검증하는 예를 보여준다.

```
import org.junit.jupiter.api.Test;
import org.junit.jupiter.api.Timeout;

public class TimeoutTest {
    @Test
    @Timeout(1)
    void sleep2seconds() throws InterruptedException {
        Thread.sleep(2000);
    }
}
```

테스트 메서드 내에서 2초 동안 실행을 멈추므로 이 테스트의 실행 시간은 1초를 초과해서 실패하게 된다. 테스트 실패 메시지는 다음과 같다.

```
java.util.concurrent.TimeoutException: sleep2seconds() timed out after 1 second
```

초가 아닌 다른 시간 단위를 사용하고 싶다면 unit 속성에 TimeUnit 값을 지정하면 된다. 다음은 밀리초 단위로 설정하는 예를 보여준다.

```
@Test
@Timeout(value = 500, unit = TimeUnit.MILLISECONDS)
void sleep40Mills() throws InterruptedException {
    Thread.sleep(40);
}
```

부 록

B

JUnit 4 기초

의존 설정
기본 애노테이션
단언 메서드

부 록

B

JUnit 4 기초

- 의존 설정
- 기본 애노테이션
- 단언 메서드

의존 설정

JUnit 5는 여러 모듈로 구성되어 있는 데 반해 JUnit 4의 모듈 구성은 단순하다. 메이븐 프로젝트를 사용한다면 다음 의존을 추가하면 된다.

```
<dependencies>
   <dependency>
      <groupId>junit</groupId>
      <artifactId>junit</artifactId>
      <version>4.12</version>
      <scope>test</scope>
   </dependency>
</dependencies>
```

그레이들을 사용한다면 다음 설정을 사용한다.

```
dependencies {
   testImplementation 'junit:junit:4.12'
}

test {
   useJUnit()
}
```

JUnit 5는 자바 8이나 그 이상의 버전을 필요로 하지만, JUnit 4는 자바 1.5 이상에서 동작한다.

기본 테스트 애노테이션

JUnit 4의 기본 테스트 애노테이션은 @Before, @Test, @After이다. 다음은 JUnit 4를 이용한 테스트 코드의 기본 골격을 보여준다.

```
package appb;

import org.junit.After;
import org.junit.Before;
import org.junit.Test;

import static org.junit.Assert.assertEquals;

public class AppTest {
    @Before
    public void setUp() {

    }

    @Test
    public void plus() {
        assertEquals(2, 1 + 1);
    }

    @After
    public void tearDown() {

    }
}
```

각 애노테이션은 다음의 JUnit 5 애노테이션에 대응한다.

- @Before → JUnit 5의 @BeforeEach
- @Test → JUnit 5의 @Test
- @After → JUnit 5의 @AfterEach

테스트 메서드는 JUnit 5와 동일하게 다음 순서로 실행한다.

1. 테스트 클래스 객체 생성
2. @Before 메서드 실행

3. @Test 메서드 실행
4. @After 메서드 실행

JUnit 5와 달리 JUnit 4의 테스트 메서드는 public이어야 한다. @Before 애노테이션과 @After 애노테이션도 public 메서드에 붙여야 한다.

단언 메서드

org.junit.Assert 클래스는 assertEquals()를 포함한 기본적인 검증 메서드를 제공한다. 주요 메서드는 [표 B.1]과 같다.

[표 B.1] Assert 클래스가 제공하는 주요 assert 메서드

메서드	설명
assertEquals(expected, actual)	실제 값(actual)이 기대하는 값(expected)과 같은지 검사한다.
assertNotEquals(unexpected, actual)	실제 값(actual)이 특정 값(unexpected)과 같지 않은지 검사한다.
assertSame (Object expected, Object actual)	두 객체가 동일한 객체인지 검사한다.
assertNotSame (Object unexpected, Object actual)	두 객체가 동일하지 않은 객체인지 검사한다.
assertTrue(boolean condition)	값이 true인지 검사한다.
assertFalse(boolean condition)	값이 false인지 검사한다.
assertNull(Object actual)	값이 null인지 검사한다.
assertNotNull(Object actual)	값이 null이 아닌지 검사한다.
fail()	테스트를 실패 처리한다.

JUnit 4는 assertAll()이나 assertThrows()는 제공하지 않는다.

JUnit 4에서 익셉션 발생 여부를 테스트할 때에는 @Test 애노테이션의 expected 속성을 사용한다. 다음은 사용 예이다.

```
@Test(expected = ArithmeticException.class)
public void throwEx() {
    divide(1, 0);
}
```

발생한 익셉션 객체를 사용해서 추가 검증을 해야 할 때는 expected 속성을 사용할 수 없다. 대신 아래 코드처럼 try-catch를 사용해서 직접 검증 처리를 해야 한다.

```
ArithmeticException thrown = null;
try {
    divide(1, 0);
} catch(ArithmeticException ex) {
    thrown = ex;
}
assertNotNull(thrown);
assertTrue(thrown.getMessage().contains("zero"));
```

부 록

C

Mockito 기초 사용법

의존 설정
모의 객체 생성
스텁 설정
행위 검증
인자 캡처

부 록

C

Mockito 기초 사용법

- 의존 설정
- 모의 객체 생성
- 스텁 설정
- 행위 검증
- 인자 캡처

Mockito는 모의 객체 생성, 검증, 스텁을 지원하는 프레임워크이다. Mockito는 인기 있는 자바 모의 객체 프레임워크 중 하나로 필자도 오랜 시간 애용하고 있다. [부록 C]에서는 Mockito의 기본 사용법을 설명하며 이를 통해 대역을 보다 원활하게 사용할 수 있게 될 것이다.

의존 설정

Mockito를 사용하려면 mockito-core 모듈을 의존에 추가하면 된다.

```
<dependencies>
  <dependency>
    <groupId>org.junit.jupiter</groupId>
    <artifactId>junit-jupiter</artifactId>
    <version>5.4.0</version>
    <scope>test</scope>
  </dependency>
  <dependency>
    <groupId>org.mockito</groupId>
    <artifactId>mockito-core</artifactId>
    <version>2.26.0</version>
    <scope>test</scope>
  </dependency>
</dependencies>
```

그레이들 설정은 다음과 같다.

```
dependencies {
    testImplementation('org.junit.jupiter:junit-jupiter:5.4.0')
    testImplementation('org.mockito:mockito-core:2.26.0')
}
```

모의 객체 생성

Mockito.mock() 메서드를 이용하면 특정 타입의 모의 객체를 생성할 수 있다. [리스트 C.1]은 모의 객체 생성 예이다.

[리스트 C.1] Mockito.mock() 메서드를 이용한 모의 객체 생성

```
import static org.mockito.Mockito.mock;

public class GameGenMockTest {
    @Test
    void mockTest() {
        GameNumGen genMock = mock(GameNumGen.class);

    }
}
```

Mockito.mock() 메서드는 클래스, 인터페이스, 추상 클래스에 대해 모의 객체를 생성할 수 있다. 이 예제에서 GameNumGen은 다음과 같은 인터페이스라고 가정한다.

```
public interface GameNumGen {
    String generate(GameLevel level);
}
```

스텁 설정

모의 객체를 생성한 뒤에는 BDDMockito 클래스를 이용해서 모의 객체에 스텁을 구성할 수 있다. 예를 들어 다음과 같이 BDDMockito.given() 메서드를 이용하면 모의 객체의 메서드가

특정 값을 리턴하도록 설정할 수 있다.

[리스트 C.2] BDDMockito.given()을 이용한 스텁 설정

```
01 import static org.junit.jupiter.api.Assertions.assertEquals;
02 import static org.mockito.BDDMockito.given;
03 import static org.mockito.Mockito.mock;
04 
05 public class GameGenMockTest {
06     @Test
07     void mockTest() {
08         GameNumGen genMock = mock(GameNumGen.class);
09         given(genMock.generate(GameLevel.EASY)).willReturn("123");
10 
11         String num = genMock.generate(GameLevel.EASY);
12         assertEquals("123", num);
13     }
14 }
```

이 코드에서 BDDMockito.given() 메서드는 스텁을 정의할 모의 객체의 메서드 호출을 전달한다. given() 메서드에 이어 willReturn() 메서드는 스텁을 정의한 메서드가 리턴할 값을 지정한다. 즉 09행 코드는 genMock.generate(GameLevel.EASY) 메서드가 불리면 "123"을 리턴하라고 설정한다.

11행에서 모의 객체의 generate() 메서드를 실행한다. 이때 인자로 GameLevel.EASY를 전달하고 있는데 이는 09행의 given()에서 지정한 메서드 인자와 일치하므로 11행의 genMock.generate(GameLevel.EASY) 코드는 "123"을 리턴한다.

(1) 모의 객체 생성

GameNumGen genMock = mock(GameNumGen.class);

(2) 스텁 설정

given(genMock.generate(GameLevel.EASY)).willReturn("123");

(3) 스텁 설정에 매칭되는 메서드 실행 ↓

String num = genMock.generate(GameLevel.EASY);

[그림 C.1] Mockito를 이용한 모의 객체 생성과 스텁 설정

지정한 값을 리턴하는 대신에 익셉션을 발생하게 설정할 수도 있다. [리스트 C.3]처럼 willReturn() 대신 willThrow() 메서드를 사용하면 된다.

[리스트 C.3] 특정 타입의 익셉션을 발생하도록 스텁 설정

```
@Test
void mockThrowTest() {
    GameNumGen genMock = mock(GameNumGen.class);
    given(genMock.generate(null)).willThrow(IllegalArgumentException.class);

    assertThrows(
            IllegalArgumentException.class,
            () -> genMock.generate(null));
}
```

타입 대신에 익셉션 객체를 인자로 받는 willThrow() 메서드를 사용해도 된다.

```
given(genMock.generate(null)).willThrow(new IllegalArgumentException());
```

리턴 타입이 void인 메서드에 대해 익셉션을 발생하려면 BDDMockito.willThrow() 메서드로 시작한다. [리스트 C.4]는 사용 예를 보여준다.

[리스트 C.2] BDDMockito.given()을 이용한 스텁 설정

```
01 import static org.mockito.BDDMockito.willThrow;
02 import static org.mockito.Mockito.mock;
03 
04 public class VoidMethodStubTest {
05     @Test
06     void voidMethodWillThrowTest() {
07         List<String> mockList = mock(List.class);
08         willThrow(UnsupportedOperationException.class)
09                 .given(mockList)
10                 .clear();
11 
12         assertThrows(
13                 UnsupportedOperationException.class,
14                 () -> mockList.clear()
15         );
16     }
17 }
```

BDDMockito.willThrow() 메서드는 발생할 익셉션 타입이나 익셉션 객체를 인자로 받는다. 이어서 given() 메서드는 모의 객체를 전달받는다. 모의 객체의 메서드 실행이 아닌 모의 객체임에 유의하자. given() 메서드는 인자로 전달받은 모의 객체 자신을 리턴하는데 이때 익셉션을 발생할 메서드를 호출한다. 물론 10행에서 실제로 모의 객체의 메서드를 호출하지 않는다. 단지 익셉션을 발생할 모의 객체를 설정하는 것뿐이다.

인자 매칭 처리

다음 코드를 보자.

```
given(genMock.generate(GameLevel.EASY)).willReturn("123");

String num = genMock.generate(GameLevel.NORMAL);
```

이 코드는 스텁을 설정할 때 generate() 메서드의 인자로 GameLevel.EASY를 전달하고 있는데 실제로 generate() 메서드를 호출할 때는 GameLevel.NORMAL을 인자로 전달했다. 이 경우 genMock.generate(GameLevel.NORMAL) 코드는 스텁을 설정할 때 사용한 인자와 일치하지 않으므로 "123"이 아닌 null을 리턴한다.

NOTE

Mockito는 일치하는 스텁 설정이 없을 경우 리턴 타입의 기본 값을 리턴한다. 예를 들어 리턴 타입이 int면 0을 리턴하고 boolean이면 false를 리턴한다. 기본 데이터 타입이 아닌 String이나 List와 같은 참조 타입이면 null을 리턴한다.

org.mockito.ArgumentMatchers 클래스를 사용하면 정확하게 일치하는 값 대신 임의의 값에 일치하도록 설정할 수 있다. [리스트 C.5]는 사용 예를 보여준다.

[리스트 C.5] ArgumentMatchers.any() 메서드로 인자 값 매칭 처리

```
import static org.junit.jupiter.api.Assertions.assertEquals;
import static org.mockito.ArgumentMatchers.any;
import static org.mockito.BDDMockito.given;
import static org.mockito.Mockito.mock;

public class AnyMatcherTest {
    @Test
    void anyMatchTest() {
        GameNumGen genMock = mock(GameNumGen.class);
        given(genMock.generate(any())).willReturn("456");

        String num = genMock.generate(GameLevel.EASY);
        assertEquals("456", num);

        String num2 = genMock.generate(GameLevel.NORMAL);
        assertEquals("456", num2);
    }
```

10행에서 스텁을 설정할 때 ArgumentMatchers.any() 메서드를 인자 위치에 전달했다. 이 메서드를 사용하면 모든 값에 일치하도록 스텁을 설정한다. 따라서 12행과 15행의 generate() 메서드는 모두 "456"을 리턴한다.

Mockito 클래스와 BDDMockito 클래스는 ArgumentMatchers 클래스를 상속하고 있으므로 ArgumentMatchers.any() 대신에 Mockito.any()나 BDDMockito.any()를 사용해도 된다.

ArgumentMatchers 클래스는 any() 외에도 다음의 메서드를 제공한다.

- anyInt(), anyShort(), anyLong(), anyByte(), anyChar(), anyDouble(), anyFloat(), anyBoolean(): 기본 데이터 타입에 대한 임의 값 일치
- anyString(): 문자열에 대한 임의 값 일치
- any(): 임의 타입에 대한 일치
- anyList(), anySet(), anyMap(), anyCollection(): 임의 콜렉션에 대한 일치
- matches(String), matches(Pattern): 정규표현식을 이용한 String 값 일치 여부
- eq(값): 특정 값과 일치 여부

스텁을 설정할 메서드의 인자가 두 개 이상인 경우 주의할 점이 있다. 다음 코드를 보자.

```
List<String> mockList = mock(List.class);
given(mockList.set(anyInt(), "123")).willReturn("456");
String old = mockList.set(5, "123");
```

mockList.set() 메서드의 스텁을 설정할 때 첫 번째 인자는 anyInt() 메서드를 이용해서 임의의 int 값에 일치하도록 했고 두 번째 인자는 "123" 값을 사용해서 정확한 값에 일치하도록 했다. 그리고 mockList.set(5, "123") 코드를 실행하고 있다. 이 코드는 문제 없이 동작할 것 같지만 실제로 mockList.set(5, "123") 코드를 실행하면 익셉션이 발생한다.

ArgumentMatchers의 anyInt()나 any() 등의 메서드는 내부적으로 인자의 일치 여부를 판단하기 위해 ArgumentMatcher를 등록한다. Mockito는 한 인자라도 ArgumentMatcher를 사용해서 설정한 경우 모든 인자를 ArgumentMatcher를 이용해서 설정하도록 하고 있다.

임의의 값과 일치하는 인자와 정확하게 일치하는 인자를 함께 사용하고 싶다면 [리스트 C.6]과 같이 ArgumentMatchers.eq() 메서드를 사용해야 한다.

[리스트 C.6] 임의 값 일치와 정확한 값 일치가 필요한 경우 eq() 메서드를 사용

```
@Test
void mixAnyAndEq() {
    List<String> mockList = mock(List.class);

    given(mockList.set(anyInt(), eq("123"))).willReturn("456");

    String old = mockList.set(5, "123");
    assertEquals("456", old);
}
```

행위 검증

모의 객체의 역할 중 하나는 실제로 모의 객체가 불렸는지 검증하는 것이다. 모의 객체의 특정 메서드가 불렸는지 확인하는 코드 예는 [리스트 C.7]과 같다.

[리스트 C.7] 모의 객체의 메서드가 불렸는지 여부를 검증하는 코드

```
01 import static org.mockito.BDDMockito.then;
02 import static org.mockito.Mockito.mock;
03 
04 public class GameTest {
05 
06     @Test
07     void init() {
08         GameNumGen genMock = mock(GameNumGen.class);
09         Game game = new Game(genMock);;
10         game.init(GameLevel.EASY);
11 
12         then(genMock).should().generate(GameLevel.EASY);
13     }
14 }
```

BDDMockito.then()은 메서드 호출 여부를 검증할 모의 객체를 전달받는다. should() 메서드는 모의 객체의 메서드가 불려야 한다는 것을 설정하고 should() 메서드 다음에 실제로 불려야 할 메서드를 지정한다. 이 코드에서 12행은 genMock 모의 객체의 generate() 메서드가 GameLevel.EASY 인자를 사용해서 호출되었는지 검증한다.

정확한 값이 아니라 메서드가 불렸는지 여부가 중요하다면 any(), anyInt() 등을 사용해서 인자를 지정하면 된다.

```
then(genMock).should().generate(any());
```

정확하게 한 번만 호출된 것을 검증하고 싶다면 should() 메서드에 Mockito.only()를 인자로 전달한다.

```
then(genMock).should(only()).generate(any());
```

메서드 호출 횟수를 검증하기 위해 Mockito 클래스가 제공하는 메서드는 다음과 같다.

- only(): 한 번만 호출
- times(int): 지정한 횟수만큼 호출
- never(): 호출하지 않음
- atLeast(int): 적어도 지정한 횟수만큼 호출
- atLeastOnce(): atLeast(1)과 동일
- atMost(int): 최대 지정한 횟수만큼 호출

인자 캡쳐

단위 테스트를 실행하다보면 모의 객체를 호출할 때 사용한 인자를 검증해야 할 때가 있다. String이나 int와 같은 타입은 쉽게 검증할 수 있지만 많은 속성을 가진 객체는 쉽게 검증하기 어렵다. 이럴 때 사용할 수 있는 것이 인자 캡처이다.

Mockito의 ArgumentCaptor를 사용하면 메서드 호출 여부를 검증하는 과정에서 실제 호출할 때 전달한 인자를 보관할 수 있다. [리스트 C.8]은 ArgumentCaptor의 사용 예를 보여준다.

[리스트 C.8] ArgumentCaptor를 이용한 모의 객체 메서드 호출 인자 사용

```
import org.mockito.ArgumentCaptor;

public class UserRegisterMockTest {
    private UserRegister userRegister;
    private EmailNotifier mockEmailNotifier = mock(EmailNotifier.class);
```

```
06 ...생략
07
08 @DisplayName("가입하면 메일을 전송함")
09 @Test
10 void whenRegisterThenSendMail() {
11     userRegister.register("id", "pw", "email@email.com");
12
13     ArgumentCaptor<String> captor = ArgumentCaptor.forClass(String.class);
14     then(mockEmailNotifier)
15             .should().sendRegisterEmail(captor.capture());
16
17     String realEmail = captor.getValue();
18     assertEquals("email@email.com", realEmail);
19 }
```

13행은 String 타입의 인자를 보관할 수 있는 ArgumentCaptor를 생성한다. 이렇게 생성한 ArgumentCaptor를 14~15행과 같이 모의 객체 호출 여부를 검증하는 코드에서 인자로 전달한다. 인자로 전달할 때는 ArgumentCaptor#captor() 메서드를 전달한다.

모의 객체를 실행할 때 사용한 인자는 ArgumentCaptor#getValue() 메서드로 구할 수 있다. 이렇게 구한 값을 검증에 사용하면 된다.

JUnit 5 확장 설정

Mockito의 JUnit 5의 확장 기능을 사용하면 애노테이션을 이용해서 모의 객체를 생성할 수 있다. 확장 기능을 사용하려면 mockito-junit-jupiter 의존을 추가해야 한다.

```
<dependency>
    <groupId>org.mockito</groupId>
    <artifactId>mockito-junit-jupiter</artifactId>
    <version>2.26.0</version>
    <scope>test</scope>
</dependency>
```

의존을 추가했다면 MockitoExtension 확장을 사용할 수 있다. 이 확장 기능을 사용하면 @Mock 애노테이션을 붙인 필드에 대해 자동으로 모의 객체를 생성해 준다. [리스트 C.9]의 경우 09행의 genMock 필드에 GameNumGen 타입에 대한 모의 객체를 할당한다.

[리스트 C.9] JUnit 5 확장 기능을 통한 @Mock 애노테이션으로 모의 객체 생성

```
import org.junit.jupiter.api.extension.ExtendWith;
import org.mockito.Mock;
import org.mockito.junit.jupiter.MockitoExtension;

@ExtendWith(MockitoExtension.class)
public class JUnit5ExtensionTest {

    @Mock
    private GameNumGen genMock;

```

부 록

D

AssertJ 소개

AssertJ 소개
검증 메서드
SoftAssertions
as()로 설명 달기

부 록

D AssertJ 소개

- AssertJ 소개
- 검증 메서드
- SoftAssertions
- as()로 설명 달기

AssertJ 사용 이유

JUnit은 테스트 실행을 위한 프레임워크를 제공하지만 한 가지 부족한 점이 있다. 그것은 바로 단언에 대한 표현력이 부족하다는 점이다. 다음 코드를 보자.

```
assertTrue(id.contains("a"));
```

assertTrue()는 인자가 true인지 검사한다. 전달하는 id.contains("a") 코드는 id가 "a"를 포함하고 있으면 true를 리턴한다. 즉 이 코드는 id가 "a"를 포함하고 있는지 여부를 검사한다. 하지만 단언 코드는 값이 true인지 여부를 확인하는 assertTrue()를 사용하고 있어 실제 검사하는 내용을 표현하고 있지 않다.

단언에 실패했을 때 표시되는 실패 메시지는 다음과 같다.

```
org.opentest4j.AssertionFailedError: expected: <true> but was: <false>
```

이 실패 메시지는 true와 false만 보여줄 뿐 id가 "a"를 포함하고 있지 않아서 테스트에 실패했다는 사실은 알려주지 않는다.

AssertJ를 사용하면 위 코드를 다음과 같이 바꿀 수 있다.

```
assertThat(id).contains("a");
```

이 코드는 id가 "a"를 포함하는지 여부를 검사한다는 것을 바로 알 수 있다. 테스트에 실패했을 때 보여주는 에러 메시지도 다음과 같다.

```
java.lang.AssertionError:
Expecting:
 <"bcd">
to contain:
 <"a">
```

에러 메시지를 보면 "bcd"가 "a"를 포함할 거라고 기대했지만 그렇지 않다는 것을 알 수 있다. assertTrue(id.contains("a")) 코드를 사용했을 때 메시지에 true와 false만 나왔던 것과 비교하면 실패한 원인을 보다 정확하게 알 수 있다.

AssertJ를 사용하면 테스트 코드의 표현력이 높아질 뿐만 아니라 개발 도구의 자동 완성 기능을 활용할 수 있다. 예를 들어 [그림 D.1]과같이 코드 자동 완성을 통해 검증에 사용할 메서드를 쉽게 선택할 수 있다.

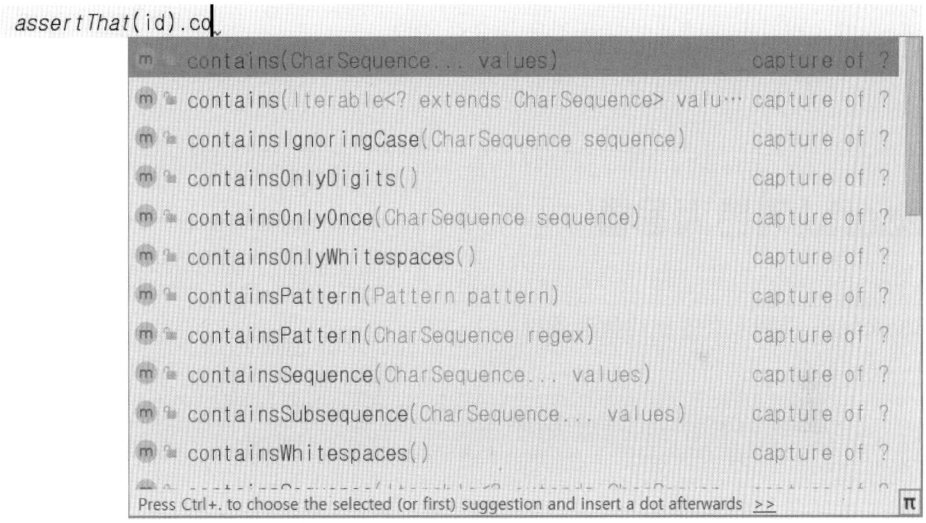

[그림 D.1] 코드 자동 완성 기능으로 손쉬운 테스트 코드 작성

AssertJ가 제공하는 assertThat(String) 메서드는 AbstractStringAssert를 리턴하는데 이 클래스는 [그림 D.1]에서 보는 것처럼 contains(), containsOnlyDigits()를 포함해 다양한 문자열 검증 메서드를 제공하고 있다. 이렇게 AssertJ는 타입별로 다양한 검증 메서드를 제공하고 있어 테스트 코드를 더욱 쉽게 작성할 수 있게 한다.

의존 설정

AssertJ를 사용하려면 assert-core 모듈을 의존에 추가하면 된다. 메이븐을 사용한다면 다음 의존을 추가한다.

```
<dependency>
  <groupId>org.assertj</groupId>
  <artifactId>assertj-core</artifactId>
  <version>3.11.1</version>
  <scope>test</scope>
</dependency>
```

그레이들을 사용한다면 다음 의존을 추가한다.

```
testCompile("org.assertj:assertj-core:3.11.1")
```

AssertJ 3 버전은 자바 8 이상 버전을 필요로 한다.

AssertJ 기본 사용법

AssertJ의 기본 사용법은 다음과 같다.

```
assertThat(실제값).검증메서드(기댓값)
```

assertThat() 메서드는 org.assertj.core.api.Assertions 클래스에 정적 메서드로 정의되어 있다. 주요 타입별로 assertThat() 메서드가 존재하며 타입에 따라 다른 검증 메서드를 제공한다.

기본 검증 메서드

가장 기본적인 검증 메서드는 isEqualTo() 메서드이다. 다음 코드는 sum(2, 2) 결과가 4와 같다는 검증을 수행한다.

```
import static org.assertj.core.api.Assertions.assertThat;

public class BasicTest {
    @Test
    void sumTest() {
        int value = sum(2, 2);
        assertThat(value).isEqualTo(4);
    }

    private int sum(int a, int b) {
        return a + b;
    }
}
```

isEqualTo()를 포함해 거의 모든 타입에 사용할 수 있는 검증 메서드는 다음과 같다.

- isEqualTo(값):
  값과 같은지 검증한다.
- isNotEqualTo(값):
  값과 같지 않은지 검증한다.
- isNull():
  null인지 검증한다.
- isNotNull():
  null이 아닌지 검증한다.
- isIn(값 목록):
  값 목록에 포함되어 있는지 검증한다.
- isNotIn(값 목록):
  값 목록에 포함되어 있지 않은지 검증한다.

isIn()과 isNotIn()의 값 목록은 가변 인자로 주거나 List와 타입(정확하게는 Iterable을 구현하는 타입)을 이용해서 전달한다.

Comparable 인터페이스를 구현한 타입이나 int, double과 같은 숫자 타입의 경우 다음 메서드를 이용해서 값을 검증할 수 있다.

- isLessThan(값):
  값보다 작은지 검증한다.

- isLessThanOrEqualTo(값):
  값보다 작거나 같은지 검증한다.
- isGreaterThan(값):
  값보다 큰지 검증한다.
- isGreaterThanOrEqualTo(값):
  값보다 크거나 같은지 검증한다.
- isBetween(값1, 값2):
  값1과 값2 사이에 포함되는지 검증한다.

boolean, Boolean 타입을 위한 검증 메서드는 다음 두 개가 존재한다.

- isTrue():
  값이 true인지 검증한다.
- isFalse():
  값이 false인지 검증한다.

String에 대한 추가 검증 메서드

String 타입을 위한 검증 메서드는 다양한 형태가 존재한다. 먼저 특정 값을 포함하는지 검사하는 메서드는 다음과 같다.

- contains(CharSequence... values):
  인자로 지정한 문자열들을 모두 포함하고 있는지 검증한다.
- containsOnlyOnce(CharSequence sequence):
  해당 문자열을 딱 한 번만 포함하는지 검증한다.
- containsOnlyDigits():
  숫자만 포함하는지 검증한다.
- containsWhitespaces():
  공백 문자를 포함하고 있는지 검증한다.
- containsOnlyWhitespaces():
  공백 문자만 포함하는지 검증한다. 공백 문자 여부는 Character#isWhitespace() 메서드를 따른다.

- containsPattern(CharSequence regex):
  지정한 정규 표현식에 일치하는 문자를 포함 하는지 검증한다.
- containsPattern(Pattern pattern):
  지정한 정규 표현식에 일치하는 문자를 포함하는지 검증한다.

포함하지 않는지 여부를 확인하는 메서드도 있다.

- doesNotContain(CharSequence... values):
  인자로 지정한 문자열들을 모두 포함하고 있지 않은지 검증한다.
- doesNotContainAnyWhitespaces():
  공백 문자를 포함하고 있지 않은지를 검증한다.
- doesNotContainOnlyWhitespaces():
  공백 문자만 포함하고 있지 않은지를 검증한다.
- doesNotContainPattern(Pattern pattern):
  정규 표현식에 일치하는 문자를 포함하고 있지 않은지를 검증한다.
- doesNotContainPattern(CharSequence pattern):
  정규 표현식에 일치하는 문자를 포함하고 있지 않은지를 검증한다.

특정 문자열로 시작하거나 끝나는지 검증할 때에는 다음 메서드를 사용한다.

- startsWith(CharSequence prefix):
  지정한 문자열로 시작하는지를 검증한다.
- doesNotStartWith(CharSequence prefix):
  지정한 문자열로 시작하지 않는지를 검증한다.
- endsWith(CharSequence suffix):
  지정한 문자열로 끝나는지를 검증한다.
- doesNotEndWith(CharSequence suffix):
  지정한 문자열로 끝나지 않는지를 검증한다.

숫자에 대한 추가 검증 메서드

숫자 타입에 대해서 추가로 지원하는 주요 검증 메서드는 다음과 같다.

- isZero()/ isNotZero():
  0인지 또는 0이 아닌지를 검증한다.
- isOne():
  1인지를 검증한다.
- isPositive() / isNotPositive():
  양수인지 또는 양수가 아닌지를 검증한다.
- isNegative() / isNotNegative():
  음수인지 또는 음수가 아닌지를 검증한다.

날짜/시간에 대한 검증 메서드

다음은 LocalDateTime이 특정 시간 이후인지를 검증한다.

```
LocalDateTime regDt = user.getRegDt();
assertThat(regDt).ifAfter(LocalDateTime.of(2019, 1, 31, 23, 59, 59));
```

다음은 isAfter()를 포함해 날짜와 시간을 비교하는 주요 메서드이다. LocaDateTime, LocalDate, Date 등 날짜와 시간 관련된 타입에 대해 비교할 값은 같은 타입이다.

- isBefore(비교할 값):
  비교할 값보다 이전인지 검증한다.
- isBeforeOrEqualTo(비교할 값):
  비교할 값보다 이전이거나 같은지 검증한다.
- isAfter(비교할 값):
  비교할 값보다 이후인지 검증한다.
- isAfterOrEqualTo(비교할 값):
  비교할 값보다 이후이거나 같은지 검증한다.

LocalDateTime, OffsetDateTime, ZonedDateTime 타입은 다음의 검증 메서드를 추가로 제공한다.

- isEqualToIgnoringNanos(비교할 값):
  나노 시간을 제외한 나머지 값이 같은지 검증한다. 즉 초 단위까지 값이 같은지 검증한다.
- isEqualToIgnoringSeconds(비교할 값):
  초 이하 시간을 제외한 나머지 값이 같은지 검증한다. 즉 분 단위까지 값이 같은지 검증한다.
- isEqualToIgnoringMinutes(비교할 값):
  분 이하 시간을 제외한 나머지 값이 같은지 검증한다. 즉 시 단위까지 값이 같은지 검증한다.
- isEqualToIgnoringHours(비교할 값):
  시 이하 시간을 제외한 나머지 값이 같은지 검증한다. 즉 일 단위까지 값이 같은지 검증한다.

콜렉션에 대한 검증 메서드

List, Set 등 콜렉션에 대한 주요 검증 메서드는 다음과 같다.

- hasSize(int expected):
  콜렉션의 크기가 지정한 값과 같은지 검증한다.
- contains(E ... values):
  콜렉션이 지정한 값을 포함하는지 검증한다.
- containsOnly(E ... values):
  콜렉션이 지정한 값 만 포함하는지 검증한다.
- containsAnyOf(E ... values):
  콜렉션이 지정한 값 중 일부를 포함하는지 검증한다.
- containsOnlyOnce(E ... values):
  콜렉션이 지정한 값을 한 번만 포함하는지 검증한다.

다음은 Map을 위한 주요 검증 메서드이다.

- containsKey(K key):
  Map이 지정한 키를 포함하는지 검증한다.
- containsKeys(K... keys):
  Map이 지정한 키들을 포함하는지 검증한다.

- containsOnlyKeys(K... keys):
  Map이 지정한 키만 포함하는지 검증한다.
- doesNotContainKeys(K.. keys):
  Map이 지정한 키들을 포함하지 않는지 검증한다.
- containsValues(VALUE... values):
  Map이 지정한 값들을 포함하는지 검증한다.
- contains(Entry<K,V>··· values):
  Map이 지정한 Entry<K,V>를 포함하는지 검증한다.

익셉션 관련 검증 메서드

익셉션 발생 여부를 검증하고 싶다면 assertThatThrownBy() 메서드를 사용한다. 다음은 사용 예이다.

```
assertThatThrownBy(() -> readFile(new File("nofile.txt")));
```

assertThatThrownBy() 메서드는 인자로 받은 람다에서 익셉션이 발생하는지 검증한다. 발생한 익셉션의 타입을 추가로 검증하고 싶다면 isInstanceOf() 메서드를 사용한다.

```
assertThatThrownBy(() -> readFile(new File("nofile.txt")))
    .isInstanceOf(IOException.class);
```

특정 타입의 익셉션이 발생하는지 검증하는 또다른 방법은 assertThatExceptionOfType() 메서드를 사용하는 것이다.

```
assertThatExceptionOfType(IOException.class)
        .isThrownBy(() -> {
            readFile(new File("nofile.txct"));
        });
```

assertThatExceptionOfType()은 발생할 익셉션의 타입을 지정하고 isThrownBy() 메서드를 이용해서 익셉션이 발생할 코드 블록을 지정한다.

IOException이 발생하는 것을 검증할 경우에는 assertThatIOException() 메서드를 사용해도 된다.

```
assertThatIOException()
        .isThrownBy(() -> {
            readFile(new File("nofile.txct"));
        });
```

assertThatIOException() 메서드 외에 assertThatNullPointerException(), assertThatIllegalArgumentException(), assertThatIllegalStateException() 메서드를 제공한다.

익셉션 발생하지 않는 것을 검증할 수도 있다. 다음 코드를 사용하면 된다.

```
assertThatCode(() -> {
  readFile(new File("pom.xml"));
}).doesNotThrowAnyException();
```

SoftAssertions로 모아서 검증하기

org.assertj.core.api.SoftAssertions는 JUnit 5의 assertAll()과 유사하다. 여러 검증을 한 번에 수행하고 싶을 때 SoftAssertions를 사용한다. 다음은 SoftAssertions의 사용법을 보여준다.

```
SoftAssertions soft = new SoftAssertions();
soft.assertThat(1).isBetween(0, 2);
soft.assertThat(1).isGreaterThan(2);
soft.assertThat(1).isLessThan(0);
soft.assertAll();
```

SoftAssertions 객체가 제공하는 assertThat() 메서드는 해당 시점에 바로 검증을 수행하지 않는다. 위 코드에서 두 번째 assertThat() 메서드는 1이 2보다 큰지 검증하는 코드이므로 검증을 통과할 수 없는데 이 코드를 실행하는 시점에는 검증 실패가 발생하지 않는다.

실제 검증은 assertAll() 메서드를 실행할 때 진행한다. 위 코드에서 assertAll()의 검증 결과는 다음과 같다.

```
java.lang.AssertionError:
Expecting:
 <1>
to be greater than:
 <2>
at SoftAssertionsTest.softly(SoftAssertionsTest.java:11)
…생략

java.lang.AssertionError:
Expecting:
 <1>
to be less than:
 <0>
at SoftAssertionsTest.softly(SoftAssertionsTest.java:12)
…생략

org.opentest4j.MultipleFailuresError: Multiple Failures (2 failures)

Expecting:
 <1>
to be greater than:
 <2>
at SoftAssertionsTest.softly(SoftAssertionsTest.java:11)

Expecting:
 <1>
to be less than:
 <0>
at SoftAssertionsTest.softly(SoftAssertionsTest.java:12)
```

실행 결과를 보면 SoftAssertions가 검증하는 대상 중에서 두 개가 검증에 실패했다는 내용을 보여주며 각 실패 대상의 위치를 알려준다.

SoftAssertions.assertSoftly() 정적 메서드를 사용해도 된다. 이 메서드를 사용하면 다음 코드처럼 assertAll() 메서드를 직접 호출하지 않아도 된다.

```
SoftAssertions.assertSoftly(soft -> {
    soft.assertThat(1).isBetween(0, 2);
    soft.assertThat(1).isGreaterThan(2);
    soft.assertThat(1).isLessThan(0);
});
```

as()와 describedAs()로 설명 달기

as() 메서드는 테스트에 설명을 붙인다. 사용법은 다음과 같다.

```
assertThat(id).as("ID 검사").isEqualTo("abc");
```

위 코드는 검증에 실패하면 다음의 실패 메시지를 출력한다.

```
org.opentest4j.AssertionFailedError: [ID 검사]
Expecting:
 <"bcd">
to be equal to:
 <"abc">
but was not.
Expected :abc
Actual   :bcd
```

as() 메서드로 지정한 설명 문구가 실패 메시지에 표시되는 것을 확인할 수 있다.

as() 메서드에는 문자열 포맷을 사용할 수 있다. 이때 첫 번째 인자는 포맷팅을 포함한 문자열이고 두 번째 인자부터는 포맷팅에 사용할 값을 전달한다. 다음은 사용 예이다.

```
assertThat(id).as("ID 검사: %s", "abc").isEqualTo("abc");
```

이 테스트 코드가 검증에 실패하면 설명 문구로 "[ID 검사: abc]"를 사용한다.

한 테스트 메서드에서 다수의 검증 메서드를 실행할 때 as()를 유용하게 사용할 수 있다. 다음은 사용 예이다.

```
List<Integer> ret = getResults();

List<Integer> expected = Arrays.asList(1, 2, 3);
SoftAssertions soft = new SoftAssertions();
for (int i = 0 ; i < expected.size() ; i++) {
    soft.assertThat(ret.get(i)).as("ret[%d]", i).isEqualTo(expected.get(i));
}
soft.assertAll();
```

위 코드에서 검증에 실패하는 단언이 있으면 그 결과는 다음과 같이 표시된다.

```
[ret[1]]
Expecting:
 <6>
to be equal to:
 <2>
but was not.
```

"[ret[1]]"이 있으므로 몇 번째 값이 검증에 실패했는지 쉽게 알 수 있다.

만약 as()로 테스트에 설명을 붙이지 않으면 다음과 같이 비교할 값만 표시된다.

```
Expecting:
 <6>
to be equal to:
 <2>
but was not.
```

for 구문 내에서 테스트에 실패했기 때문에 실패한 줄 번호로 이동해도 몇 번째 값이 실패한 것인지 알려면 나머지 코드를 더 뒤져봐야 한다.

as() 메서드 대신에 describedAs() 메서드를 사용해도 된다.

색 인

M

P

S

T

W